“十三五”国家重点图书出版规划项目

中国高分辨率对地观测系统
数据处理与应用丛书
丛书主编　顾行发

卫星遥感应用学与高分辨率遥感应用系统设计概论

顾行发　余　涛　杨　健　等著

高等教育出版社·北京

内容简介

本书从实际应用出发，提出卫星遥感应用学，探讨其概念、内涵及外延，提升对卫星遥感应用的认知水平，把握其发展与变化规律并探讨发展模式。基于对遥感应用学的理解，本书重点介绍了面向应用基础设施建设的高分辨率应用系统设计，以及标准化、系统化、结构化等新要求在制造和应用中所需的关键技术研发与综合评价，特别提出了共性关键技术、组织管理和工程体系建设。

本书适合卫星遥感应用领域的广大科研和工作人员参考，也可作为相关专业的教学参考书。

图书在版编目（C I P）数据

卫星遥感应用学与高分辨率遥感应用系统设计概论 / 顾行发，余涛，杨健等著．-- 北京：高等教育出版社，2019. 11
（中国高分辨率对地观测系统数据处理与应用丛书）
ISBN 978-7-04-052844-2

Ⅰ. ①卫…　Ⅱ. ①顾…　②余…　③杨…　Ⅲ. ①高分辨率 - 卫生遥感 - 系统设计　Ⅳ. ① TP72

中国版本图书馆 CIP 数据核字（2019）第 227272 号

策划编辑　关　焱　　责任编辑　关　焱　　封面设计　王凌波　　版式设计　徐艳妮
插图绘制　于　博　　责任校对　马鑫蕊　　责任印制　赵义民

出版发行　高等教育出版社
社　　址　北京市西城区德外大街4号
邮政编码　100120
印　　刷　北京盛通印刷股份有限公司
开　　本　787 mm × 1092 mm　1/16
印　　张　16.5
字　　数　360 千字
购书热线　010-58581118
咨询电话　400-810-0598
网　　址　http://www.hep.edu.cn
　　　　　http://www.hep.com.cn
网上订购　http://www.hepmall.com.cn
　　　　　http://www.hepmall.com
　　　　　http://www.hepmall.cn
版　　次　2019 年11月第 1 版
印　　次　2019 年11月第 1 次印刷
定　　价　118.00 元

物 料 号　52844-00
WEIXING YAOGAN YINGYONGXUE YU GAOFENBIANLÜ YAOGAN YINGYONG XITONG SHEJI GAILUN

《中国高分辨率对地观测系统数据处理与应用丛书》编委会

丛书编者的话

自改革开放至今的40多年间，我国航天遥感应用大胆创新，快速发展，直面信息化浪潮猛烈冲击，逐步形成时代新特征，技术能力从追赶世界先进技术为主向自主创新为主转变，服务模式从试验应用型为主向业务服务型为主转变，行业应用从主要依靠国外数据和手段向主要依靠自主数据转变，发展机制从政府投资为主向多元化、商业化发展转变，成为我国战略性新兴产业重要组成。

为顺应我国当前社会、经济、科技和全球化战略发展需求，促进航天遥感应用转型发展，我国适时提出并相继实施了“高分辨率对地观测系统”重大专项（以下简称高分专项）、国家民用空间基础设施中长期发展规划（以下简称空基规划）和航天强国战略等相关遥感应用的“新三大战役”。其中高分专项是《国家中长期科学和技术发展规划纲要（2006—2020年）》中16个重大专项之一，通过工程研发与建设，提升我国自主卫星遥感应用水平与能力，现已进入科研成果的收获期。

《中国高分辨率对地观测系统数据处理与应用丛书》（以下简称《丛书》）以此为契机，以航天遥感应用理论研究与应用基础设施建设为主题，兼容并蓄高分专项及这一阶段我国航天遥感应用领域研究成果，形成具有较完整结构的有关遥感应用理论与实践相结合案例的系统性阐述，旨在较全面地反映具有我国特色的当代航天遥感应用整体状况与变化新趋势。

丛书各卷作者均有主持或参与高分专项及我国其他相关国家重大科技项目的亲身经历，科研功底深厚，实践经验丰富，所著各卷是在已有成果基础上的高水平的原创性总结。

我们相信，通过《丛书》编委会、遥感应用专家和高等教育出版社的通力合作，这套反映我国航天遥感应用多方面发展的著作将会陆续面世，成为我国航天遥感应用研究中的一个亮点，极大丰富并促进我国这方面知识的积累与共享，有力推动我国航天遥感应用的不断发展！

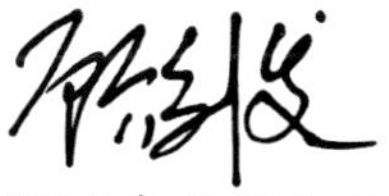

2019年7月1日

序 一

高分专项工程的实施是我国航天遥感应用的一次里程碑式的实践活动，取得了丰硕的成果。对构建与应用高分系统，继承、发展与创新我国航天遥感事业，服务于经济社会发展等方面的挑战与疑问，有了深入的探究和明确的回答。

顾行发同志作为高分专项应用系统的论证专家组组长以及工程总师，始终奋斗在高分第一线。我非常高兴地看到，他及其领导的团队不仅在具体的实践工作中从应用端出发，注重需求牵引，通过多方协同，为推进工程的顺利实施发了“热”。而且开展实践工作的总结与理论提升，结合中国遥感应用特点，推进理论创新，为我国航天遥感应用的可持续发展发了“光”。为践行习近平总书记提出的“必须推动空间科学、空间技术和空间应用全面发展”的要求做出了相应的贡献。

本书基于对卫星遥感应用领域整体研究进行的系统性探索，提出“卫星遥感应用学”概念，尝试通过讨论其定义、内涵和外延，初步给出对卫星遥感应用的整体认知，形成更加具有针对性和学科性的知识体系，并通过指导高分应用系统设计、应用与评价，实现了理论与实践的结合。

通过确立卫星遥感应用学的方式来支持对具有中国特色的卫星遥感应用体系进行学术探讨，研究视角新颖，认识系统性强，应用前景广阔。当然，作为一种新的尝试，也希望作者团队以此为新的起点，随着航天遥感技术与应用的迅速发展，航天遥感理论不断完善，研究方法不断充实与更新，以构筑新型航天遥感应用工程为己任，为我国航天遥感事业发展开拓奋进。

我期盼此书的出版将有助于构筑航天遥感技术应用的理论体系，推进相关课题深入研究，为建设航天强国做出贡献。

王礼恒

2019 年 7 月 16 日

序　二

我与本书的主要作者顾行发博士的初次见面是在20世纪90年代初期，那时我国的航天遥感和应用尚处在起步阶段。尽管国内对遥感数据的应用有巨大和紧迫的需求，但还只能利用国外卫星数据，所用的技术方法也主要来自国外。而当时的顾博士已是国际知名光学卫星定标专家和遥感数据处理专家。虽然他当时拥有国外的先进研究条件，享有国外的优厚待遇，但是他却频繁回国积极参加了国内的遥感应用研究。在新世纪来临之初，他最终完全放弃了国外的研究和生活，义无反顾回到祖国。这时国内已非当年，我国第一颗传输型对地观测卫星已发射运行，国家中长期科学和技术发展规划正在制定，高分辨率对地观测卫星及相关技术和应用的发展已势在必行。已有在国内长期合作研究工作的历练，顾博士不仅对国内遥感应用技术发展状态十分了解，而且已完全融入了国内的研究团队，成为我国遥感技术与应用的业务骨干和领军人物之一。

2006年，“高分辨率对地观测系统”正式成为我国政府《国家中长期科学和技术发展规划纲要(2006—2020年)》确定的16个重大专项之一，并在2010年全面启动实施。这是一个充满雄心壮志的计划，其目的是要建立以自主卫星为龙头，包括航空遥感、地面系统、数据中心和应用系统的完整的技术研发体系、应用体系、基础设施能力以及组织管理体系，以期有效解决我国自主应用卫星与我国卫星应用有效对接的问题。顾行发博士亲身参与了这个计划的制定和实施，作为高分专项应用系统的总设计师，为专项的顺利实施发挥了重要作用。

党的十九大报告中将科技强国、航天强国、网络强国、数字中国和智慧社会作为党和国家发展的战略目标。自国家航天局航天遥感论证中心成立，15年过去，现代遥感应用实践更加证明了遥感技术对国家经济社会发展的服务能力。特别是在大数据时代数字中国建设中，作为海量地球数据的重要“生产线”，遥感提供的空间信息大数据服务，对支持我国电子政务、数字经济、智慧社会的建设具有不可替代的作用。遥感应用，已成为国家须臾不可离开的战略性新兴产业并逐渐凸显其对国家发展的重要作用。

本书作者通过“高分辨率对地观测系统”重大专项应用系统的实施，积累了丰富的经验，完善了技术体系的建设，提升了理论的认知。当前的遥感应用已不是仅依托单一的遥感数据与信息，它已经与通信技术、导航定位技术、网络技术、地理信息技术融合为一体，特别是在5G移动通信和万物互联的条件下，遥感应用必将形成新的特点，得到新的发展。在此基础上，他们开宗明义地首次提出了“卫星遥感应用学”的概念，这是支撑整个遥感应用的“台柱”，是他们理论创新的重要实践。在高分专项即将胜利完成，我国卫星遥感蓬勃发展和遥感应用深入开展之际，本书的面世正是对这个最新发展特点的思考记录和我国遥感应用发展阶段情况的凝练与提升。

我们有理由相信，面对日益激烈的国际竞争和国家日益增长的巨大需求，以我国广泛遥感应用实践为基础，建立健全具有创新性的新航天遥感应用理论、技术和应用体系十分重要。作为老一辈遥感人，我非常欣慰地看到，新一代航天遥感科研梯队迅速成长，作为国之栋梁，在建设航天强国并建成社会主义现代化强国、实现中华民族伟大复兴的征途上砥砺前行的坚定信念。我衷心祝贺顾行发带领的团队所取得的成就以及本书的出版，愿他们在遥感技术和应用发展的道路上为国家做出更大的贡献！

2019年7月16日

序　三

我国航天遥感应用方兴未艾，正进入蓬勃发展阶段，高分专项作为《国家中长期科学和技术发展规划纲要（2006—2020年）》确定的16个重大专项之一，重点发展基于卫星、航空和临近空间的高分辨率先进观测系统，是我国遥感领域的创新工程、“天眼”工程、应用工程，对于我国遥感应用产生了重大的影响，起到了牵引与带动作用。

作为一项持续十余年的工程，不断受到新技术发展的冲击，平衡技术状态基线与技术与时俱进的变化发展始终贯穿建设阶段。作为一项全链条、大学科跨度的工程，坚持自主创新，提升整体认知水平，构建辐射全系统的标准体系、技术体系、工程设施体系始终是一项挑战性任务。作为一项承上启下的工程，融入社会信息化洪流中，与各行业领域业务对接，提供更好的服务，在工程逐渐形成能力的现阶段尤为重要。

以顾行发博士为代表的多位该领域专家、学者，集几十年的探索和实践工作，通过运用系统工程方法，以遥感应用为研究对象，构建卫星遥感应用学对其状态与变化进行科学描述。这不仅是高分专项支持下在理论层面的成果取得，也是对高分专项顺利开展的有力支持，有效提升了对高分专项应用系统设计与建设的整体认知。

自2017年始，由多名航天遥感应用专家牵头编撰的《中国高分辨率对地观测系统数据处理与应用丛书》项目启动，丛书计划出版18卷。本书作为开篇第一卷，起到提纲挈领的作用，为其他各卷书稿的撰写奠定理论基础，为遥感工作者深入了解我国当代遥感应用整体情况及高分专项应用情况提供参考。

2019年7月16日

前　　言

近年来,我国卫星遥感技术取得了长足进步,广泛应用在社会生产与科研实践活动中,极大地促进了我国遥感应用快速发展。在这一过程中,面对国家经济发展与社会信息化水平快速提升的新挑战,逐渐显现出对卫星遥感应用开展系统性研究的迫切需求。以卫星遥感应用为研究对象,提升认知水平、构建理论方法、发展工程技术、开展应用活动,有效把握其发展状态与变化规律,探讨发展方式等方面的工作,变得越来越有意义。

为了对卫星遥感应用领域整体研究进行系统性探索,本书提出“卫星遥感应用学”概念,尝试讨论其定义、内涵和外延,分析其内容与形式,探讨其社会与经济效益产出以及在认识与改造世界范畴上的作用,初步给出对卫星遥感应用的整体认知,旨在支持卫星遥感应用技术体系发展及基础设施建设模式优化,提升我国卫星遥感应用水平与能力。

卫星遥感应用学采用航天遥感科学论证中提出的概念、模型和方法,将其与卫星遥感应用发展现状结合,形成更加具有针对性和学科方向性的知识体系。

非常难得的是,笔者团队在国家航天局航天遥感论证中心多年工作中,参与了我国民用航天遥感一系列重大工程论证设计和系统研制工程,包括环境减灾小卫星工程应用、高分专项的应用系统(以下简称高分应用系统)、国家自然灾害空间信息基础设施,以及国家民用空间基础设施中长期发展规划的需求分析和应用论证、航天强国建设中的遥感应用论证等,为卫星遥感应用学的建立与完善提供了坚实的基础。其中从2005年开始的高分专项的系统化论证是在我国航天领域开始进入科学实验向业务服务转型的重要历史阶段下开展的一个重大科技工程,力争填补空白,做到产出重大战略产品、突破共性关键技术、推广跨行业跨领域应用,充分体现了重大科技工程的特点。高分专项具有足够大的体量、足够多的领域、足够广的技术跨度、足够长的产业链、足够强的应用需求,为卫星遥感应用学的理论发展与实践提供全方位支撑。同时,这样的大型项目也需要有更全面的认识、独特观点与理论技术来支持其有效实施并形成更加丰富的产出。通过高分应用系统的设想、论证、设计、建设与运行实践,充分体现出本研究的现实意义。

高分专项论证期间,国际上对地观测系统(EOS)风头正劲,世界各国非常重视对地观测系统的发展,全球有超过 80 颗民用、商用对地观测卫星在轨运行,亚米级光学影像数据日渐普及,谷歌地球(Google Earth)破土而出,数字地球与智慧地球、遥感大数据与人工智能、云服务与虚拟化等新理念如雨后春笋,空间信息技术和应用发展给人以冲击与震撼。

在此背景下,按照王希季院士的指导,高分专项首要任务是研制一个满足时代需要的高分辨率对地观测系统。这个系统是高分辨率的、适应时代发展的专业性基础设施,通过技术创新来解决当前体制机制中一些问题。这个系统首先是设计出来的,质量是设计出来的,他反复提醒对"能用、好用、用好"的思考,设计中要充分体现天空地一体化的思想,成为一个国家的、先进的、好用的、共享的、有一定应急能力的系统。这个系统作为一个基础性设施,其应用领域要涵盖社会经济多个方面,其战略性达国家层面,其普遍性可及个人。要想达到让各行各业及社会大众了解高分专项、用好高分专项的目标,必须强调应用系统建设的重要性,数据转化为信息和知识是重中之重。

在王礼恒院士带领下,论证中尤其强调高质量要求及创新设计。从应用端出发,注重需求牵引、技术推动和效益优化。多方协同工作,工业部门的技术储备都拿出来,用户的需求都梳理有序化,使卫星遥感应用第一次按照系统工程的模式进行整体设计与工程实施。同时,在这一过程中,如何创新研发模式,坚持应用原则,平衡发展"创新性""颠覆性""业务性"技术等也是高分应用系统总体设计论证和研究中一直追求的目标。

高分应用系统论证设计是高分专项的重要部分,也是我国航天大系统工程建设实施的重要部分。按照我国航天"设计上台阶、工艺上水平、验证上规模"的方针,从遥感应用的认知层次对系统进行设计;开展标准化产品体系构建,规范生产工艺的一致性,构建"好的"实践过程;开展体系验证,实现全过程、全链路检验,进一步强调质量、可信性和用户认可。同时,开展量化需求满足度、效能效益分析,支持对方向、目标与路径的深入理解。通过开展以上工作,系统性回答如何设计、创新、服务并形成经济规模的问题。

高分应用系统总体设计的深入研究始于 2010 年。按照卫星遥感应用学理解,将应用系统作为研究对象并对其开展模型化构建工作,期望能有效把握其状态和变化,服务系统设计、建设与应用。其中,按照信号-数据-信息-知识/智慧-行动环模型(SDIKWa),构建统一产品体系(UPM)与技术研究框架;按照信息-数据-软件-硬件描述模型(IDSH)进行任务分解;按照软件-平台-设施-数据即服务(SPID)的云服务理念设计应用系统体系架构;按照质量保证技术体系(CVVAR)构建符合现代科技范式质量保障设施能力的质量保证体系,构建符合现代科技范式的质量保障设施能力;按照卫星应用技术成熟度(ATRL)进行阶段划分,构建关键节点和评价要素集,进行总体目标分解、产品设计与技术体系构建,形成目标体系;探索科研工程管理模式(TPDS-PDCA),结合 ATRL 发展过程合理划分工作节点,努力形成合理的工作节奏,实现"好的"实践过程(GPP)。通过重点研究遥感技术与观测对象的适配性、人利用遥感工具的获得感、效能效益分析框架等构件评价体系,促进遥感进入行业主业务,提高遥感产生的直接经济效益与促进产业化发展。

本书在撰写中参考了多个行业领域卫星遥感应用资料,也参考了高分应用系统的设计成果,并加入笔者对遥感应用发展的理解,记录和反映了当时对应用系统的理解及与社会信息化水平相衔接的思考,同时,也对我国遥感应用中一些具有特色的科研成果进行总结,为以后的论证工作提供资料。因此,本书与高分专项项目建议、设计报告与建设方案不同,与实际实施情况也有差异。令我们非常欣慰的是,当年设计论证中的大部分设想和创新正逐步变成现实。

本书是对遥感科学论证理论成果的应用与延伸。将国家航天局航天遥感论证中心成立后的一系列任务、实践案例,有效归结为有关遥感系统的理论认识、方法和技术,产生出卫星遥感应用学等新概念,如按照科学研究四大范式构建能力体系等新设想,研发基于标准结构化数据(GRID Cube)的网络化遥感服务系统等新技术等。笔者希望在开展高分专项建设中能同步地将这些新设想、新技术进行检验并融入实际应用。同时,为了进一步探索遥感技术在科学研究与生产中应用的可能性,在更深层次、更广层面上回答在当前信息化时代"能不能用、好不好用、能不能用好、值不值得用"的问题,探索互联网时代的新应用。

借此机会,向以腾冲航空遥感试验为代表的遥感"三大战役"的遥感前辈致敬,并纪念中国科学院遥感应用研究所成立 40 周年(1979 年)、中巴资源卫星 CBERS01 星发射 20 周年(1999 年)、国家航天局航天遥感论证中心成立 15 周年(2004 年)。

本书作为高分专项应用技术中心团队对高分专项系统工程研究与应用实践的总结,由顾行发、余涛和杨健策划、设计并撰写,由田国良、赵利民、孟庆岩、占玉林、卫征、李紫薇、李家国等参与统稿和修改,撰写团队成员参加完成各章的写作。其中,第 1 章为余涛、杨健、李娟、赵利民;第 2 章为李娟、臧文乾、杨健、柳鹏;第 3 章为余涛、刘苗、李玲玲;第 4 章为杨健、曹维佳、臧文乾、吕婷婷;

第5章为卫征、米晓飞、杨健、郑利娟；第6章为臧文乾、黄祥志、王更科，第7章为臧文乾、黄祥志、高海亮、吴俣、王春梅，第8章为余涛、占玉林、刘东晖，第9章为王汶、余涛、李玲玲、杨健等。这些作者分别来自高分应用系统和高分应用技术中心的总体组、系统工程组、大气工程组、分类技术组、陆表参数技术组、仿真工程组、定标与真实性检验组、大气科学组等多个团队，各组成员也参与了资料整理等辅助工作，未能一一列出。

在完成本书过程中得到了有关方面的大力支持与帮助。在本书付梓之际，衷心感谢童庆禧、吕达仁、孙家栋、陈述彭、田玉龙、李国平、罗格、张伟、王承文、童旭东、杨多和、杨小宇、赵文波、高军、熊攀、付朝华、刘怀宽、许洪亮、曾开祥、许岩松、王程、胡朝斌、孟令杰、谭强、朱凼凼、任志武、肖晶、曾澜、陆素娟、濮剑鹏、刘立栋、杨传江、刘富荣、卢晓军、于英杰、李明、孟光、马俊、陈杰、俣宇葵、李虎、申志强、刘品雄、满益云、高平、范一大、方洪斌、王桥、杨军、蒋兴伟、唐新明、周清波、陈仲新、杨思全、甘甫平、刘顺喜、张峰、徐枫、郭理桥、王国峰、陈子丹、庄大方、王勇、段民征、陈冬花、李增元、高志海、江东、申旭辉、陆丰、林明森、邱振戈、文强、张蕴灵、周翔、魏秋方等领导和专家。

本书得到国防科工局民用航天预先研究项目及高分专项长期持续支持。内容主要以2005年到2014年近10年跨度上的论证研究成果为主，涵盖了高分应用系统总体需求、技术论证、工程设计、过程管理等多方面经验总结。其中，2011年至2014年高分专项预先研究以及示范应用的先期探索项目对本书内容的确定有最直接的促进。在此，对各位领导和专家一并表示衷心感谢。

这近10年期间的系统内容描述、术语及其内涵外延均有变化与调整，行文上虽然尽量对所用名词进行统一，但可能不免有不一致的情况。同时，高分应用系统建设与运行是一个长期的过程，随着技术发展和工程实施阶段推进而不断调整和补充。需要注意本书不是对这个过程的记录，不能反映这种过程优化与完善，而是更加注重前期设计阶段工程化应用体系的认识观点、设计思想和模式探索，谨为读者提供借鉴和参考。

限于作者的知识水平，书中疏漏之处在所难免，恳请读者不吝批评指正。

作者

2019年2月

目　　录

第1章

卫星遥感应用学概要

以20世纪70年代末及80年代初开展的遥感“三大战役”①为标志(顾行发等,2016;《中国科学院遥感应用研究所所志》编辑委员会,2019),我国遥感应用迅速在多个领域形成推广局面,逐步构建成由国土遥感、农业遥感、林业遥感、气象遥感、海洋遥感、水利遥感、城市遥感、环境遥感、灾害遥感、交通遥感、地震遥感等诸多“行业遥感”组成的遥感应用体系。涓涓细流逐步汇成江河大海,以多行业、多领域遥感应用为重要组成的空间信息应用在当代正向着战略性新兴产业方向发展,为“遥感行业”的形成提供了坚实的基础。

为顺应我国当前科技、经济、社会和全球化发展的战略需求,我国适时实施了高分专项,颁布了《国家民用空间基础设施中长期发展规划(2015—2025年)》,开展航天强国建设这“新三大战役”,通过连续推进我国航天遥感应用(付铮,2007;顾行发等,2016),迅速使我国从追赶国外先进技术转变到强化自主可控,开展规模化、产业化和商业化的发展新阶段。其中,高分专项是21世纪初开始酝酿、论证并设计的重大科技工程。在工程实施中将遥感应用作为一个整体加以考虑,需要对遥感应用更为系统性和一般性的描述与理解,这极大地推动了卫星遥感应用学的产生与发展。

1.1 卫星遥感应用学概念理解

遥感应用利用对地观测综合性技术获取观测对象信息来服务人类,深入理学、工学、农学和医学等现有学科体系中的方方面面,与物理学、地理学、大气科学、海洋科学、地球物理学、信息与通信工程、光学工程、软件工程、计算机科学与技术、资源与环境和测绘学等深度交叉融合。近年来更是处于理论创新、技术发展、系统完善、融入社会信息体系的

① 遥感“三大战役”指腾冲航空遥感试验、津渤环境遥感试验和二滩水能开发遥感试验。

高速发展轨道上。

卫星遥感应用作为其中需求最广和发展最快的部分之一,在当前全面发展的新形势下,对已有的遥感应用学科理论、技术认识提出挑战。本书提出卫星遥感应用学概念,将卫星遥感应用作为考察对象,从人、观测对象、观测手段间的关系分析入手,覆盖卫星遥感应用的设施保障体系、技术体系、领域应用、业务服务等,研究遥感应用中各类观测对象的时空特性、理化参数、社会属性、环境条件等多个层面的信息遥感化及其传递技术手段,厘清遥感应用的基本与共性特征。本章从卫星遥感应用的基本认识出发,阐述卫星遥感应用学的概念和内涵,基础设施与组成体系,分析与其他学科的关系,为大型工程的设计提供理论依据与指导。

1.1.1 卫星遥感应用认识与实践

1) 卫星遥感应用认识

遥感是人类一直拥有的梦想,古代神话中的千里眼与顺风耳是其典型代表。1609年,当伽利略举起望远镜看月球的时候这个梦想照进了现实,这是人类第一次通过放置在人与月球之间的人造事物将两者拉近了距离,画出了第一幅月球表面图,人类能更好地认识月球了。经过几百年发展,在人的眼睛和观测对象之间的人造物,从一台简陋的光学望远镜,逐步进化出融合光机电等各类先进技术的相机、探头等多种复杂技术手段,绘出各种形式的图,以满足多种多样的应用需求。现代遥感概念始于20世纪60年代,被定义为一种远离目标、通过非直接接触方式判定并分析目标性质的观测手段。其中,以地球为观测对象,以电磁波、重力、磁力、电场力和声波等为主要探测方式的遥感被称为对地观测。当遥感器所搭载的平台是卫星时,也称卫星遥感,这样的卫星称为遥感卫星。

按照《现代汉语词典》《新华字典》等的解释,应用即使用,或具有使用价值、适应人的需要,直接使用在生活或生产中。例如,清黄六鸿《福惠全书·清丈·定步弓》中"丈田以步弓为准……照式各备数张,呈县验明印烙,方许应用。"又如,《宋书·袁豹传》中"器以应用,商以通财"等。简单讲,应用是人为了对外界客观事物进行认识及改造而自觉开展的具体实践,是人利用所掌握的各种资源,根据需要开展的、具有一定目的与价值的过程活动。卫星遥感应用正是这样一种过程活动,按照2011年《中国的航天》[①]白皮书,中国的航天事业指空间技术、空间应用和空间科学等各项航天活动。其中,空间应用包括了对地观测卫星应用、通信广播卫星应用以及导航定位卫星应用,而对地观测卫星应用即指本书中的卫星遥感应用。

---

① 《中国的航天》白皮书按年度发行,2011年版是第一次以白皮书形式展示中国的航天发展情况,在2016年版中进行了更新和补充,由于高分应用系统论证设计阶段正好是2005—2012年,因此本书所述研究内容更多参考和依据2011年版白皮书资料。

多年以来,卫星遥感被广泛应用于地学、气象学、海洋学研究中。根据 2011 年《中国的航天》白皮书,我国“风云”卫星系列实现对台风、雨涝、森林与草原火灾、干旱、沙尘暴等灾害的有效监测,气象预报和气候变化监测能力明显提升。“海洋”卫星系列实现对中国海域和全球重点海域的监测和应用,对海冰、海温、风场等的预报精度和灾害性海况的监测时效显著提高。“资源”卫星系列在土地、地质矿产、农业、林业、水利等资源及地质灾害调查、监测与管理和城市规划中发挥了重要作用。“遥感”“天绘”卫星系列在科学试验、国土资源普查、地图测绘等领域发挥了重大作用。“环境与灾害监测预报小卫星星座”为地表水质与大气环境监测、重大环境污染事件处置以及重大自然灾害监测、评估与救援提供了重要的技术支撑。

总结遥感应用历史过程,按照遥感信息论(顾行发等,2018)对遥感应用进行论证和分析,可以对卫星遥感应用做如下认识层面的描述①:

(1)卫星遥感应用是有关“探测绘”信息的应用。遥感作为一种感以致知、有感而知、有感有知的“感知”过程,其应用方式可以概括为“探测绘”,即以无损、非接触的物理方式获取“遥不可及”的观测对象的状态及其变化信息,这些信息是对特征参数的表达,如模型化与数据化及被处理并通过转变为知识的方式融入人的更大的信息与知识体系中。这个过程不会对观测对象产生改变特性的作用。

以基于电磁波的遥感手段为例,图 1.1 对遥感过程的这些基本特征进行了描述。遥感器通过观测获得观测对象能量随时间、空间、光谱、角度、偏振度、相位等物理性变化,经

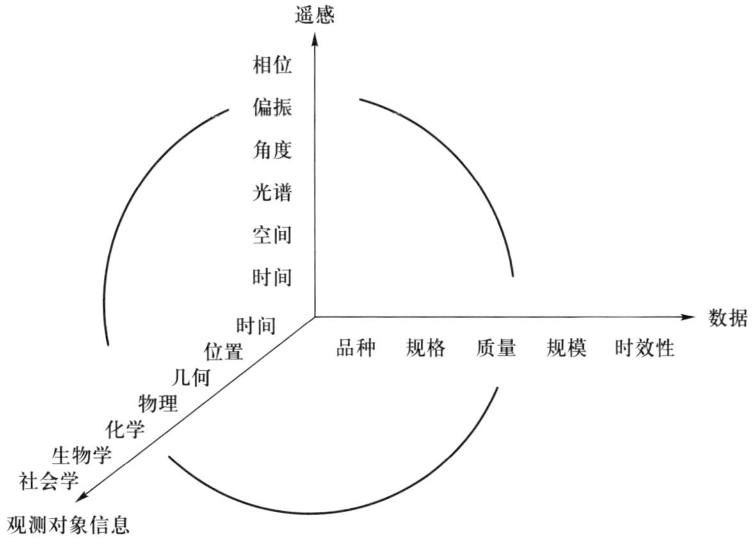

图 1.1 卫星遥感应用的基本指标体系

① 关于航天遥感论证设计,笔者的研究团队另著有《面向应用的航天遥感科学论证理论、方法与技术》一书,更加系统地分析了其理论基础与科学方法,也提出了很多新的概念认识。此书中引入这些理念和方法进行分析研究,具体细节不再赘述。

数据处理和结果的适当表达，完成对观测对象的时间、位置、几何、物理、化学、生物学、社会学等特性的感知。其中，“探”指发现、识别、确认、分类、聚类、变化检测等有关“what”特征问题的回答。“测”指获得观测对象有关时间、位置、距离、大小、形状、结构、体积、质量、密度、浓度、温度、成分、生物活性等方位、几何、物理、化学、生物学状态及其变化等有关“when & where”“how”特征问题的回答，即通过“探”与“测”回答了有关观测对象的“3W1H”(what, when & where,how)问题。“绘”是指用可被人把握与操作的抽象概括方式，如模型集和数据集，将探与测获得的信息直接或与其他信息融合后加以表达，更直接、完整、简洁地反映观测对象时空特点，如利用各类地图、专题图、仿真图、VR/AR场景、动画、漫画等多种方式，从而更有效地支持人对信息的快速把握、分析与理解，进一步支持对“why”“which”“who”“how much”等涉及机理、原因、社会学特性的“3W1H”专题性问题的回答。这样，遥感应用是通过信息汇集与知识融合，形成有关观测对象“6W2H”特性的全面把握，支持人的判断与决策。

当代信息知识主要是以数字化为载体形式而存在的，从而形成基于数据的有效获取、传播与共享。遥感信息主要以数字方式存在，具有时效性高、规模大、信息提取复杂、标准多、时空分布散且杂等特征，是一种具有典型大数据特征的海量数据。这种数据特征可以通过品种、规格、质量、规模与时效性等指标加以描述。其中，按照数据的品种可以定义数据等级，例如本书后面章节所采用的一种规定，0-2级是标准化数据产品，3-5级是有关目标特性(3W1H:when & where,what,how)的共性信息产品，6级是专题应用(3W1H: which & who,why,how much)产品等。

在这个从观测对象到人的信息传递过程中，追求的是“高保真”，既不能无中生有，也不能从有变无，最好减小其中的畸变，使得观测者能如实获得信息，这是对过程评价的最终判据。同时，这个过程也反映了人对客观事物从发现、识别到理解，再到预测的认识过程。遥感正是做这件事情的技术工具，反映的是人的愿望，而没有其自身等其他的目的。

(2)卫星遥感应用是具有目的性的人、遥感工具、观测对象间关系的表现。卫星遥感应用作为一种实践过程，是人综合利用遥感知识与技术工具，服务于人有意识地开展认识世界与改造世界的具体活动。这个活动不仅涉及遥感自身的技术过程，以及观测目标现象和演变过程，还涉及人的认识、想法、需求与主动性，是人带有社会性的实践活动，其作用在于提高人的认识水平与自觉性，增强改造世界的能力，使主观能动性与客观规律性相统一，充分体现了人的需求、价值与利益。总体来看，卫星遥感应用是人对遥感信息产生机理、传输规律认识、信息方法技术及应用的实践活动过程：①包括行业性、区域性、产业性、商业性等多种机制与利益方式下对人的活动规律的认识，服务社会与经济效益的产出，体现出遥感应用的狭义目的性；②有其自身的科学体系，包括了地球在内的各类星球与宇宙空间规律认识、对遥感器与处理系统等人造事物技术与能力提升、人的活动与实践规律等，服务人认识与改造世界的根本需求，体现出卫星遥感应用的广义目的性。

(3)卫星遥感应用是科学、技术通过人的活动的综合。在卫星遥感应用的每一个实践过程中都能发现科学、技术、活动三个层次规律与内容均以不同的形式、比例参与其中并综合表现。这是按照人的意愿,能动地将客观世界组成要素的三个层次规律加以综合运用。例如,在探索浩瀚空天奥秘及地球系统规律、扩展对地球和宇宙认识的空间科学研究实践中,会碰到技术、资源投入、人的利益等问题。在发展遥感卫星等技术构建实践中,会碰到科学问题、系统工程组织以及人行为学与社会学问题等。在利用遥感服务节能减排、环境保护、防汛抗旱、抗震救灾、应对全球变化、安全生产等应用时,会碰到科学和技术工程问题的同时,当然也还会碰到活动中出现的有关人的组织的问题。总之,无论活动的规模大小,关注对象及方向目标是否一致,均离不开人对自然和社会的科学认识和技术(工具)参与,这一过程充分体现了人的需求、思维与能动性,并通过工程管理、政策、标准、规范、市场、伦理和道德等方式表达出来。

(4)卫星遥感应用系统性研究是建立在实践基础上的。为探究有关卫星遥感应用理论,创新遥感应用技术,开展遥感应用实践,服务社会经济发展,中国科学院在1979年成立遥感应用研究所。作为第一家专业开展遥感应用研究的国家级、开放型研究机构,遥感应用研究所通过长时间的遥感应用实践,在遥感地理解译、遥感几何测绘、遥感物理机理等方面有长期积累与较全面认识,对遥感应用的信息传输过程特性进行了研究(陈述彭等,1990;李树楷,1991;李小文和王锦地,1995)。特别是在服务各行业和区域相关主体业务的过程中,逐步形成遥感科学基础理论研究与应用技术集成、新型遥感前沿技术与遥感系统综合论证、遥感应用工程技术研究与应用推广、遥感应用工程化与产业化促进平台、技术培训与期刊出版、卫星数据接收与航空飞机平台等多个板块,为国家安全、资源开发、防灾减灾、环境保护以及社会可持续发展提供科学决策依据,为社会信息化建设提供遥感应用技术支撑,为地方政府、重大工程、企业和公众用户提供空间信息服务,为地球空间科学探索与技术进步做出贡献(《中国科学院遥感应用研究所所志》编辑委员会,2019)。以上实践活动充分展现了遥感应用的科学探索、技术发展、社会服务三个目标方向。其中,遥感服务社会、直接产生社会经济效益的应用作为一种具有内容狭义性的遥感应用,是遥感科学探索与技术发展的出发点与落脚点。

(5)从过去几十年的发展历史看,卫星遥感应用有其时代性、阶段性与区域性。卫星遥感既是人认识世界和改造世界的工具,同时也是人的实践和资源的积累。卫星遥感发轫于教育和科研,刚起步时从业人数可能仅是几个或几十、几百、几千,主要以科学家和工程师为主。当发展到一定程度,其内部分工细化并有序化为多个行当形成了一个产业,市场出现并不断扩大,公司数量 大幅增加。通过需求牵引和技术推动,从业人员规模快速扩大,成为几万、十几万、几十万人的事业。这时不仅包括科学家和工程师,以及更大规模的从事业务性和产业化工作的专业人员,还包括政府管理机构在发挥重要作用,“政产学研资介用”的社会形态稳定下来,标志着新兴技术融入社会活动中。伴随着应用产业与商业发展,追求效能、效益成为显著标志,其中利益、价值和需求的作用更加凸显。

2)卫星遥感应用过程实践

遥感应用的实践活动包括了实践主体、实践手段和实践对象三个基本要素及之间关系。对于遥感应用过程实践,则是指人、遥感工具和观测对象三要素及三者之间的关系。

具体表现为人将实践目的和人的活动相结合,构成实践主体行为,自觉地使用遥感工具,并作用于观测对象。作为观测对象的客观事物受到遥感工具的影响和作用,当然在应用实践过程中,其所受到的影响和作用的方式程度又有所不同。作为实践主体的人同时也受到观测对象的影响和作用,使人在新的认识基础上,借助遥感工具做进一步观测,形成对观测对象更新的认识。

卫星遥感应用研究是对卫星遥感应用实践活动进行认识、分析与理解,探讨遥感应用的本意和存在的情况,以及其中人、遥感工具和观测对象作用及其三者之间的关系,形成遥感信息、遥感数据以及遥感软硬件的系统性综合,体现出这个过程中人的活动进程、技术工具的发展、人对观测对象的认识与把握等(图1.2)。

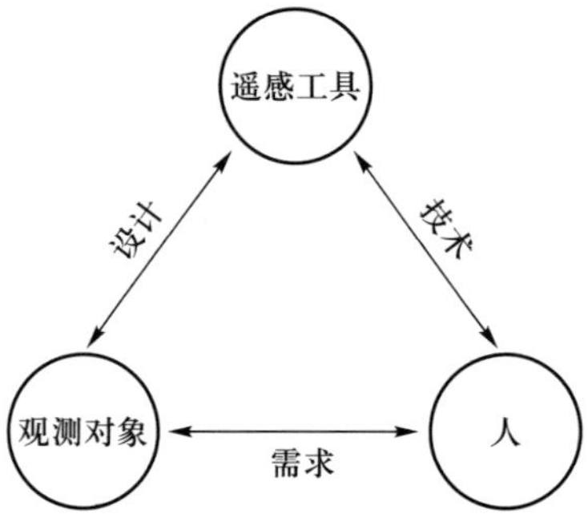

图1.2 遥感应用研究三要素关系

卫星遥感应用是按照人的意愿开展的,根据观测对象特征制造遥感工具,并利用遥感工具获取观测对象信息的相互作用过程。人是两者间相互作用关系的主体,人的需求导向是开展遥感应用的驱动力。遥感工具有两类:一类是物质性的工具,即遥感器,将观测对象信息变为数据。借助遥感器能观测人无法直接感知的事物,使其信息转化为人可掌控的形式。另一类是知识与思维工具,借助人的推理归纳思维,通过对数据处理挖掘出这些信息,把握深藏于事物内部的规律和本质。由试验、模型、仿真及大数据等组成的现代科学研究四大范式很好地体现了当代人的科学思维途径。

采用模型集加数据集的观测对象参数化描述方式是现代科学研究中的基本方式,针对三者之间相互影响和作用可产生复杂多样的认识结果,通过抽象化,具体表征为人的需求、针对对象特点的工具设计以及实现工具所需的技术。需求、设计和技术的耦合是遥感应用研究的核心,需求是对观测对象的尽量镜像化反映,设计是人在对观测对象和需求理解基础上发挥能动性的具体体现,通常以人造事物为具体表征,而技术是以能满足人的需求的人造事物(工具)为认识对象开展的方法、手段。

从以上角度分析,卫星遥感应用研究应包括探索关注对象状态与变化法则的科学知识研究、提升改造世界能力的技术研发、追求人与社会的持续发展过程等主题,归纳为遥感应用理论、遥感应用技术和遥感应用实践。

1.1.2 卫星遥感应用学起源与发展

1）简要历程

20 世纪 70 年代末以来，在我国逐步形成了“行业+遥感”的局面，如农业遥感、交通遥感、公共卫生遥感、地震遥感、环境遥感、灾害遥感、国土遥感、矿山遥感、城市遥感、水利遥感和林业遥感等。这些专题性的实践活动大致可以归纳为从几何测绘、物理机理、地理解释等角度进行的研究，形成了有关观测对象时间与位置、几何、物理与化学、生物学、社会属性等信息获取的理论、方法与技术，丰富和完善了卫星遥感应用的内涵。

在这些行业应用中，遥感被作为一种工具手段，与具体业务相结合，发现、掌握和扩大其在行业领域作用是工作的重点。通过不断实践，20 世纪 90 年代在技术上逐步形成了“3S+C”一体化综合应用局面，其中“3S”是遥感（remote sensing，RS）、全球导航卫星系统（global navigation satellite system，GNSS）和地理信息系统（geographic information system，GIS）的简称，“C”是通信（communication）的简称。“3S+C”是空间技术、遥感器技术、卫星定位与导航技术、通信技术相结合，通过多学科交叉融合、高度集成，将遥感信息的采集、处理、管理、分析、表达、传播和应用的完整的现代信息技术链构建出来，初步形成了“探测绘”综合应用的格局，也为近期快速发展的卫星通信、导航与遥感集成的“通导遥”综合应用奠定了基础。

随着卫星行业应用的深入，作为研究的成果，国外出现了若干“遥感+行业+学”的论著，如《卫星气候学》（巴雷特，1981）、《卫星大地测量学》（Gunter，1998）等。

在我国，1990 年，陈述彭先生的《遥感地学分析》出版，系统阐述了遥感的地学评价，在遥感与地学各学科——遥感应用对象间建立了一个接口，即站在遥感的角度，考虑地学对象多样性和环境复杂性，提出遥感应用的观点、方法与技术，并考虑历史因素分析了国家的状况与发展趋势。遥感地学既是遥感应用基础研究的重点，也是遥感技术发展的前沿，标志着“遥感+行业+学”的出现。21 世纪初的第一个十年期间，一些行业经过多年发展并系统性总结其遥感实践成果，陆续出版了多部有关“遥感+行业+学”的论著，如《遥感地理学》（魏益鲁，2002）、《遥感地质学》（朱亮璞，2004）、《应用卫星学》（王丕浩等，2004）《卫星气象学》（陈渭民，2005）、《应用卫星气象学》（蒋尚城，2006）《卫星海洋学》（刘玉光，2009）等。同期，针对遥感应用的综合性研究，出版了《遥感应用分析原理与方法》（赵英时等，2003）。（图 1.3）

在这些卫星遥感的“遥感+行业+学”中，更加深入地探讨了遥感工具与观测对象间的相互关系、信息获取与信息提取方法以及信息系统的构建。同时，也从需求角度比较深入地分析了卫星遥感在本领域“能不能用、好不好用、能不能用好、值不值得用”等。充分表明已基本形成了对所在行业领域的遥感专题应用的系统性认识、理论方法与技术，利用遥感技术对所在领域中的现象进行再发现、规律进行再认识、理论进行再研究，尽管这些成果的取得在当时的历史时期主要还是基于国外卫星的数据、技术与知识基础。将“行业+

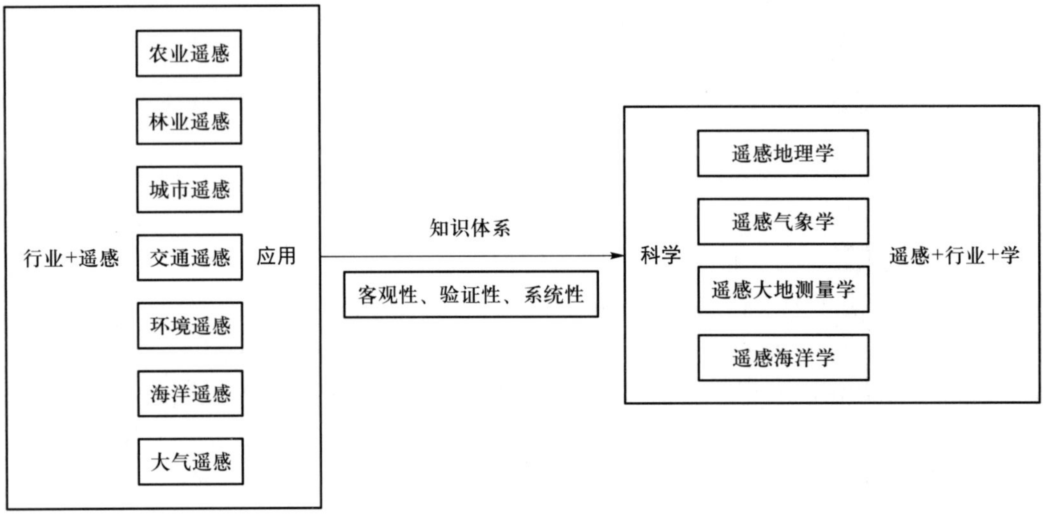

图1.3 航天遥感技术在应用领域发展渗透到多个学科

遥感”与若干领域的“遥感+行业+学”相比较，可以发现以下特点：

(1)实践与理论：“行业+遥感”更多体现在行业需求以及行业对遥感的应用上，是理性认知基础上的具体实践。“遥感+行业+学”在于将遥感融入行业过程中，从遥感的角度和视野、观点、方法来分析研究对象，形成建立在累积知识基础上的理性认知。

(2)先与后的区别：人类对生产活动的认识是依赖于实践的，有了“行业+遥感”的实践才可能形成有关遥感应用的系统性知识，即“遥感+行业+学”的理论。行业遥感从“用”的角度出发，初期更加关注观测对象的几何测绘信息和地理解译，或者物理、化学特性，各自发展特征明显。到了一定阶段，综合一体化融合趋势凸显，从遥感信息角度整合了对观测对象多参数的获取，多源信息综合应用，体现出“遥感+行业+学”的特点。

(3)整体与局部：“行业+遥感”是对行业遥感的整体性描述，而“遥感+行业+学”是有关行业专题应用的整体性研究，研究范围主要包括行业遥感全局和发展全过程，以及产品的制作和评价等，是“行业+遥感”发展的阶段表现和重要组成。

随着遥感技术的不断发展，遥感技术应用已迅速扩展至更多的领域，并在多个领域形成“遥感+行业+学”的情况下，通过对遥感在这些不同行业的“学”的分析，抽取其中的共性、本征性、一般性描述，即将遥感作为一个行业进行系统性研究，在研究范围上完成从行业遥感到遥感行业的提升，特别是在高分专项这样跨行业、跨领域、跨部门的大型项目需求触发与牵引下，遂逐步形成遥感应用学，即通过整合多个行业领域遥感研究中形成的“遥感+行业+学”的共性与基础性内容形成遥感应用学。通过将遥感应用作为一个整体加以研究，可以用于分析“遥感行业”的状态与变化规律，进一步了解“行业遥感”的发展情况。

2)行业遥感向“遥感+行业+学”发展的学科模式与内容探讨

“遥感+行业+学”是以行业个体形式发展出来的，紧密结合了所在行业特点，各具不同特征。以下以卫星大地测量学、遥感地理学、卫星气象学和卫星海洋学为例对“遥感+行业+学”的学科模式进行探讨：

（1）卫星大地测量学发展：在1998年出版的《卫星大地测量学》一书中，Seeber利用卫星进行地面点定位并测定地球形状、大小和地球重力场。人造地球卫星的出现，给大地测量带来了巨大变革。卫星大地测量学可以解决常规测量中长期难以解决的问题，同时使得测定地球形状、大小和地球重力场的精度获得了极大的提高，实现了更精确的地面定位。

研究对象是地面点的定位，地球形状、大小和地球重力场的测定。作用机理研究以天体力学为基础，制定卫星观测轨道，确定卫星大地测量中的参考坐标系，实现参数测量。技术工程中包括经典观测技术包括照相法定向、空间三角测量、电子测距和多普勒测量等。应用实践主要在GPS、激光测距、卫星高度测量、卫星重力梯度测量和卫星射电干涉测量系统等方面。

（2）遥感地理学发展：魏益鲁（2002）简明系统地论述了有关遥感地理学的基础理论、科学技术手段和遥感图像解译的方法途径，明确指出遥感地理学是借助遥感技术探测手段所获得的地理现象与事物，来研究地理特征和地理规律的科学。

研究对象是自然综合体的现势特征及其形成、发展与分布规律，人类社会活动与地理环境间相互作用的现象及结果。作用机理重点关注地物反射来自太阳的电磁波与其自身发射的电磁波被传感器所接收，通过摄影成像和彩色合成等技术，获取地物信息。技术工程以传感器技术（摄影机、扫描仪、雷达），平台技术（地面、航空、航天），信息的传输与处理技术支撑遥感信息的收集与处理。应用实践包括图像解译与地物判别，了解地球资源环境的结构、特征、分布、演化规律，协调与改善人口、经济、生态环境之间的相互关系。

借助遥感工具认识、理解、分析现代地理学中的现象、状态与变化、规律与理论，研究现代地理关注的四大课题，并给出卫星遥感应用学解答，即①自然地理学中作为人类居住区或环境的地文生物系统；②文化地理学中人类社会与由人类活动所产生或改变了的居住地特征之间的相互作用；③政治地理学中政治过程与地理区域的相互作用；④位置论（包括传统的经济地理、城市地理和运输地理）。同时，要研究数据层、软硬件层的技术问题，如空间数据组织存储、增强现实（AR）/虚拟现实（VR）可视化、人工智能与信息挖掘、专题图制作与地理信息系统等。

（3）卫星气象学发展：陈渭民（2005）认为卫星气象学是应用气象卫星探测气象要素和天气现象的科学。美国于1960年发射了全球第一颗气象卫星TIROS-1并发回了首幅卫星云图，随后我国于1969年研制了低分辨率的气象云图接收设备（图像自动传输；automatic picture transmission，APT），然后又研制成功了高分辨率卫星云图接收设备（高分辨率图像传输；high resolution picture transmission，HRPT）。由于卫星云图在进行气象研究时占有重要地位，所以其接收设备在刚开始就得到了广泛的推广。20世纪70年代初期，在许多气象学专家的带领下，以台风和热带风暴等灾害性的天气系统的云图分析为重点，同时发展了云图用于暴雨分析和预测、监视陆上的强对流天气等，迅速发展了卫星气象学研究与应用。除此之外，卫星云图被广泛应用于气象系统的分析中，80年代开始，气象卫星云图成为气象学研究的基础手段和重要组成部分，在各种尺度的气象学分析和预测应用中占有核心地位(吕达人等,2003)。在2005年出版的《卫星气象学》一书中，系统地论述了卫星气象探测的基本理论，卫星资料的获取和处理方法，定量提取气象参数的原理和方法以及卫星资料在天气分析预报中的应用，特别是卫星在灾害性天气预报中的应用。

研究对象主要指通过地表各种天气现象进行天气分析与灾害天气预报。作用机理以气象卫星轨道、气象卫星观测以及辐射传输知识为理论基础。技术工程包括卫星资料的获取、接收和处理技术，根据重要天气系统的卫星云图特点，对天气系统进行分析。应用实践以实现台风预报与监测，对强对流灾害性天气进行分析预报，监控森林火灾，结合海洋遥感技术进行海面天气活动的观测等。

(4) 卫星海洋学发展：卫星海洋学兴起于20世纪70年代，它是卫星技术、遥感技术、光电子技术、信息科学与海洋科学相结合的产物。在2009年出版的《卫星海洋学》一书中，刘玉光系统地介绍了海洋遥感常识和基本原理，阐述了遥感在海洋科学研究中的应用，并说明了如何使用互联网技术获取卫星观测数据并参加实际的科研训练，认为卫星海洋学是利用卫星遥感技术观测和研究海洋的科学。

研究对象偏重于对各种海洋环境参量的反演与信息提取。作用机理以电磁波辐射与辐射传输方程作为理论基础，通过对携带信息的电磁波能量进行分析，可反演某些海洋物理量。技术工程除卫星遥感技术外，还涉及多项技术，如光电子技术、可见光和近红外辐射计、热红外辐射计和微波辐射计等。应用实践中通过卫星遥感技术，实现了对海表面温度、海表面盐度、海浪方向谱、海面风场和海洋内波观测。

3) 卫星遥感应用研究在更多领域的持续发展

"遥感+行业+学"现在依然处在快速发展活跃期，随着遥感数据获取能力和应用技术水平的持续提升，遥感应用深入社会经济的更多领域中。例如，与社会经济发展紧密关联的遥感应用，已经成为经济发展跟踪和评价的重要手段。据国外经济学类核心期刊*Journal of Economic Perspectives*统计，现在使用遥感数据为经济学服务的项目有夜晚灯光、降水、风速、洪水、地形、森林覆盖、作物选择、农业生产、城市发展、建筑类型、道路、污染、海滩质量和鱼类丰富度等。据此，针对遥感数据和应用产生的经济活动和价值度量问题，一些学者提出卫星遥感经济学的概念，将遥感技术与经济学相关联可以解决经济学问题，被看作是另一种看世界的角度。

遥感技术反复、大规模、低成本收集目标数据的能力，使其在人类经济学发展上具有很高的潜在价值(Donaldson and Storeygard,2016)。过去十多年来，随着遥感和相关领域技术的提高，经济学家通过卫星遥感获取到了更多的信息，拥有了新的观察视角，因此卫星遥感对经济学研究产生了革命性的改变。例如，通过监测夜间灯光来衡量国内生产总值

(gross domestic product,GDP),这个指标和其他反映宏观经济趋势的指标相关性很好,现在已经有学者用灯光数据结合其他指标,反过来修正美国的 GDP(Pinkovskiy and Sala-I-Martin,2016)。再例如,利用遥感技术,在全球范围内实时跟踪森林覆盖率或农业产量,从政治经济学的角度,这是在利用"自然资源拨款"的方式来实现政治经济目的。还有,以遥感数据技术进行的大尺度全球分析,如气候变化-农业-产量预测-经济学分析,研究者将这些精细到像元级的变化纳入了世界农产品贸易的一般均衡模型,然后使用该模型来估计,得出气候变化会让全球农业产出量减少的结论(陈述彭,1990)。因此,遥感在经济学领域中有更多潜在的应用,需要进一步去挖掘研究。在当前已有行业应用的拓展及新行业应用中,获取观测对象综合信息成为当代遥感应用的一个显著特征。通过多种卫星结合航空与地面观测,同步获得观测对象几何、物理、化学、生物学及社会学参数指标,将几何测绘、地理解译、物理机理等多种手段混合应用,得到观测对象状态与变化的全面描述。这与遥感应用初期的手段相对分割、行业相对独立的局面有了极大的不同。

随着我国自主卫星技术发展,如 1988 年第一颗气象卫星、1999 年第一颗陆地卫星、2002 年第一颗海洋卫星、2005 年第一颗商业卫星、2008 年第一个环境与灾害监测预报小卫星星座 2 颗光学星一箭双星的成功发射,特别是 2010 年高分专项的启动实施,形成了在基础研究、技术研发、设施条件建设、与社会化信息技术融合等方面的系统性研究。这些研究的突出特点是将卫星遥感应用作为一个整体来研究。这是以"遥感行业"为研究对象的,形成的是对卫星遥感应用更加全面、系统的认识和理解。

综上所述,当前只有总结已有"行业+遥感"的成果和若干领域"遥感+行业+学"的探索,尚无对"遥感行业"整体性认识的描述。为支持更多行业应用和跨行业综合应用,丰富遥感应用实践,需要凝练、总结推广更具普遍意义的"遥感应用"的理论,对遥感应用有关状态描述与变化规律等更一般性质的问题进行回答。同时这也对加深卫星遥感应用的认识与理解,创新遥感应用技术有十分重要的意义。本书提出卫星遥感应用学的概念和认识,正是基于遥感行业的一般性和基础性问题研究提出的。

高分专项作为一个从多种卫星应用技术研发到多领域综合应用的大系统,涉及多个行业与领域,研究范围包括了科学、技术、工程与应用等各个层级阶段,对"遥感行业"具有很强的代表性。有关卫星遥感应用学的认知正是在开展高分应用系统的设计、建设与运行中,以实现高分专项促进行业遥感、健全遥感行业、形成遥感产业为目标的实践中产生并发展起来的。

1.1.3 卫星遥感应用学基本概念

不少学者把关注对象冠以"科"的名称,其理论则冠以"学"的名称。例如,电子显微学,是用电子显微镜研究物质的显微组织、成分和晶体结构的一门科学技术;测量学(许娅娅等,2014),是对地球整体及其表面和外层空间中的各种自然和人造物体上与地理空间分布有关的信息进行采集处理、管理、更新和利用的科学和技术。它们都有其自身的学科内涵、范畴、应用范围以及有待解决的问题,很大一部分还"学以致用",形成了相关产业。

遥感应用研究若要作为一门学问并冠以“学”的名称,则要有关于其本体认识、理论方法、技术工程和应用实践的思想观点与学说。

1)内涵与认识

卫星遥感应用学是有关卫星遥感实践的学问,涵盖其科学、技术与应用过程的基本内容,是对卫星遥感应用概念、范畴、原理方法与作用的概括和抽象,反映遥感应用深层次的特征与规律,有助于认识、理解并指导人们进行遥感应用实践活动。卫星遥感应用学的产生有其历史阶段性,作为有关遥感行业的共性和基础性认识的研究,其出现是基于遥感在一段时期内的大量应用实践基础上的,具有时代性。

(1)基本认识。卫星遥感应用是遥感科学与技术蓬勃发展的产物,伴随着人的自身需要和愿望,遥感科学与技术对观测对象的认知及信息获取能力不断增强,从表面观测到状态把握,从静态定性描述到动态定量分析,并逐步融入各行各业,有力促进人类不断深化认识世界和改造世界。随着影响与作用不断增强,遥感应用已经从小范围的科学研究发展到大规模产业化阶段。

遥感应用之所以有如此发展,这与其作为一种信息服务工具的本质特征密切相关。按照遥感科学论证理解(顾行发等,2016),遥感应用涉及信息流、技术流、物质流和价值流(“4流”)四个方面(图1.4)。其中,信息流是指由信号信息“S”(signal;地物目标信号)、数据信息“D”(data;遥感数据)、观测对象信息“I”(information;遥感信息)、知识综合与决策“KW”(knowledge/wisdom;知识/决策服务),以及随后的行动“a”(action;行动)组成的

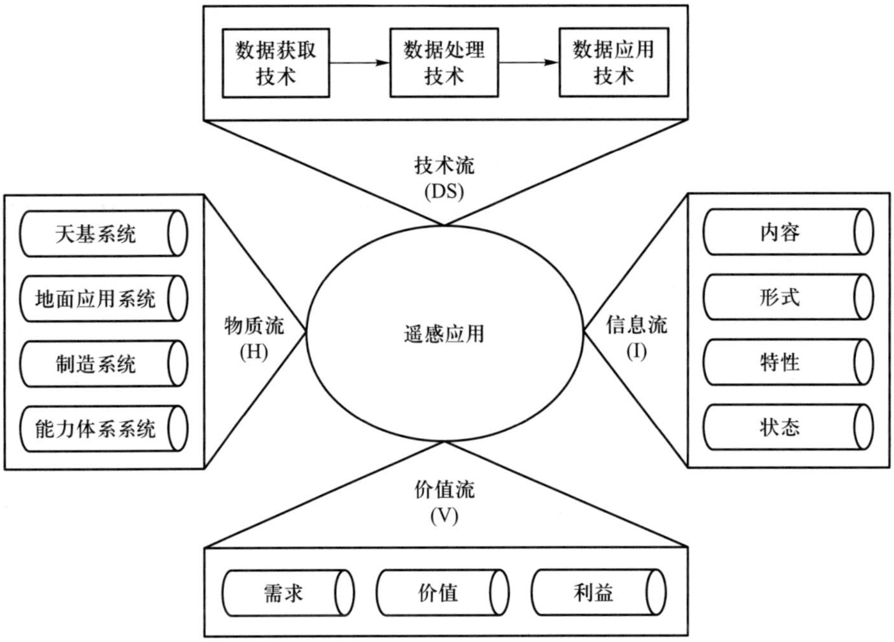

图1.4 遥感应用中的信息流、技术流、物质流和价值流

SDIKWa 过程，这个过程是循环运动的，内容、形式和作用等因不同应用而定。技术流与物质流（IDSH）是围绕 SDIKWa（以 I 表示）对数据集（D）和软硬件物理工具集（SH）的论证、设计、制造和应用，是一种与当代社会技术水平相适应的有形化设施性保障条件。

伴随其中的价值流反映了人的意图，是一定社会历史条件下形成的利益关系，促进人从全局认清应用活动的实质，提升应用的合理性与现实性评价。“4 流”的综合体现出人对卫星遥感应用本质及发展规律的认识，这对提升应用方法与实践水平与能力有十分重要的作用。

（2）研究对象是人、遥感工具、观测对象及三者间的相互关系与作用。人的认识过程是对客观事物的感知、识别、理解、预测和利用，从现象到本质的过程。现代科学技术是人认识与利用世界的一种强有力的工具。利用现代工具，特别是模型化方法为开展对研究对象的分析提供了基础。

人是卫星遥感应用的主体，在整个实践过程中，人作为需求的提出者、过程的实践者和最终结果的评价者出现（图 1.5）。首先由人提出创意，或根据需要臆想出某种技术或应用，再由人去不断完善和发展这个过程，最后由人去评价是否满足了需要，是否有好的效能以及好的效益。在这个过程中，构建在人理研究基础上的人事方法成为核心，这是开展遥感应用实践的重要保障。

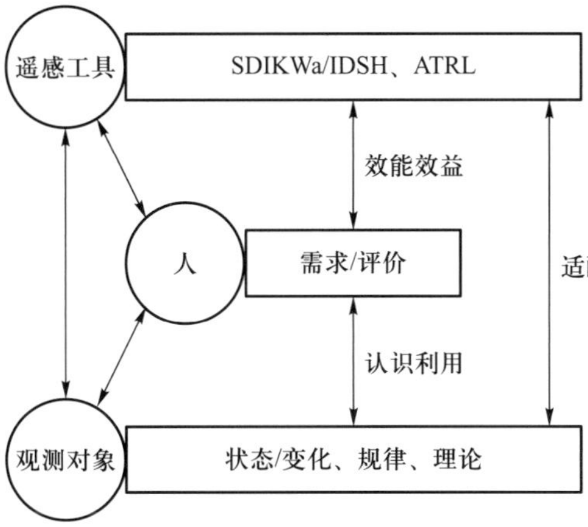

图 1.5　卫星遥感应用研究内涵和外延

系统工程正是这方面的集大成者，按照钱学森博士的提法，它是组织管理的技术，其中就包括了对由多人组成的集体的组织管理。当然，有关标准、规则、政策、文化、宗教、伦理和习俗等因素在其中发挥了重要影响与作用。

遥感作为一种获得观测对象特征的手段，支撑了遥感信息的完整过程，即从观测对象的信号信息，转换为数据信息和目标特性信息，再到决策服务信息和知识。同时，其自身随着技术进步，从全色到多波段、从低空间分辨率到高空间分辨率、从单极化到多极化、从小范围到大幅宽、从单角度到多角度、从单时间点到多时间点以及相位变化的差异性上等，使得人对观测对象的观测不断深化。

伴随这一过程，信息流及其数据表达形态、软硬件等均随之演化发展。航天遥感信息流 SDIKWa 描述了遥感信息从物质能量信息到信号信息，再转变为数据信息与目标信息，最终形成应用信息支持行动的全过程中信息的量化指标集（顾行发等，2018）。

航天遥感数据工程 IDSH 描述了系统的信息流、数据流以及软硬件。遥感工具的有形化表现是数据、软件、硬件及以其为载体的知识。作为人的一种认知积累，遥感工具在面对实际应用问题时往往存在“能不能用、好不好用、能不能用好、值不值得用”等有关“多快好省”性质的问题，即工具按照人的愿望操作时是否与任务适配，最终追求的是需求满足与效能效益。

遥感应用技术的完善过程可以通过卫星应用技术成熟度（application technology readiness level，ATRL）描述。有别于9级遥感器技术成熟度，ATRL 采用的是11级，多出愿望创意和应用实践检验两个层级。通过对应用技术发展客观规律、所处状态的量化描述，促进“多快好省”目标的实现，以及把握技术的变化趋势。

在现代科学研究中，人对客观世界的认识与改造往往是建立在模型集与数据集所构成的知识基础上，观测对象的模型化体现在人对其认识与知识积累的程度，包括其状态变化、规律认识和理论把握等，与人的认识过程相一致。人对观测对象的认识越丰富，则对遥感技术有越有效的应用，即技术应用的程度是建立在对观测对象理解上的。同时，有效的遥感技术也有助于人对观测对象的认识与理解。

总之，这三者关系首先表现在提升人对观测对象认识与利用水平上，体现在对遥感工具的效能效益评价上，以及是否能服务人的愿望。同时，从技术角度看，要关注遥感工具与观测对象的适配上，即遥感器对观测对象信息获取的能力。

（3）基本理论是遥感信息论、遥感数据工程论、应用技术成熟度、价值论等。按照遥感信息流、技术流、物质流与价值流“4流”的描述，遥感的认知主要是针对遥感信息、数据工程、技术发展与成熟过程、价值利益的。从遥感工具与观测对象适配的角度看，卫星遥感应用学作为有关观测与信息获取的学问，构建在对自然界、感兴趣的人造事物及各种现象组成的观测对象的认知基础上，通过远距离探测技术手段，获得有关观测对象或现象的信息，并在应用中发挥作用。通过构建遥感信息流 SDIKWa 知识体系的主体结构，可以进一步理解通过采样与传输，有关遥感信息从观测对象的信号信息转变为数据信息与目标信息，最终形成应用信息的过程。

遥感应用中 IDSH 技术体系的构建将人所掌握的有关知识按照信息、数据、软件与硬件逐层进行了有形化表现。针对不同观测对象的信息品种、规格、质量、规模、时效性要求是不同的，而对其描述的深浅和了解的程度对信息量与信息强度也有要求。现阶段遥感信息主要以数字形式存在，遥感器采样获得数据，并对数据进行组织、管理、存储、检索、传输、处理、可视化、分析、发布和安全等操作。而相应的遥感器、信息系统、模型算法、硬件装备等是开展 IDSH 研究的主要内容。同时，技术作为一种人造事物，其发展是有阶段过程与时代特点的。

在遥感应用体系与业务实现中，关注遥感活动的可行性及“多快好省”地利用遥感信息,以及更全面地把握观测对象地球系统状态与变化规律,构建更完整理论,服务人类社会发展。本书中的“多快好省”是人在追求价值利益中的途径约束,即对效能效益方面的考虑。“多”是指综合运行多种类型数据源满足人的需求。“快”是指建立高效的数据获取、处理和服务流程。“好”是指对遥感数据与信息产品应具有定量化检验手段和严格的质量保证规范。“省”是指从应用效益和最终产业构建出发从全流程评价资金投入最优化和产出效益最大化。因此,在应用业务实现过程中:①须尊重系统工程规律及人类行为规律等,通过 ATRL 来评价技术发展;②在应用评价上以价值论为指导,从需求及需求响应、效能效益上考察是否满足人的愿望。

(4)基本方法。卫星遥感应用学更具有数字的信息化特点,以基于数理逻辑的实验法、模拟法、计算机仿真法和数据密集型科学等数学化为指向的现代科学研究四大范式为主。同时,遥感应用作为一种社会活动,在其研究中,大量的非量化理性方法和基于人的感受也发挥重要作用。钱学森博士提出的“大成智慧”是一种定性与定量相结合的综合方法,是对遥感应用方法论的高度概括与总结。

(5)基础知识。卫星遥感应用学建立在关联遥感信息流的各类物理学的基本理论与数学方法以及构建其上的光学技术、电子技术、计算机技术、通信技术和航空航天技术等方面及观测对象理解的应用基础知识、基本实验方法和技术之上。

卫星遥感应用学结合应用领域,关联观测对象信息流的相关领域的知识。按照观测对象命名,卫星遥感应用学可具体化为遥感地理学、遥感气象学、遥感海洋学、遥感农学、遥感交通学、遥感卫生学、遥感地震学、遥感地球表层系统学和遥感社会经济学等专题分支,这就需要相关方面的知识。例如,遥感地理学,要对地理学理论、规律和现象进行研究,并从遥感的角度进行理解与说明,同时也要说明对技术的要求以及在社会发展中的价值。

在开展应用活动中体现出其工程性,这就需要系统工程的知识,通过遥感应用工程,将遥感应用理论、遥感应用技术与实际相结合。一般在这种情况下,作为一种社会存在,大量行为学、社会学和经济学等方面的知识是必不可少的。

2)研究范围理解

遥感应用学的研究范围首先是对自身认识的不断加深,而这一过程是伴随有关“4流”的、基于 SDIKWa 的大量实践活动获得的。

(1)卫星遥感应用学理解。丰富完善有关遥感应用的本体论、认识论、方法论、实践论,多角度回答遥感应用存在方式、形式与变化等一般性问题,体现出对遥感的认知程度。在不同的时空条件下,如不同的地区、不同的时期,针对遥感应用,回答其是什么、如何看、做什么、怎么做、好与不好、行与不行、对与不对等人所关切的问题。通过不断创新有关遥感应用理论、遥感应用技术、遥感应用工程,与实际情况相结合,发挥遥感这一技术工具的作用。

遥感应用是边缘科学也是交叉科学,涉及测绘学、地理学、地质学、计算机科学与技术以及多种业务领域应用专业技术,并广泛存在于社会与经济多个领域的调查和分析工作中,需要对各领域的交叉、关联性进行深入研究和规律提炼,才能更充分地认识遥感应用的系统性和一般作用规律,充分发挥应用效益。

同时,对卫星遥感应用学的理解和界定也是随着遥感观测手段的不断提升动态调整的。遥感应用已经从最初的看图识字阶段演化到当今的规模化、定量化、智能化应用阶段,虽然还存在诸多不足,但是应用的深度和广度都有了飞跃的发展,遥感应用的理论、技术和实践也将随之提升。

(2)不同观测对象的遥感信息流研究。SDIKWa 是信息流的整体描述,可以按照观测对象划分,包括农业、地理、海洋、气象、环境、交通、卫生和区域应用等。同时,遥感应用的范围不断扩大,广泛应用在自然科学和社会科学研究领域。在不同的领域有不同的观测对象与应用方向,基于观测对象的时间、位置、几何、物理、化学、生物学和社会学"7 类"指标状态及变化的把握,形成各自的"6W2H"需求。由于观测对象的几何、物理化学状态与变化各有特点,且关注点不同,在时间、空间、光谱、偏振/极化、角度、相位等遥感"6 根"上的采样要求各有不同,因此将影响数据品种、规格、质量、数据处理规模与时效性等遥感"5 性"。目的是对观测对象状态与变化规律描述进行信息的获取与传递,而且要符合社会信息化发展的程度。

(3)遥感应用中技术链的论证、设计、制造及评价技术。航天遥感信息流是一个完成信息传递与转换、由信息载体构建的过程,包括了数据、软件与硬件。这个技术过程由观测对象信号信息起始,经电磁波信号、遥感数据、观测对象遥感信息以及观测对象信息等多个环节传递。

遥感设计制造过程本质上是在对目标特性理解基础上进行时空采样、光谱采样和辐射采样的过程,即将目标特性时间域、空间域、光谱和辐射上的连续量转化为离散量的过程,包含了传感器的载荷特点和噪声、人类认知的局限性、技术工具的局限性等因素,遥感信息是在这个过程中从噪声引入到噪声去除不断被复原的地球信息,也是我们通常说的遥感反演信息。可以看到,航天遥感信息的核心问题是遥感信息对地球信息的承载性、精准性、可靠性、可信性和价值等。

(4)包括基础设施在内的能力体系构建。广义上总体论证、设计、验证、制造、综合集成、业务化运行、效果评价与效能分析是遥感应用能力建设过程中的关键组成,而这些关键组成的有效组织、建设、运行等依赖于设施配套保障条件和组织管理。遥感地面应用的开展、应用技术的研发以及系统的论证是建立在地面系统、应用系统及地面应用制造与服务系统的支撑保障条件基础上的。这些支撑保障条件一般以有形物方式表现出来,被称为基础设施(infrastructure)。

在能力体系构建中,管理能力发挥重要作用,良好的工程组织管理体系是遥感应用能力体系建设的重要组成部分。更广泛的能力体系构建是建立在社会的经济与科技发展水平上的,同时也关系到社会形态与治理环境。调动更多资源的投入对于遥感应用能力与水平提升有十分重要的影响。

(5)遥感应用中的需求、运行与价值链构建。遥感应用中人在认识与改造世界从而实现自身需求满足的过程中,通过构建、衡量与评价需求满足过程来确定并实现价值,即将需求及实践过程按照获得认可并可交换的程度来定义价值参量,使得需求及过程价值化。评价是人们判断和认定需求、工具及产品合理与否。判定要素包括预估的技术指标满足度、效能与效益。

根据评价人意识的参与程度,可分为主观评价、客观评价和主客观结合评价,即采用定性与定量相结合的方法,以满意度模型作为建立评价指标体系的核心,按照应用技术成熟度的发展阶段,通过指标和能力的量化考核确定需求满足的程度,并综合分析其产生的效能与效益,以用户应用为关注点,反映用户的满意程度。

应用模式是建立在产品质量过检、系统业务化运行、需求满足得到验证、产品与系统的价值得以认可基础上的,通过构建出不同的利益结构模型,形成市场细分,不仅要有公益性服务,而且其发展进程将朝着遥感应用产业化、商业化方向不断前行,金融和中介等多种社会形态组成将发挥重要作用。

数据政策是在人及人群间的一种利益分配要求,与社会关系紧密相关。遥感要在哪些地方发挥作用,在哪些地方受到限制等,由人的伦理、道德与法律规定以及技术工程伦理等来确定。

3)学科设置

按照卫星遥感应用学是有关人、遥感工具、观测对象关系的研究内容,可以设置 5 个基本学科方向。

(1)航天遥感原理与遥感应用工程。以遥感应用为研究对象,提升对观测对象的认知水平,开展卫星、空间站、航天飞机等航天平台获取光学、微波等信号信息和数据信息,进行处理从而获取观测对象信息并进行应用的一般性研究,探讨过程状态描述与变化发展规律,提升对遥感应用实践的整体认识(Davis,1993)。主要内容包括卫星遥感任务分析与设计过程,卫星观测数据包获取,卫星、地面系统与应用系统设计,遥感应用工具、应用与评价等。主要任务是:①遥感器信息获取原理;②航天、航空、原地遥感理论与技术;③遥感信息论、数据工程论、应用技术成熟度理论;④由在轨定标(calibration)、产品真实性检验(validation)、产品质量核验(verification)、认证(accreditation)、实证(real evidence)等环节构成的系统化 CVVAR 质量保证技术与能力体系;⑤遥感应用系统工程与工程系统研究;⑥感应用效能效益分析与社会化服务;⑦标准规范、市场服务与政策、行为与管理学、技术伦理学研究,以及机制体制条件下的利益结构研究,直至与社会、宗教、历史、习俗、伦理学关系等。

(2)卫星导航定位、摄影与遥感空间测量。以时间、位置与几何形态为主的时空测量为研究对象,利用卫星、空间站、航天飞机等航天平台获取光学、微波等信号信息对观测对象进行几何学测量,从而获得观测对象时空位置、大小、形状、体积、距离、速度、运动状态等信息,应用在地球表面目标与行星间的测量,探讨其状态描述与变化发展规律的认识。主要内容包括时空基准、遥感器成像机理与模型、数字摄影测量、解析摄影测量与区域网平差、卫星导航定位系统、天文/惯性组合与匹配导航、高精度位置服务等。主要任务是:①卫星定位与测绘;②数字线划地图、数字正射影像和数字高程模型等地理空间信息获取;③观测对象高精度位置、形状、大小、体积、运动变化信息获取;④卫星导航定位系统及其增强系统的精密测量和精密授时服务;⑤多模导航技术及组合方法以及在航天、航空、地面和水上水下各种运动目标的实时导航定位服务;⑥与地理信息系统集成为各种用户提供基于位置的信息服务。

(3)卫星遥感探测、识别与计算机处理。以人与计算机识别为研究对象,利用卫星、空间站、航天飞机等航天平台获取光学、微波等信号信息对观测对象进行属性判断,完成发现、识别、确认、分类与聚类、变化检测,实现遥感数据向地理信息的转换,探讨这一过程的状态描述与变化发展规律的认识。主要内容包括遥感信息与数据工程、数据可视化、特征提取和分析、人工智能、模式识别等。主要任务包括:①观测对象特征分析;②人工智能与专家知识解译;③遥感信息特征提取与分析;④遥感数据分类与检测技术;⑤计算机大规模、高精度自动处理等技术。

(4)卫星遥感观测与计算机处理。以基于物理机理的遥感信息传输为主要研究对象,利用卫星、空间站、航天飞机等航天平台获取光学、微波等信号信息对大气、海洋、地表和地下目标等具有时空间位置的观测对象的色调、散射、密度、浓度、组成成分、温度、变化梯度等物理、化学和生物学信息进行获取,探讨这一过程的状态描述与变化发展规律。主要内容包括地球物理场(含重力、电磁场),大气、海洋、地表的成分和浓度参数获取、表达与分析。主要任务包括:①大气、海洋、地表、重力场、电磁场等信息空间传输原理研究;②大气、海洋、地表、重力场、电磁场等信息的反演模型研究;③遥感信息计算机处理研究。

(5)专题制图学与地理信息工程。以四维时空间信息表达为研究对象,利用增强现实/虚拟现实、专题图、地图、仿真等形式,抽象概括地反映自然和人类社会各种对象与现象的描述参数、空间分布、相互联系、空间关联及其动态变化,建立更友好的信息人机交互模式。同时,开展数据研究,针对大数据特性,特别是四维时空间信息的数据形式进行获取、智能抽象、存储、管理、分析、处理和可视化,建立地理信息系统。以数字、图形和图像方式传输空间地理环境信息,为各种应用和地学分析提供支撑,提供精确数字地图数据和空间地理环境信息及相关技术支持、空间信息管理与服务。主要内容包括地图设计,地图投影,地图编绘,地图制图与出版的一体化,多源地理数据的汇集、输入与更新,海量地理数据库的管理和高效检索,空间分析建模,空间数据挖掘与知识发现,空间信息可视化与虚拟现实,空间数据不确定性与质量控制等。主要任务包括:①数字地图技术设计和制作各类纸质地图和电子地图;②各类地理空间信息处理、生产与更新,生产各种地理信息产品,建立一定形式的地图数据库和空间数据基础设施;③建立各种地理信息系统,进行地理信息发布,满足各行业对地理信息的应用需求(陈述彭,1992);④构建观测对象四维时空间模型和物理化学场模型,实现观测要素基于地理空间数据的可视化,开展仿真活动,发展同化与融合技术,按照“6W2H”要求,集成“7类”信息并通过四维时空间数字技术所提供的真实信息表达,为工程设计和施工提供通过遥感“探测绘”手段获得的相互协调、内部一致的信息模型;⑤计算机大规模处理。

卫星遥感应用学研究内容涵盖了传统卫星遥感、导航、测绘、地理信息系统等多个领域内容,构建了一个“从人到物再到人”过程。基于这些研究,可以结合与时空间有关的应用,构建遥感地理学、遥感农学、遥感卫生学、遥感地球系统学等。为了充分发挥卫星遥感应用学“探测绘”作用,扩大其使用范围,可根据实际应用情况设立若干亚学科,以下两个应用设置可作为示例参考。

(1)室内、地下、隧道与矿山遥感应用。综合应用光学、微波等手段及空间信息等理论方法,研究与室内近景、矿产资源、地下空间开发利用有关的动静态空间信息监测监控、定向定位、集成分析、数字表达、智能感知和调控决策等的科学与技术,如遥感室内环境学、遥感地下环境学、遥感矿山学、遥感交通学等。主要内容包括室内、地下、隧道和矿山的导航定位、目标识别、空间信息采集与三维表达、多源复杂信息集成处理、与物联感知关联、沉陷监测与变形控制、矿体几何与储量动态管理、地下空间环境评估等。主要任务包括:①构建室内、地下、隧道与矿山空间基准,提供(测设)局部坐标、距离与方位;②建立室内、地下、隧道与矿山、管线、海洋等的空间信息系统,进行数字表达、制图、分析与动态更新;③评价及管理室内、地下、隧道与矿体空间资源,监督其合理利用与开发,预测环境破坏等。

(2)行星遥感观测应用。通过空间探测卫星等平台,利用电磁波、高能射线和粒子场等遥感手段探测、收集行星的空间、物理化学信息,例如,遥感行星学中所讲的基于空间探测卫星所携带的遥感器(包括立体摄像机、红外扫描仪、红外辐射计、成像光谱仪、成像雷达、激光雷达等载荷)用于研究四维时空间中行星大气组成、大气层结构、行星表面温度、地表形态、水分与状态、岩石矿物组成、地质构造及行星内部结构等特征,系统地对探测器导航定位、行星表面遥感探测方法技术、卫星高精度遥感制图理论方法以及行星表面过程机理等进行研究。针对深空探测的特点,主要任务包括:①行星摄影测量,构建不同行星的坐标系和测图标准;②行星表面遥感探测,对行星表面进行三维重建和理化参数反演;③行星地质过程机理与比较行星学,研究行星的地质结构和变化规律;④行星环境感知与导航定位,开展行星空天地一体化遥感与定位技术,提供行星坐标系下的相对坐标。

4)卫星遥感应用学与相关学科关系

(1)与航天遥感的联系。航天遥感是航天学、信息学以及自然科学、工程学的综合交叉(图1.6),既关注航天科学中的遥感平台和传感器等理论知识,同时也关注以应用为目标的遥感信息流程知识体系。除此之外,遥感信息是人造事物,如何使其高效传播,服务人类社会发展,还必须尊重系统工程规律以及人类行为规律等。

航天遥感是从多种基础科学和技术科学在航天工程实践的应用中发展起来的。同时,也关注其他方面,如遥感器技术进步、航天原理等。通过航天基本原理指导航天工程实践是航天系统特别是卫星遥感器系统设计、制造、试验、发射、运行、控制、管理和使用等航天技术的理论基础。

卫星遥感应用学作为有关利用遥感工具研究观测对象现象、规律与理论的一门科学技术与实践,是航天遥感的重要组成部分。而遥感学是遥感领域的最高范畴,包括航天遥感(图1.7)。

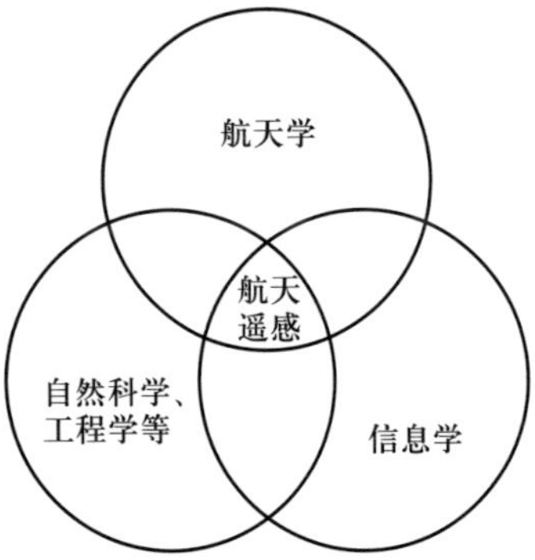

图1.6 航天遥感

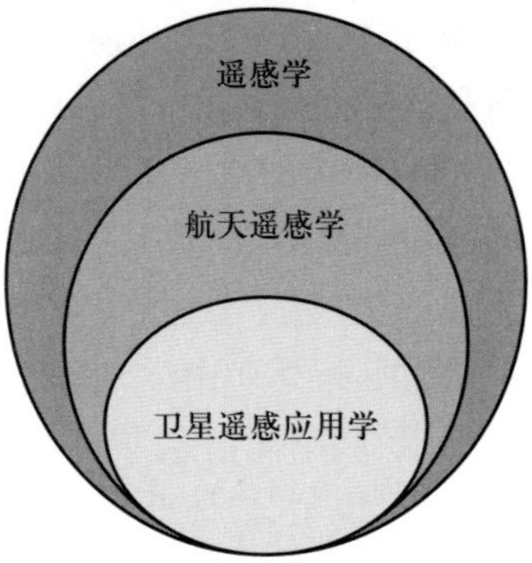

图1.7 卫星遥感应用学与航天遥感学关系

从另一个角度看,航天遥感是航天学的重要组成,而航天学与空间科学有很大的交集。最近,在空间科学中组建的空间地球科学,也与航天遥感和卫星遥感应用学有交叉。空间科学(space science)指利用航天器研究发生在日地空间、行星际空间及至整个宇宙空间的物理、天文、化学及生命等自然现象及其规律的科学。

自1990年起,中国空间科学学会作为团体会员加入国际科学联合理事会(ICSU)下属的日地物理科学委员会(SCOSTEP)。空间地球科学以空间飞行器为主要平台,研究发生在地球、日地空间、月地空间的物理、化学及生命等自然现象及其规律的科学,可以看出该学科极大地开拓了人类的视野和活动疆域,与卫星遥感应用存在天然的联系。

(2)与测绘学的联系。根据《中华人民共和国测绘法》,测绘是指对自然地理要素或者地表人工设施的形状、大小、空间位置及其属性(指具有时空信息的物理、化学、生物学与社会学参数)等进行测定、采集、表述以及对获取的数据、信息、成果进行处理和提供的活动。按照国务院学位委员会学科评议组的解释,测绘学是研究地球和其他实体与时空分布有关信息的采集、存储、处理、分析、管理、传输、表达、分发和应用的科学与技术。测绘科学与技术包含大地测量学与测量工程、摄影测量与遥感、地图制图学与地理信息系统3个二级学科,研究内容包括探测地球和其他实体的形状与重力场以及空间定位的理论与方法,利用各种测量仪器、传感器及其组合系统获取地球及其他实体与空间分布相关的信息,制成各种地形图和专题图。随着空间技术的发展,现代测绘科学研究范围已扩大到外层空间乃至其他星球。

测绘学与地球物理学、地质学、天文学、地理学、海洋科学、空间科学、环境科学、计算机科学和信息科学及其他许多工程学科都有密切的联系。测绘科学与技术属于工学的一级学科,下设3个二级学科,分别是大地测量学与测量工程、摄影测量与遥感、地图制图学与地理信息工程,侧重于研究地球表层和物体的空间特征和变化。

卫星遥感应用学与测绘学相比,不仅有测绘学所关注的时空基准、位置、几何特征等内容,而且由于遥感工具自身特点,可以首先对观测对象进行发现、识别、确认、分类与聚类、变化探测,在此基础上还能够获得成分、密度、质量、浓度、温度、成分、光合作用、生物量等物理、化学和生物学参量信息,并对这些内容进行深入的理解与预测。

(3)与地球空间信息学的关系。"Geomatics"一词最早出现在20世纪60年代末期的法国,大地测量和摄影测量学家 Bernart Dubuisson 于1975年将该词对应的法文"Geomatique"正式用于科学文献。将"Geomatics"释义为"地球空间信息学",则反映了国际标准化组织(International Organization for Standardization,ISO)对其所下定义的完整理解,体现出传统测绘科学与遥感、地理信息系统、多媒体通信等现代计算机科学和信息科学的集成。

地球空间信息学通过采用遥感、卫星定位与导航、地理信息系统和通信系统为主的"3S+C"技术,获取和利用地球空间信息,一般以数字化地球的形式提供空间数据基础框架,在多年的发展中逐步完善与成熟,已经形成了比较丰富的理论和实践积累。

众所周知,观测对象有很多种信息,空间信息是其中一种,狭义讲是指反映地理实体时空分布特征的时间、位置与几何学信息,广义讲是指与时空间有关的信息,如前文所描述的观测对象7类信息中具有狭义空间信息的其他几类信息。若针对地球研究,则这类信息可以叫作地球空间信息。这些信息可被多种手段探测到,其中用遥感手段探测到的是遥感信息,是广义空间信息的重要组成。测绘信息是狭义空间信息的直接反映,其中用遥感手段获得的测绘信息是遥感测绘信息,是狭义空间信息重要组成(图1.8)。

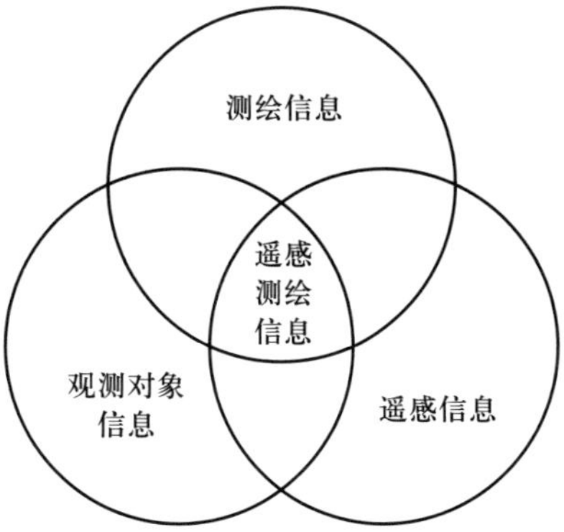

图1.8 地球空间信息学关系

由于同样采用遥感技术,甚至都是基于遥感获取数据与信息提取加工的信息提取手段和设施,卫星遥感应用学与地球空间信息学必然存在交集。地球空间信息学概念提出的意义远远超出了一个名词译法的范围,这标志着推动地球科学研究从定性走向定量,从模拟走向数字,从孤立静止走向整体动态乃至实时的信息化过程。

相对比,卫星遥感应用学更注重遥感数据与技术应用的自身流程和完整体系,不仅关注科学技术领域的问题,还考虑了遥感价值链的产生和运转,在业务服务方面延伸更广,在产品与技术体系方面更加深入,是从卫星这一技术工具角度的地球探测学。因此,可以说在遥感应用的技术链、信息链、价值链和物质链等方面,卫星遥感应用学提供的不仅是数据支撑的基础框架,还有应用业务的技术保障和产业服务的效能优化。

(4) 与地理学及其他涉及观测对象的学科的联系。根据国务院学位委员会学科评议组的解释,地理学是关于地球及其特征、居民和现象的学问,用于研究地球表层各圈层相互作用关系,及其空间差异与变化过程的学科体系,主要包括自然地理学和人文地理学两大部分。地理学中包括地理环境遥感。地理环境遥感具有典型的多学科交叉特征,紧密联系地理学、遥感科学、环境科学及生态学等诸多学科。传统手段在数量、质量以及信息的实时和及时性等方面,都不能适应或难以满足当前地理学的发展。地理环境遥感与传统观测的主要不同在于遥感特性,依靠遥感观测获得地理研究的第一手(信息)资料,是现代地理学获取信息的重要手段。

卫星遥感应用学在地理学中的运用可称为遥感地理应用学或遥感地理学,是以探测地理环境现象及其动态变化为目标的遥感科学、技术与应用,旨在研究自然、经济和社会文化地理环境发展演化的时空分布和变化机制,为地理环境多维、多尺度和高时效的动态监测以及多学科综合分析提供综合性技术支撑。与地理环境遥感相比,遥感地理学不仅关注遥感技术对地理学现象、变化、规律与理论的再认识,而且也关注人、遥感工具、地理学三者的关系,并包括对遥感应用普遍规律的认识,以及具体应用中问题的解决。

类似地,地质学、气象学、海洋学、环境科学与工程、经济学、社会学、城乡规划、地球与行星学等知识体系构建中均涉及观测对象的"when & where""what""how"(3W1H)问题,可按照卫星遥感应用学所提供的模式构建相应的专题性研究方向,如前所描述的遥感地理学、遥感大气学、遥感海洋学、遥感环境学和遥感行星学等。

(5) 与信息及通信工程等涉及内容的相关学科联系。信息学是研究信息的产生、获取、传输、处理、分类、识别、存储及利用的学科,在20世纪60年代以后逐渐形成。信息学主要研究以下问题:①客观世界信息源理论。探讨如何掌握生物、人类和计算机发出和获取信息的规律。②建立在模糊数学基础上的信息识别理论。在人类社会中,信息是以语言、声音、图像、文字等形式出现的,计算机系统尚未完全解决识别这些信息的问题。③人工智能理论。由于计算机辅助设计、专家系统和机器人的出现,因而建立这一理论变得十分迫切。④信息的结构和层次研究,如社会信息产业的统计和划分等。⑤信息系统(获取、处理、存储、传播过程等作为一个整体过程)研究。⑥信息管理和经济效益等信息的利用问题。

卫星遥感应用学是建立在遥感信息论与工程论(顾行发等,2018)基础上的,从信息科学角度,综合考虑几何测绘、物理机理、地理解译等多种遥感应用中遥感信息形成、传递与施效的一般性特点,综合利用计算机、模式识别、图像处理、地理信息系统等信息领域成果,使用各类遥感器接收来自地球表层各类地物的各种电磁信息,并对这些信息进行加工处理,从而对不同观测对象特性进行获取。遥感应用的过程中,遥感应用层次分为时空定位与展示类应用、变化检测与分类应用、目标几何、理化特性反演类应用和综合性应用。

(6) 与工程学、管理学、经济学、社会学等涉及人的相关学科联系。遥感应用是人认识与改造世界的活动,当卫星遥感应用发展到一定规模,其社会效益和经济效益得以体现,其系统工程、遥感应用技术成熟度要求、标准规范、政策法规等逐渐凸显出来。其中,管理科学与工程综合运用了系统科学、管理科学、数学、经济和行为科学及工程方法，结合信息技术研究解决社会、经济和工程等方面的管理问题。卫星遥感应用学作为一门快速发展的、交叉性强的边缘学科，特别突出了对不确定性强的科研工程的组织管理的需求。

同时，作为一门最终服务社会发展的手段，也与经济学和社会学等多个学科有直接关联。例如，在开展卫星遥感应用实践中，工程伦理学是不可避免的、有关道德价值研究的内容。自 20 世纪 70 年代起，工程伦理学中的功利主义伦理学、康德的尊重人的伦理学和德性论三种方法被广泛应用。任何人造事物均具有人与自然的“二象性”（顾行发等，2018），必然有人的因素，体现人的价值，是人创造性实践活动的产物。只有深入分析其应用条件与环境及社会作用，充分被人掌握和利用，才能更好地满足人的需求。

1.2 卫星遥感应用系统与基础设施

卫星遥感应用是建立在信息、技术、物质、价值“4 流”基础上的。相应的物质条件保障，不仅需要一个卫星星群组成的观测对象信号信息的获取系统，即天基系统，而且需要一个将数据信息转变为观测对象信息与应用信息的地面应用系统，以及这个地面应用系统的制造与支撑系统。在本书中将包括运行与建设相关的技术系统，加上构建其上的系统工程，统称为卫星遥感应用系统。卫星遥感应用基础设施作为应用系统的物质化表现，是支撑遥感应用开展以及发展完善的载体，是遥感应用理论指导下的应用技术及实践活动的有形化表现，是对相关工程系统的总体概括。

1.2.1 卫星遥感应用技术

技术被作为人类利用和改造世界的方法、技能和手段，对人工过程进行创造和控制，设定目的性、造成现实性，是人们在实践过程中所利用的各种方法、程序、数据、规则、技巧类知识的总称，用来解决“做什么”“何时做”“在哪做”“怎样做”“怎样做得更好”等有关“用”的问题。一般地，技术同时包含用来被发展和被利用这两方面。

卫星遥感应用技术涵盖了技术流从认识、设计、制造到应用的全过程（顾行发等，2018），以及在一定社会条件下的价值链搭建技术。从围绕信息流开展的构建与运行活动看，卫星遥感应用技术是从信息流获取、信息流流转到信息流应用，是有关遥感信息、数据工程、软硬件研发与运行等的技术认识、设计、实现、评价、发展和转变的过程。其目的是解决人利用遥感工具作用于观测对象的过程中出现的一系列问题，例如，遥感卫星探测指标与卫星星群组织形式如何确定？地面与应用系统如何基于对信息、数据的理解进行搭建？遥感信息如何通过数据处理被复原和利用？技术系统的进化途径如何确定？如何有效地对技术系统的发展进行理解、分析、评价与预测？上述一系列问题等是通过遥感应用技术发展来不断解决的。概括起来，遥感应用技术包括以下几个方面。

（1）研发与论证技术。航天遥感科学论证通过认识、思路、理论、方法、技术、工程和实践等若干层次上的积累,综合分析需求,提出对航天遥感系统设计、建造、服务与能力建设的分析和评价,同时把握与需求的关系,并实现需求。

(2)设计与制造技术。支持开展系统总体结构与功能、数据流图、分系统接口协议设计,制定系统总体建设方案,构建指标与指标评价体系、技术规范与质量控制体系,完成信息、技术、设施、价值链构建。

(3)综合集成与运行技术。通过实践实现预期的价值,满足需求。通过处理加工平台及应用平台等有形化设施条件,提供高质量、方便快捷的综合应用服务和信息产品、大型软件与重大应用运行系统等产品。

(4)测试评价、效能效益分析技术。为航天遥感应用提供基础的实验及验证条件,为航天遥感应用模型算法与处理流程验证、数据处理能力、数据精度测试、科学数据与业务化数据互校、仿真分析、定标与真实性检验、应用效能评估等工作的开展提供实验条件和公共支撑设备,形成对航天遥感应用的全流程核心条件保障。

1.2.2 卫星遥感应用中的系统工程与工程系统

1)卫星遥感应用的系统工程与过程实践

应用过程实践是多种技术的综合,表现方式是工程,是人的有序组织活动。工程是按照人的愿望对科学与技术的某种应用过程,使自然界的物质和能源的特性能够通过各种结构、机器、产品、系统和过程,以最短的时间和最少的人力、物力做出高效、可靠且对人类有用的东西。或者将某个(或某些)现有实体(自然的或人造的)转化为具有预期使用价值的人造产品。就广义而言,工程被定义为由一群(个)人为达到某种目的,在一个较长时间周期内进行协作(单独)活动的过程,也可以称为应用实践。

开展卫星遥感应用中,卫星遥感应用技术是根据目的在时空上有序组合,在具有一定规模情况下,无论是系统的制造还是运行均表现为系统工程,过程实践表现为系统工程运用与运行。

系统工程,是对工程系统所要达到的目标和实现该目标的措施进行整体研究,并对工程系统进行建造及运营的过程(栾恩杰,2010)。这个过程涉及对科学与技术的有序集成与利用,对人的组织管理,对全过程、全要素的评价与控制,以实现最终目的。系统工程不是工程系统本身,这是两个不同的概念。

系统工程的运行是以工程系统的功能、性能、指标、要求为目标所进行的一系列人员组织管理、系统设计和建造过程,包括了总体论证、方案设计、技术设计、工艺设计、运营设计、生产制造和试验验证等多个符合系统性结构的过程性工作。具有连续性、目标量化、指标均衡性、方案集优性、可信度的渐进性、指标流动性、最佳概念的相对性和要求的全息性等基本特点,是人的知识、智慧、能力和要求的综合表现,是工程系统建设与运行整个过程的管理保障。

2) 卫星遥感应用工程系统与广义航天遥感系统

卫星遥感应用是依赖工程系统开展的,航天遥感过程通过一个构建在航天遥感应用技术上的具有相对固定形态的工程系统来体现。从最终结果看,工程系统是最终交付给工程需求者的人造事物,是人开展应用所依赖的由多种技术综合而成的工具。这是一客观存在物,对于典型的信息系统,可由传感器、数据、模型、算法、计算机、网络和试验场等组成,是工程需求者实现其目标想法的技术保障体。所搭建的系统具有整体性、层次性、统一性、协调性、目标一致性和匹配性等特性,这是所有工程系统共有的特性。

工程系统之所以被称为系统,是因这一技术的时空组合所构成的工程具有很多组成部分,这些组成部分不是各自独立的,而是有紧密的关联性。卫星遥感应用的工程系统是一个广义航天遥感系统(顾行发等,2018),其运行部分包括了由卫星群组成的天基系统、地面系统和应用系统(图 1.9)。制造部分包括卫星制造与发射服务系统、地面应用制造与服务系统。同时,也包括了软硬环境系统及与用户、市场的连接。其中,涉及运行的地面系统和应用系统构成从数据到信息再到知识的完整信息流,共同完成对天基系统获取数据的处理。

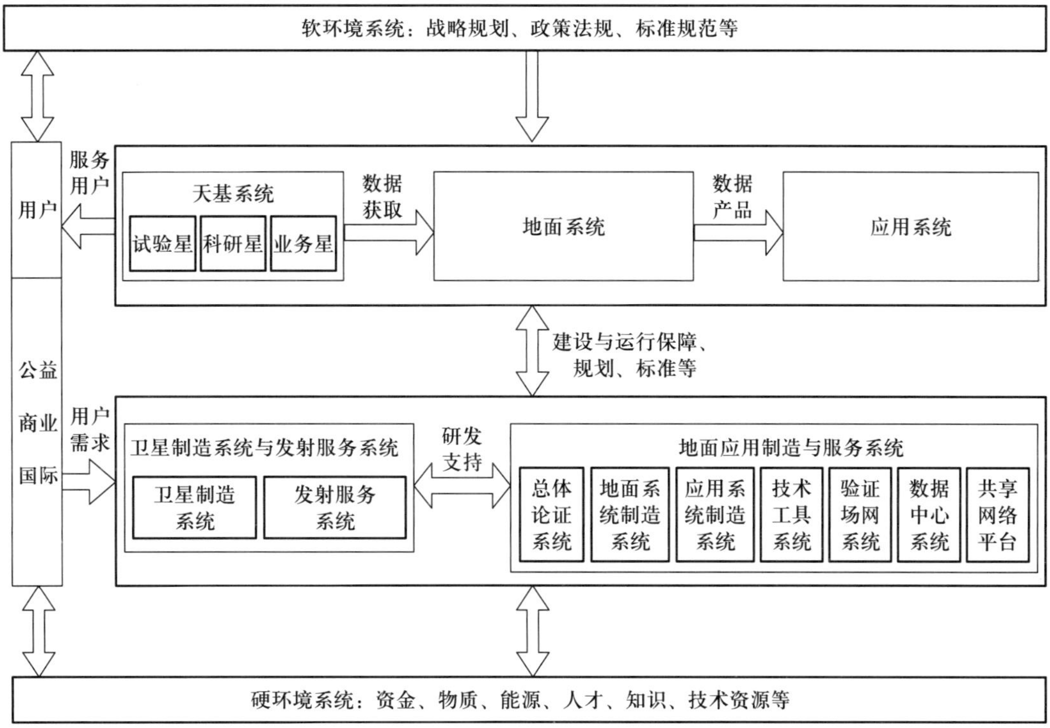

图 1.9 广义航天遥感系统组成结构

在某些系统构建中,地面系统与应用系统整合为一体,形成地面应用系统。这种形式的组合有利于数据在系统内的快速传递与高效运行。但是,在现时期卫星综合应用涉及多部门、多领域、多区域的情况下,有多个应用在同时开展,这就要求数据的提供要平台化,以更加灵活的方式支持应用。所以现时期主流地面应用系统基本分为平台化的地面系统和多个领域与区域的应用系统的组合。地面系统统筹接收若干品种卫星数据,并加工成标准数据产品对外服务。地面应用系统汇集多个地面系统提供的多种类型卫星数据包,并结合应用领域自身特点,将遥感数据产品转变为专题信息与知识,为最终用户提供服务。

1.2.3 卫星遥感应用基础设施

1)基础设施与空间信息基础设施

基础设施是指为社会生产和居民生活提供公共服务的工程系统,是用于保证国家或地区社会经济活动正常进行的公共服务设施,具有先行性与基础性、不可贸易性与准公共物品性、整体性与规模性等特征。它是社会赖以生存发展的一般物质条件,完善的基础设施对加速社会经济活动,促进其空间分布形态演变起着巨大的推动作用。同时,也是社会发展的物质与认知成果的体现。现代社会中,经济越发展,对基础设施的要求越高。建立完善的基础设施往往需较长时间和巨额投资。

基础设施包括交通、邮电、供水供电、商业服务、科研与技术服务、园林绿化、环境保护、文化教育、卫生事业等市政公用工程设施和公共生活服务设施等。我国在2018年底中央经济工作会议中提出了新型基础设施建设,把5G、人工智能、工业互联网、物联网定义为信息时代的基础设施内容。这种基础设施有别于传统的交通、能源、建筑、水利、环境、民生与公共服务等,更多强调了新型信息技术、人才与社会资源,不仅能真正释放“数据”作为新一代生产要素的庞大价值,而且能倍增基于物质能量的传统基础设施的能力发挥。

遥感信息作为一种重要的对世界加以认知的信息与知识,其有效地发挥作用需要建立在不断完善的国家空间信息基础设施(national spatial information infrastructure,NSII)的基础上(阎守邕,2003)。按照阎守邕教授定义,NSII是地球空间数据和信息获取、处理、存储、传输、应用、分发及应用效果改进所必需的各种技术、政策、标准、人力资源以及这些数据与信息资源本身的总称。这个概念与国外常用的“国家空间数据基础设施”(national spatial data infrastructure,NSDI)是基本相同的。同时,阎守邕教授进一步从现代遥感科学技术体系角度对国家遥感信息基础设施进行了阐述(阎守邕等,2013)。

2)卫星遥感应用基础设施

卫星遥感应用基础设施是遥感信息及空间信息基础设施的重要组成部分,是并行于信息链、技术链、价值链构建与运行的物质链有形化表现,包括直接涉及应用的数据知识集与软硬件条件的工程系统和有效组织运行的系统工程两个部分。其中工程系统部分作为技术系统,包括应用技术及其有形化设施条件两个部分。

卫星遥感应用中的有形化设施条件，一般表现为地面系统、应用系统、遥感地面应用系统制造与服务系统，这些系统是建设与运行主体（顾行发等，2018）。其中，运行生产部分主要指地面系统和应用系统，生产应用产品并开展服务。设计制造与能力体系建设指地面应用制造系统，包括总体论证与设计系统、地面系统制造系统、应用系统制造系统、技术工具系统、实验场网系统、数据库系统及共享网络平台等。其目的是建设面向应用的共性基础性试验设施、共性技术、专题技术和集成服务系统（图 1.10）。

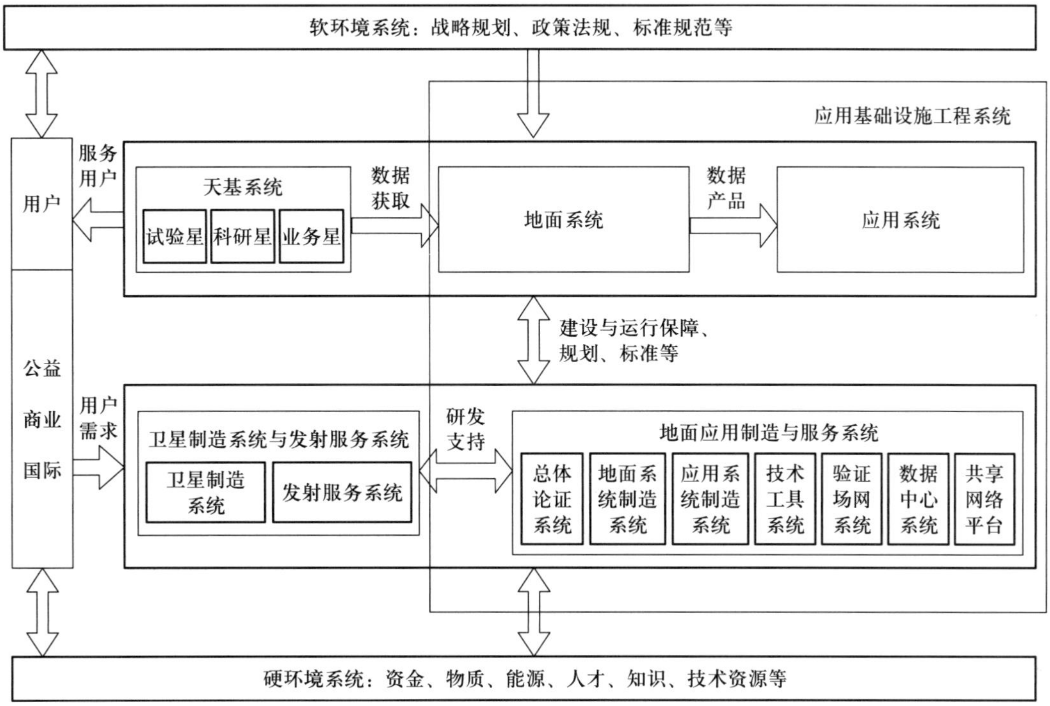

图 1.10 应用基础设施组成结构

在卫星遥感应用体系构建中，系统的建设与运行往往有十分紧密的关系。作为静态、有形化的应用技术综合体，卫星遥感应用基础设施通过与软硬环境的密切配合，一方面完善设施条件建设以及对技术水平与能力的不断提升，另一方面很好地支持各方遥感应用，服务社会经济发展。

卫星遥感应用基础设施是卫星遥感应用实践的基础保障，是开展应用系统建设与应用服务的工具与前提条件。可以为地面系统与应用系统的建设和运行提供总体论证、需求总体协调与技术指标设计，新型探测技术中载荷、产品与应用成熟度提升与评价；对软硬件共性、基础工具的设计、研发、制造以及技术与系统进行评价；是面向论证、设计、制造、集成、运行等各环节相综合的综合数据库，并承担数据存储、分发、服务的设施，实现信息共享。

卫星遥感应用基础设施是通过填平补齐、长期积累、不断完善的过程实现发展的。作为人类知识与技术的综合集成,应用基础设施既服务遥感应用实践,而且作为其重要组成部分也是应用能力的重要表现。

3)与应用实践过程关系

应用过程实践包括设计制造与运行服务两个过程,运用系统工程方法,驱动并运行工程系统,通过对基础设施的技术与设施条件有序地综合应用,开展应用系统构建和应用系统运营。在运营过程中不断提升工程系统的整体水平与能力。

1.3 高分应用系统与高分应用基础设施

高分专项是一次广泛、深入的遥感应用实践,不仅包括理论、技术创新,也包括对社会经济效益的产出。高分应用系统与高分应用基础设施正是认识提升、技术积累与能力发展的综合体现。

1.3.1 高分专项简介

高分专项作为重大科技专项,重点发展基于卫星、飞机和平流层飞艇的高分辨率对地观测系统。通过与其他中、低分辨率观测手段结合,完善地面系统与应用系统等设施条件,形成时空协调、全天候、全天时、达到国际先进水平的对地观测体系,并打通空间信息产业链,促进相关产业发展。

实施阶段正是衔接我国应用卫星与卫星应用,促进我国卫星应用从科学实验向业务服务转型的关键期。高分专项将服务国家需求、扩大国产卫星应用市场,在国土资源、生态环境、应急管理、公共安全等领域和全国各省(区、市)及县、乡、村的具体应用中,用实践来回答国产卫星能不能用、怎么才能好用和用好等问题。

高分专项的核心是科技创新。通过理论探索、技术突破、工程实现和应用创新,积极摸索并解决遥感卫星应用中的核心问题,构建自主研发与应用体系,形成较系统完整的应用基础设施,实现对国外遥感卫星数据及其应用技术、软件、终端等的有效替代。为我国业务化服务、产业化应用的空间基础设施规划设计提供了必要的基础与条件,为我国开展空基规划建立基础,是名副其实的“小空基”。

高分专项是将工业制造、科研院所、应用行业等多个领域有效集成的复杂系统实践过程,通过需求牵引、技术推动,促进任务的完成。其中,需求牵引既有人的认知水平提升产生的需求,也有人的愿望产生的需求;而技术推动既有技术进步带来的变化,也有通过技术创新产生新的需求等。通过不断的实践,了解和掌握需求如何牵引整个系统的建设,如何能通过技术突破并贴近应用来促进应用水平与能力的提升。这对于进一步深化遥感应用学研究,科学分析人、遥感工具、观测对象相互间关系产生直接的促进作用。

高分专项是我国遥感领域迄今为止规模最大的一次多行业与区域参与的有关卫星应

用的系统性科技活动，将极大地提升我国遥感各主要领域的技术水平，推进我国遥感应用的工程化、业务化和产业化进程。基于当时对国内外遥感应用的认知与实践基础而进行高分应用系统顶层设计和系统部署，为将高分天基系统、地面系统和各行业、区域数据应用推广等有机衔接与紧密配合奠定了坚实基础。

1.3.2 高分专项的系统基本组成及相互关系

高分专项运用系统工程方法，进行系统顶层设计和总体集成，实现高分辨率对地观测系统（以下简称高分系统）的建设与运行。高分系统由天基系统、临近空间系统、航空系统、地面系统和应用系统 5 个系统组成。其中前三个系统重点在观测载荷与平台研制，负责遥感数据获取与观测能力建设；地面系统主要负责高分数据的运控、接收、处理、数据共享和分发服务；应用系统负责信息生成与共享、应用示范与推广、产业化促进等任务。另外，为保障专项建设顺利实施，配套开展系统总体、软环境和条件保障系统建设，全面推进我国卫星应用，具有非常明显的时代特点。

高分天基系统由分布在多个轨道高度上的卫星群构成，与其他卫星相结合，形成高空间分辨率、高时间分辨率、高光谱分辨率、高精度观测系统，而且还包括了多个角度、多个偏振度/极化等数据获取方式，包括可见光、高光谱、红外、合成孔径雷达（SAR）等多类卫星载荷，充分体现出高分观测多样性特点。通过与其他卫星组成卫星星群进行观测，形成对地球遥感特征信息的较完整获取。通过对地球 6 个圈层目标物进行综合观测，获取典型观测目标的位置、大小、形状等几何位置参数，以及内部的成分、密度、浓度、温度等物理化学生物参数。高分卫星相对于我国原有卫星系统是一大跨越，在国际上也处在有竞争力的位置，将极大推动我国遥感应用发展。

高分应用系统与天基系统、航空系统和临近空间系统的关联，主要通过用户的业务需求，对各大系统待研型号的相关技术指标提出具体要求，从而能更有效地促进天基等各大系统不断提升水平从而更好地满足应用需求。

高分地面系统采用集中建设的方式，构建以气象、海洋和陆地地面系统为核心的共享网格结构，统筹完成多星综合任务管控、遥感数据接收、处理、存储以及 0-2 级标准数据产品的生产并根据需要分发给应用系统，形成卫星数据服务的新格局。通过技术创新和机制创新，充分实现数据共享。

高分应用系统是开展行业应用与区域应用的系统，同时通过填平补齐，创新发展，推动遥感行业发展，促进遥感产业，实现高分系统的价值并服务社会。应用系统承担把数据转化为信息和知识的任务，将 0-2 级高分数据产品加工处理形成有关观测对象特性的 3-6 级目标特性信息产品与专题应用产品并应用示范推广，从更大范围评价整个系统对需求的响应程度，对效能效益的追求效果以及构建的正确性。这一过程将同时形成以自主信息源为龙头的科技研发体系和基础设施保障体系，并通过技术创新和机制创新，使对地观测数据变为好用、实用的信息，推动空间信息共享，有效降低应用门槛，促进形成空间信息产业链。

应用系统与地面系统在业务上紧密相关,联合形成完整的数据流、任务流和服务流。其一,应用系统作为一个整体收集汇总应用需求,经地面系统统筹协调形成观测指令,通过卫星资源分配和观测方式、数据获取强度与时效性等调度,获得有用数据。其二,应用系统对地面系统提供的标准数据产品进行质量评价、增值处理和示范应用,从而保证充分发挥高分数据的应用价值。其三,应用系统通过真实性检验系统,不断获取大量典型观测对象特性的现势性、针对性和真实性的探测数据,可以为地面系统提高标准数据产品质量等提供必要支撑服务。

1.3.3 高分应用系统的基础设施特点

高分应用的过程即是应用系统运行的过程,通过应用系统将整个高分系统产生的遥感信息服务到各个用户。高分应用系统是用户能直接接触到的高分系统组成,其自身建设与运行不仅需要系统工程组织、手段与设施等技术,而且需要大量的物质、能量与技术物化条件作为基础保障,为广大用户提供服务,具有基础设施特点。高分应用系统的研建结果最终体现在数据信息库和软硬件工具上,代表我国卫星遥感应用基础设施水平与能力的提升。

以有关质量保障的 CVVAR 体系为例,这是应用基础设施的重要组成,用以支撑卫星应用预先技术的研发、卫星上天前的系统质量检验、卫星在轨期间的测试评价、卫星运行期间的服务保障和卫星周期结束后的后评价分析等,在当前我国卫星快速发展阶段有十分重要的作用。通过构建应用基础设施,可以进行以下三个方面的研究。

(1)支撑应用系统的论证、设计与制造:包括制造应用系统中的论证与设计、技术研究、工程研发等各个环节。其中更多考虑与研发创新、效能相关的统筹性均衡关系,实现知识积累与技术发展,做到水平提升与能力突破。

(2)支撑应用系统运行服务过程:包括应用系统运行中的生产信息产品、检验评价、服务、市场推广等多个方面。其中更多考虑与市场竞争、效益、环境和政策的生态关系。

(3)支持最终用户的应用:包括作为公共服务设施,面向政府管理和社会大众等用户提供直接的服务。航天遥感信息作为一种内容服务,与 5G、大数据、云服务(云计算服务)、人工智能、工业互联网、物联网等信息时代的基础设施融合,在更大领域推广,共同构成新型基础设施。

1.4 本书及丛书的主要设置

1.4.1 本书主要内容

本书内容主要依据《面向应用的航天遥感科学论证理论、方法与技术》《高分项目建议书应用系统分册》和高分应用系统总体设计项目及其他相关方面研究成果总结而成，反映了对遥感应用学、遥感应用基础设施以及高分应用系统设计的认识。由于本书内容范围的设定，不涉及高分应用系统后续调整和其他重大事件发展对系统建设的影响，使得本书有关设计描述与实际情况不尽相同。

本书主要针对高分应用系统既为应用服务也为技术发展服务的要求，重点阐述按照卫星遥感应用学的理解，针对高分应用系统的应用基础设施特性，深入分析技术发展时代特点，开展高分应用系统建设与运行的设计。全书共分 9 章，分别针对认知、技术、工程实践这三个层次划分（图 1.11），按照概念与技术要求的设立、技术工程实现、人在建设中的组织管理与运行评价中的作用三部分进行介绍。

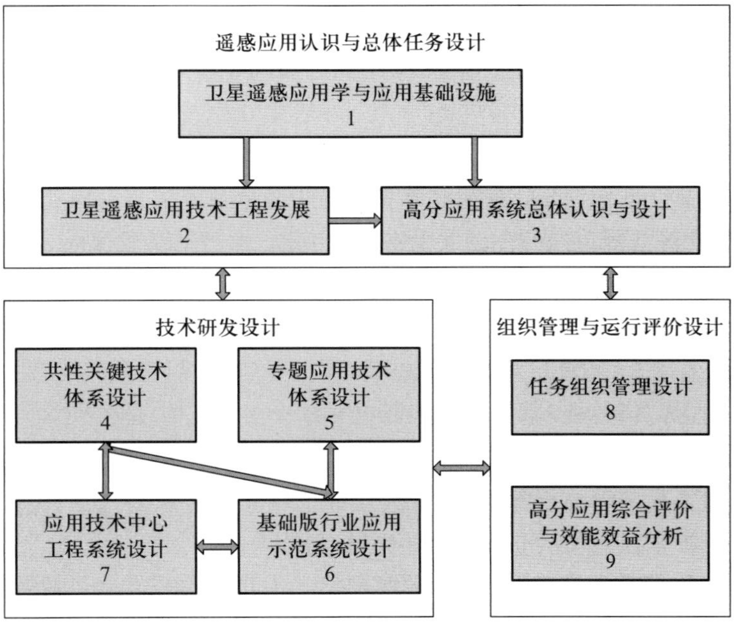

图 1.11　本书总体结构

1）总体认识部分（第 1~3 章）

第 1 章通过提出卫星遥感应用学概念并对其定义、内涵、内容、技术方法及作用的分析，提供了一个新的视角与视界去考察遥感应用作为一个行业的可持续发展所需的必要条件，开展有关“遥感行业”的研究。有效区分行业遥感与遥感行业内涵（如气象遥感与遥感行业、区域遥感与遥感行业等）的不同，以及与“遥感+行业+学”（如卫星气象学等）的差异。其中，突出对遥感应用的技术条件分析，提出卫星遥感应用基础设施概念，为后续高分任务体系设置提供支撑，这也是高分应用系统及这套丛书布局的依据。

第 2 章按照遥感应用学内容范围，围绕遥感应用发展特点，综合分析高分应用系统设计论证阶段的国内外航天遥感应用技术、工程、设施条件发展特点与变化趋势，进一步提升对卫星遥感应用在新时期的技术发展特点、技术适应性和系统可持续性的理解。同时,对国内有关遥感应用实践中系统性建设部分的内容进行介绍,这也是遥感应用学理论的主要实践来源。特别是对社会信息化水平发展到新阶段时期的遥感自身发展趋势进行了分析,为高分应用系统的愿景设计提供支撑。

第3章按照对卫星遥感应用工程与基础设施的认知,在充分分析高分专项的使命和当前一段时期遥感应用发展时代特点基础上,构建高分应用的整体性理解与系统性认知,设立高分应用系统的各级系统并定义之间的相互关系,形成按照研制总要求的技术实施途径。一方面支持开展高分应用基础设施建设设计,另一方面也按照高分应用基础设施的支撑与保障能力,支持服务国家战略、行业与区域发展、产业化应用的设计。

2)技术工程研发设计部分(第4~7章)

按照遥感应用有关数据产品、观测对象信息产品以及专题应用产品的分类,综合考虑遥感信息"探测绘"特点以及现代数据工程要求,将其分为共性技术工程体系与专题应用技术工程体系两个部分。

第4章构建共性技术方案。理清共性关键技术与专题应用技术的关系,按照IDSH结构中有关信息、数据、软硬件分类,以及人在评价判断、服务等方面要求,确定高分应用共性技术体系的主要内容,预期形成共性技术的模型、工具、软件和服务模式。

第5章构建面向国家战略、行业与区域、产业等多领域应用的专题应用技术方案。在共性关键技术支撑下,重点研究应用领域的专业化、专题化、面向最终需求的关键技术点,推进高分应用技术创新。

第6章构建针对高分遥感数据为主要数据源的行业专题应用技术集与专题应用服务系统方案。通过集成多领域技术成果,打破现有条块分割应用模式,构建标准化、可推广的专题应用系统技术框架和示范系统标准化设计方案。

第7章构建针对高分应用共性技术的应用技术中心分系统方案。按照技术的有形化方式,基于遥感应用IDSH的数据工程化及现代科学范式理解,重点阐述共性技术基础设施系统组成、功能和特点,为高分卫星遥感应用基础设施建设提供参考方案。

3)应用系统任务实施管理设计(第8、9章)

系统工程不仅是对技术的组织管理,更是对人与人群的组织管理。按照ATRL要求,从设想的提出到最终获得理想的满意度是建立在标准设立及对标准实现的程度判断上。通过构建研制与运行总要求,并在实践中与实际应用的具体情况互动,形成符合实际需要的具有效能和效益的最终结果,即"把一切送上理性的法庭"(顾行发等,2018)。

第8章构建与技术方案相适应的人的结构组织,支持对人在建设与运行实践中的主体作用进行表现。这是对高分应用系统构建的过程组织的系统化设计,体现出我国系统工程特点及面向创新的科研工程组织管理特色,为系统建设与运行管理提供支撑。

第9章按照总要求与人的满意度,针对应用需求提出、应用需求满足和系统构建进行效能分析。通过构建应用系统的效能评价和分析模式,对应用基础设施、共性技术和专题应用系统的需求满足度和效能按照建设与运行总要求提出评价方法。进一步地,结合政府、社会与区域服务,建立高分应用的作用与效能效益分析方法。在可持续化发展战略下,对于复杂的航天遥感系统,研制总要求作为利益相关方达成的一种共识,是对系统应用可满足度和可操作性进行的预测,也是开展应用综合后评价的依据。按照研制总要求,从满足度角度对数据获取与处理能力进行分析。同时,以应用技术发展规律为脉络对研制总要求进行考察、评价与改进。通过分析具备可持续发展能力所需要的产业竞争力,对政策和对外合作等软环境进行评价。

1.4.2 丛书主要设置

本丛书命名为《中国高分辨率对地观测系统数据处理与应用丛书》,定位于遥感行业发展理解基础上的应用系统建设与运行实践。通过提出卫星遥感应用学和应用基础设施概念,更加系统完整地把握应用系统的发展状况与新变化趋势。

高分专项作为国家重大科技专项,其实施的核心之一是突出以自主卫星信息源为龙头的卫星遥感创新研发与应用体系的构建,形成基础设施与能力,支持技术研发与服务国家社会经济进步,对卫星遥感应用理论指导有迫切需求。同时,以高分专项作为主要实践对象,贴近跨行业跨区域的具体实际需求,较全面地促进应用系统的体系性、规范性,实现系统效能与效益的同步提升,又为理论方法提供了广阔的实践空间。

整套丛书按照遥感科学论证的霍尔三维结构进行构建(顾行发等,2018),包括 6 个板块共 18 本书。其中,按照进程维包括总体论证与设计、能力体系、共性产品研究、技术发展、专题应用产品示范应用与综合评价以及科普宣传等内容;按照知识维涉及理论、技术、工程、应用、推广和能力等方面;按照逻辑维进程,丛书从遥感应用学概念提出到高分应用系统设计实践进行介绍。

第一板块为总体论述卫星遥感应用学与应用基础设施概念认识。第二板块包括 3 本书,按照现代科学范式及共性关键技术内容,介绍真实性检验、仿真平台及针对产品技术与服务技术的标准化,开展应用系统的能力体系建设。第三板块包括 5 本书,针对有关观测对象"3W1H"信息的共性关键技术内容中几何、分类与反演进行介绍,同时突出以观测对象为纽带的多星综合应用,以及单星服务各领域的应用产品体系等两个案例,形成对数据融合以及综合应用的思考。第四板块包括 2 本书,按照共性技术内容,针对应用工程发展与集成技术。一是针对卫星的新型遥感器应用,并行遥感器技术发展,在应用领域、卫星产品集方面按照 ATRL 进行工程研发描述。二是通过多星的综合处理系统构建对标准化、结构化、网络化系统发展进行描述。第五板块包括 6 本书,描述若干应用领域的专题应用"3W1H"信息获取及示范系统研发与运行,并通过行业与区域示范开展卫星应用评价,丰富完善卫星遥感应用学实践。第六板块有 1 本书,是面向行业业务管理者和遥感爱好者等的卫星应用科普推广(表 1.1)。

通过这套丛书,将高分系统的设计、制造、应用作为整体进行综合评价,不仅强调设计制造的质量,而且强调最终结果对需求的实际满足,特别是通过市场等机制客观评价,比如

表 1.1 《中国高分辨率对地观测系统数据分析与应用丛书》内容规划

领域	板块内容	各卷安排
1. 总体设计	提出按照现代科学研究范式的卫星遥感应用学与卫星应用基础设施概念，开展高分应用系统的设计	卫星遥感应用学与高分辨率遥感应用系统设计概论
2. 设施能力构建	系统化对航天遥感应用系统设施条件进行阐述，突出自主能力体系建设。重点针对产品体系与服务标准、试验场网条件、仿真分析条件等进行阐述	高分辨率卫星数据信息产品与服务标准研究 高分辨率卫星共性产品真实性检验技术 高分辨率卫星图像仿真与评价
3. 共性产品技术	针对高分卫星具体特点，开展共性"3W1H"技术研究。其中，通过典型应用和研发国产描述来构建完整的服务卫星应用的数据处理过程	高分辨率卫星几何处理技术及测绘应用技术 高分辨率卫星遥感图像分类技术 高分辨率卫星定量化产品技术 高分辨率卫星积雪遥感识别与反演 高分四号卫星遥感参数反演
4. 卫星应用工程	针对新型遥感应用技术发展的全过程进行工程研发。针对数据处理全流程，逐步形成具有自主创新的新型处理与服务平台	高分五号卫星多角度偏振遥感应用工程 高分辨率卫星应用数据处理与服务平台工程
5. 专题技术与领域综合应用示范	重点针对若干具体应用开展的专题"3W1H"技术研发、应用示范系统构建与应用整体评价	遥感农学与高分辨率遥感应用示范 遥感交通学与高分辨率遥感应用示范 遥感卫生学与高分辨率遥感应用示范 高分辨率遥感地震应用示范 遥感地球表层系统学与高分辨率遥感应用示范 遥感区域应用研究与高分辨率遥感应用示范
6. 科普教育	面向领域业务管理者、公务员及遥感爱好者等	航天遥感+

想得对不对、设计得好不好、制造与服务的质量如何等，均通过实践来检验。

本丛书内容对卫星遥感应用学有相对完整的介绍。基于卫星遥感应用学的视野，分析多个领域不同观测对象的遥感数据信息流研究进行整体设计；开展遥感应用的论证、设计、制造、应用与评价技术研究，从整体上对需求与价值链构建进行评价；构建具有我国自身特色的、具有较强系统性的能力体系。

第2章

卫星遥感应用技术与工程发展分析

21世纪初以来,全球信息化发展突飞猛进。同一时期,我国遥感技术逐步积累起来,正处在统筹协调卫星应用与应用卫星阶段,急需提升自主卫星应用技术与应用需求紧密捆绑的程度,我国卫星应用呈现出自主发展的新特征。

2.1 国外卫星遥感应用工程情况

卫星遥感技术已成为许多国家优先发展的重要战略性技术。全球化对地观测体系不断完善,强化了综合观测、全球观测、合作观测能力建设,以全球性的整体观、系统观和多时空尺度的方式探测地球。美国对地观测系统(Earth Observing System, EOS)计划及其发起的综合全球观测战略(Intergrated Global Observing Strategy, IGOS)有力促进了全球空间信息的共建、共享与服务,涉及农业、土地、应急减灾、资源环境、全球变化等诸多领域,具有重大的国际影响力。欧盟于2001年启动的全球环境与安全监测(Global Monitoring for Environment and Security, GMES)计划,确保其在本地区观测的领先性及全球观测的重要性,有力支撑了欧洲空间技术发展与应用的战略目标。

各国重视加强数据资源的基础设施与应用服务能力建设,形成了以国家环境卫星数据与信息服务(National Environmental Satellite Data and Information Service,NESDIS)、地球观测系统数据与信息系统(Earth Observing System Data and Information System,EOSDIS)和欧洲空间研究所(European Space Research Institute,ESRIN)为代表的地球资源地面系统、对地观测数据与信息服务中心。发达国家十分重视商业与公益统筹协调发展,有计划、有步骤地实现政策开放,促进卫星遥感应用不断产业化、商业化。美国、印度、欧盟等针对高分辨率卫星数据普遍开展商业运作,采取卫星商业化、数据市场化、应用业务化与产业化的方式,Google Earth等信息服务系统就是典型代表。

2.1.1 美国的对地观测系统

1)美国 EOS 计划

美国 EOS 计划,是由美国国家航空航天局(National Aeronautics and Space Administration,NASA)于 1980 年提出的美国全球变化研究计划(U. S. Global Change Research Plan,USGCRP)发展而来的。EOS 计划是通过多学科(大气、海洋、陆面、生物、化学等)综合研究,加深对地球系统变化的认识,理解全球气候变化、地球气候系统变化,以及自然和人类对全球环境变化的作用,以加深对全球尺度上地球系统各分量及它们之间相互作用的理解。

EOS 计划同时也是由欧洲空间局以及日本、加拿大等多国参与的大型国际计划,是当时国际上最宏大的一项地球观测计划。EOS 计划把地球作为一个整体,引进地球系统科学,通过空间技术更深刻、更全面地观测地球系统。2000 年,美国在 EOS 计划的基础上启动并实施"地球科学事业"计划, 揭开了 21 世纪空间对地观测和地球系统科学研究新的一页(李辉, 2012)。通过现代航天遥感工具建立更好的观测,实现对地球系统的科学描述、理解与预测。

为达上述目的,EOS 计划从 EOS 科学研究计划、EOS 数据信息系统(EOSDIS)、EOS 观测系统三个方面着手。通过建立一个基于空间的综合观测系统,发展一组庞大的数据信息系统(包括数据获取和处理过程),积累连续 10 年以上的遥感观测数据,建立全球数据库,有效支持人类实现对地球的认识与利用。

发射一系列新一代对地观测卫星是 EOS 计划最重要的任务之一。1999 年 12 月 18 日,成功发射 EOS 计划的第一颗卫星 Terra,也称地球观测第一颗上午星(EOS-AM1)。之前还于 1999 年 4 月 15 日成功发射了 Landsat-7 卫星,主要以观测陆地为主。2002 年 5 月 4 日,成功发射 Aqua 卫星,又称地球观测第一颗下午星(EOS-PM1)。2003 年 1 月 13 日,成功发射 ICESAT 卫星,主要以观测地球冰雪、云层和地面高程为主;2003 年 1 月 25 日,成功发射 SORCE 卫星,主要以观测太阳辐射和对地球气候影响为主;2004 年 7 月 15 日,成功发射 AURA 卫星,主要以观测大气化学成分为主。在上述 6 颗星上共有 21 个载荷,包括多光谱扫描仪、微波辐射计、合成孔径雷达等传感器,可以获得从 15 m 到 1000 m 不同等级空间分辨率的数据资源。

2)EOS 数据信息系统(EOSDIS)建设

EOS 计划的一个主要目标是将依靠各研究组织及其合作增强 EOS 数据的应用能力。以往经验表明,信息系统作为一个从数据到信息再到知识的信息传输"管道",只有搭建在一定的组织结构上才能更有效地发挥作用。因此,数据信息系统需不断发展和完善,使之具有扩大的外部输入能力以备研究用户随时检测。从其使用观点出发,数据信息系统要能充分发挥其计算便利、网络便利的功能,其中包括数据解译和模式模拟,EOS 数据的处理、分发和建档,对 EOS 观测平台、仪器的命令和控制等,从而达到支持 EOS 研究活动的目的。

EOSDIS 是 EOS 地面系统中的一部分,在 1991 年随 EOS 启动而正式开始实施,是一个综合的数据和信息系统,主要服务包括用户支持、数据存档、管理和分发、信息管理和产品生成。EOSDIS 由 EOS 数据与运作系统(EDOS)、地面核心系统(ECS)、EOS 地面数据传输主干网(EBnet)组成,其中 ECS 又分为科学数据处理系统(SDPS)和 EBnet 的网管系统(CSMS)(吴培中,2000)。

科学数据处理系统(SDPS)主要负责对所有 EOS 仪器探测到的数据及辅助数据进行接收、处理、存档和管理等,并为用户提供数据和产品服务,即用户产品分发。EOS 仪器观测产品的算法和软件由 EOSDIS 的另一研究机构负责研发,而 SDPS 则负责对各类算法进行测试和验收,为研究开发新算法和软件改进提供所需的软硬件环境。SDPS 包括产品生产分系统、数据与分发分系统和信息管理分系统,其中产品生产分系统主要负责产品计划编排和产品生产;数据与分发分系统主要是对科学数据进行前处理、数据存档和分发、信息浏览和检索等;信息管理分系统主要负责管理客户信息和 SDPS 内部系统等。

EOSDIS 设有内部网和外部网两个网络层,内部网以 EBnet 为主,主要由 CSMS 负责 EBnet 网络管理和与外部网通信的管理业务。外部网则是国际地球观测卫星委员(CEOS)的国际地球科学信息网(CIESIN)和 NASA 的互联网。美国、欧洲、日本等用户可通过 CIESIN获取 EODIS 存档数据,而其他国际用户则通过互联网获取 EODIS 存档数据。

EOSDIS 科学操作在具有许多相互连接节点(科学研究者主导的处理系统,学科专用的地球科学地面系统)的分布式系统中执行,即由分布式活动档案中心(DAAC)负责 EOS 的各级数据产品处理、生产、存档和管理等,并向系统内部和外部用户提供数据产品和信息服务,DAAC 的 17 个站点遍布全球,每个 DAAC 的站点都装有相应的 SDPS 系统,每一个都服务于一个或多个特定的地球科学学科,并为其用户社区提供数据产品、数据信息和用户服务等。

3)MODIS 观测系统

多光谱成像遥感器 MODIS 的空间分辨率达到千米级,是卫星上唯一将实时观测数据向全世界直接广播,并可以免费接收和无偿使用数据的星载仪器,全球许多国家和地区都在接收和使用 MODIS 数据。Terra 和 Aqua 两颗星相互配合,每 1~2 天可重复观测整个地球表面,得到 36 个波段的观测数据将有助于人们深入理解全球陆地、海洋和低层大气内的动态变化过程。因此,MODIS 卫星数据在发展有效的、全球性的用于预测全球变化的地球系统相互作用模型中起着重要的作用,其精确的预测将有助于决策者制定与环境保护相关的重大决策。

1984 年,NASA 已经开始 MODIS 传感器的研制工作,并专门成立了传感器设计、数据处理算法设计、系统运行设计等前期工作组,如图 2. 1 所示。在载荷研制过程中,团队注重应用技术的研发,研究了 MODIS 的处理算法,在所提出的 32 种算法的理论基础上生产出 44 种标准数据产品,用于不同专业的科学研究,开发了相关的产品插件。同时,提出了

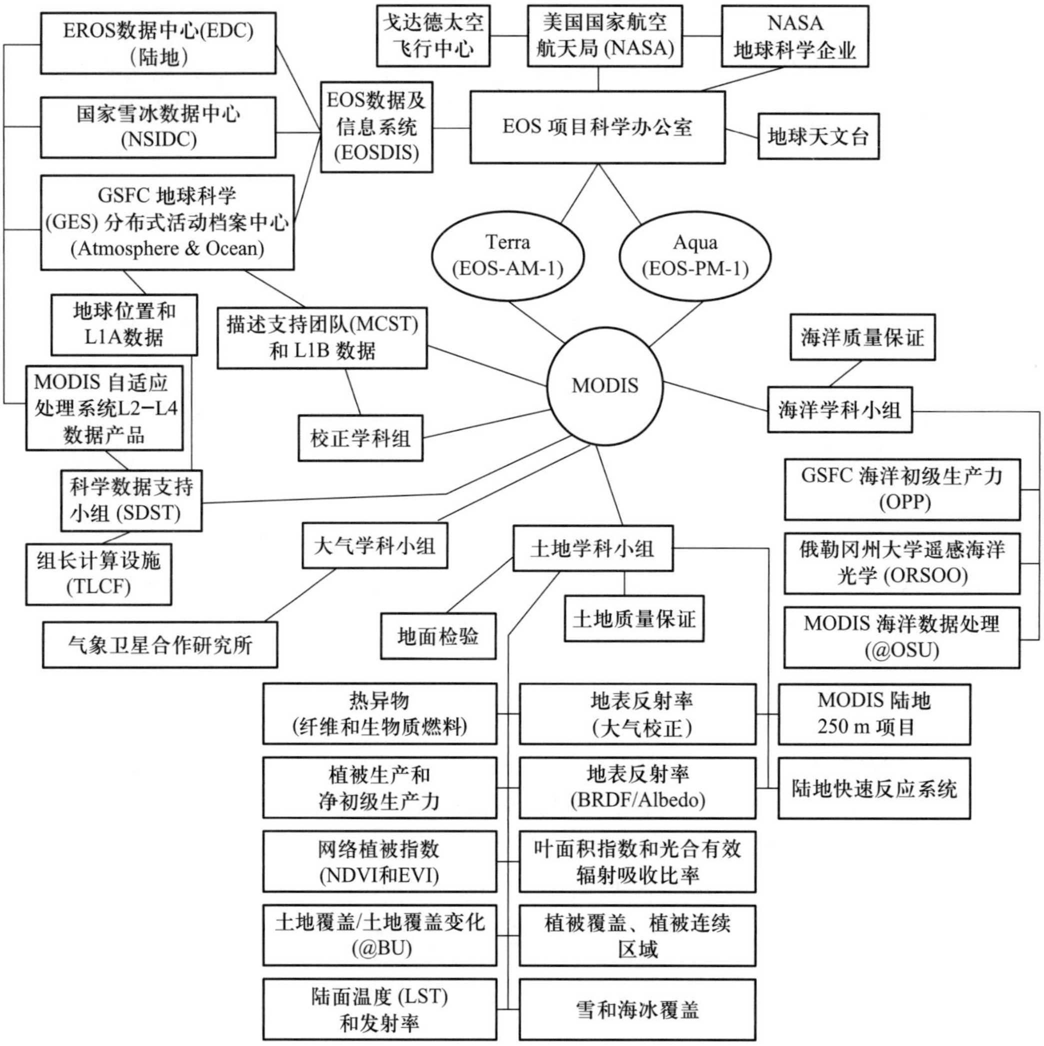

图 2.1 美国 MODIS 数据处理研究与支持团队

数据标准规范、产品标准规范和数据产品生产过程规范，确保卫星发射前具备基本应用能力，发射后具备标准信息产品运行生产与精度验证能力，有效支持了应用信息服务的业务化开展(Ientillucci and Brown,2003)。

为了能在世界范围得到科学界的认可并形成共识，MODIS 成立了一个国际性的科研组织，由来自美国、英国、澳大利亚、法国等多个国家的 28 个科学家成员组成，组成陆地、大气、海洋和定标 4 个学科组(刘闯等，2000；刘荣高等，2009)。每个学科组都具有独立完善的系统，在产品反演、分析、验证、表达等方面都有学科专家，并针对每个产品设立一个首席研究员(PI)。同时，形成三大研究组：MODIS 卫星维护组(MCST)，负责卫星的运行维护及数据接收；管理支持组(MAST)，负责对 MODIS 科学家组及相关的科学事务进行管理;科研数据支持组(SDST),负责将各科学家小组的算法进行集成,开发能够生产 MODIS 标准数据产品的软件系统。

MODIS 数据具有多波段、高时空分辨率的特点,可提供涵盖定标产品、大气产品、陆地产品和海洋产品等 44 个产品服务。为保证数据产品质量,MODIS 研究小组在全世界范围内开展了大量的针对有效载荷性能及其数据质量的检验、验证和评价工作,测试重点主要是有效载荷的辐射特性、光谱特性和信噪比分析等,检验内容涉及所有计划开发的定量产品,包括入瞳处辐亮度、地表反射率、地表温度、归一化植被指数、叶面积指数、植被净初级生产力、地表覆盖度、云辐射、气溶胶光学厚度等。

目前,MODIS 数据可以免费获得,地面接收站可以通过非加密的 X 波段获取原始数据,标准产品由 EOSDIS 生产并分发,如 Level 1 级和大气可从 LAADS 的网站上获得,陆地产品可以从美国地质调查 EROS 地面系统的陆地处理 DAAC 网站上下载,低温层产品 MOD10 和 MOD29 可从国家雪冰数据中心(NSIDC)获取,海洋水色产品和海表温度产品可以从 GSFC 的 OCDPS 网站上下载等(刘荣高,2009)。目前,MODIS 数据已经广泛应用于地表覆盖变化、生态环境监测、气候预测、灾害监测、臭氧和海洋监测等领域,并建立了专门的 MODIS 数据的应用系统,如 NASA 建立的全球 MODIS 快速反应系统,可以实现火灾、沙尘暴、飓风等监测;MODIS 数据处理平台 MODISoft 等。美国新一代地球观测系统的发展模式已形成了“数据获取—数据共享—数据应用研究”的基本框架,而数据应用研究是解决全球环境变化问题的基本出发点,故加强对数据的应用研究则具有十分重要的意义和价值。

此外,1992 年出版的《NASA 系统工程手册》是对系统工程应用实践经验的总结。系统工程正是有序组织人力、物力与财力,综合利用技术方法手段,分析解决复杂系统的论证、设计、生产和使用中的评价决策和权衡优化问题的有效方法和手段。如何有效地利用系统工程理论和方法对复杂系统进行组织管理并达到预期的目的,需要对系统工程思想有深刻的理解和丰富的工程实践经验。同时,该手册结合系统全寿命周期,对系统寿命周期各个阶段对应的系统工程流程,以及各个系统工程流程中的系统工程管理技术进行了详细说明。《NASA 系统工程手册》对于系统前期论证和产品设计开发过程中系统工程方法运用和实践具有极高的借鉴和参考价值。书中主要内容分三部分:第一部分是结合航天产品的寿命周期介绍由多个系统工程流程构成的航天产品开发和控制管理的系统工程引擎;第二部分针对系统工程引擎中的每个流程详细介绍流程实施的过程和指南;第三部分介绍在开展系统工程工作时应当把握的关键技术和相关标准。

2.1.2 欧洲的对地观测系统

1)欧盟遥感卫星观测系统

欧盟于 2001 年启动了全球环境与安全长期监测(Global Monitoring for Environment and Security,GMES)计划,长远目标是建立可靠的全球环境和资源监测运行系统,拥有对全球和欧洲尺度的资源和环境状况进行持续监测的能力;对重大或突发事件的检测、解译和评价的能力,形成一个能够检测到世界任何地方突发事件发生、发展的处理系统;全球尺度的评价和验证能力。

环境与安全是一个非常广泛的内容,洪水安全、环境胁迫、气候变化以及自然和人为因素导致的灾难越来越受到全世界人民的关注。在地区尺度,GEMS 在监测土地利用变化、环境胁迫和污染、海洋和冰川等方面提供信息服务。在全球尺度,GEMS 监测海洋、陆地、大气,特别是支持环境条约的执行。GEMS 将有助于预防和响应自然和人为灾难,并支持区域发展、危机管理和人道主义救援。

ENVISAT 卫星作为欧洲空间局(简称欧空局)的对地观测卫星系列之一,于 2002 年 3 月 1日发射升空。该卫星是欧洲迄今建造的最大的环境卫星,载有 10 种探测设备,其中 4 种是 ERS-1/2 卫星所载设备的改进型,所载最大设备是改进型合成孔径雷达(ASAR),每天为世界各地约 4000 个科研项目提供有关地球大气、陆地、海洋和冰川等方面的数据。该星作为 ERS-1/2 合成孔径雷达卫星的延续,ENVISAT-1 主要用于监视环境,对地球表面和大气层进行连续观测,供制图、资源勘查、气象及灾害判断之用(高峰等,2006)。

2013 年 12 月 11 日,GEMS 计划更名为哥白尼(Copernicus)计划,更加注重满足用户需求,更加强调促进可持续发展、经济增长和增加就业以及保持欧洲对地观测技术的独立性和世界领先地位。另外,为推动综合地球观测与应用国际合作,欧盟启动了“地平线 2020”计划,致力于推动欧洲与亚洲开展广泛的多边合作研究。2017 年 10 月 23 日,欧盟委员会宣布启动一项新计划——全球综合地球观测系统-欧洲区域系统(EuroGEOSS)拟加强全球综合地球观测系统中欧洲区域系统的建设,以提高欧洲的对地观测能力(杨帆,2018)。作为全球综合地球观测系统的欧洲部分,EuroGEOSS 将重点协调和扩大欧洲正在快速发展的用户驱动型应用,推动整合欧洲现有的对地观测资产和计划。通过上述一系列观测计划和规划,欧洲将获得更先进的对地观测服务。

2)中欧“龙计划”与应用合作

2004 年,“龙计划”正式启动,截至目前已完成三期合作计划。第一期主要围绕欧洲的“环境卫星”数据在我国的应用开展合作研究;第二期主要对农业、水利、林业、海洋、大气、测绘及灾害等遥感应用的诸多领域进行研究;第三期重点面向欧洲和中国最新发射及将要发射的地球观测卫星开展遥感应用、定标和真实性检验等方面的合作研究,并进一步扩展地球系统科学和全球气候变化方面的研究。第四期(2017—2021)目前处于实施阶段,在前三期的基础上增加了全球森林监测、二氧化碳监测、遥感定标和防灾减灾等方面的应用研究。同时,第四期项目合作的正式启动,标志着中欧的地球观测科技合作进入了一个新的阶段。

2.1.3 社会信息化新技术发展

遥感作为一个服务人的信息流工具而存在,必然与整个社会的信息化水平息息相关。在 20 世纪末与 21 世纪初,信息领域出现了若干影响遥感应用发展方向的大事件,使得遥感技术走出实验室变得更加迫切,通过与多种技术相融合,使其发挥更高的作用。

1）数字地球与智慧地球

“数字地球”是原美国副总统戈尔于1998年1月提出的一个融合遥感、测绘、导航、GIS、网络、AR/VR等高新技术，提升人对环境感知能力的新概念。数字地球概念的提出旨在以遥感卫星图像处理为主要的技术分析手段，在可持续发展、农业、资源、环境、全球变化、生态系统、水土循环系统等方面控制全球。其核心内容是获取地球数据、地球信息和地球知识，并进行可视化表达。可以预见，随着地球空间信息学的发展而建立起来的数字地球，必将促进人对地球的认知与利用能力，在未来知识经济社会中产生巨大的经济效益和社会效益。

2008年11月，IBM公司提出了“智慧地球”概念。近两年，世界各国的科技发展布局表明“智慧地球”战略已经得到了各国的普遍认可。数字化、网络化和智能化，被公认为是未来社会发展的大趋势，而与“智慧地球”密切相关的物联网、云计算等，更成为科技发达国家制定本国发展战略的重点。自2009年以来，美国、欧盟、日本和韩国等纷纷推出了各自的物联网、云计算相关发展战略。智慧地球分成三个要素，即“3I”：物联化、互联化、智能化，是指把新一代的互联网技术充分运用到各行各业，通过互联网形成“物联网”；而后通过超级计算机和云计算，使得人类以更加精细和动态的方式生活，从而在世界范围内提升“智慧水平”，最终就是“互联网+物联网=智慧地球”。

2）科学研究四大范式

图灵奖得主吉姆·格雷（Jim Gray）提出将科学研究分为四类范式，依次为实验归纳、模型推演、仿真模拟和数据密集型科学发现（data-intensive scientific discovery）。其中，“数据密集型”也就是现在我们所称的“科学大数据”。

当代信息社会是“大数据”的时代，大数据时代最大的转变，就是放弃对因果关系的渴求，取而代之关注相关关系。通过更广泛时空范围和维度上的信息“碎片”的搜集、整理、集成与分析，形成适应更加复杂情况的整体信息，发现更复杂因果性关系或者仅仅基于相关性的知识与规律，提升确定性。

3）人工智能与GPU计算

1956年夏，一批远见卓识的科学家在美国达特茅斯学院举办了一次研讨会，共同研究和探讨用机器模拟智能的一系列有关问题，首次提出了“人工智能”这一术语，标志着“人工智能”这门新兴学科的正式诞生。总的说来，经过半个多世纪的发展，人工智能已经成为一门广泛的交叉和前沿学科，其目的就是让计算机像人一样思考。进入21世纪，在机器学习研究的基础之上，深度学习应运而生。计算机科学家在多层神经网络之中使用了新的拓扑学和学习方法。当下，神经网络的进化成功解决了多个领域的棘手问题。

神经网络技术在遥感应用中一直处在研究过程中，但是它并没有形成多少“智力”。问题在于即使只是基本的神经网络，它对计算量的要求也很高，因此无法成为一种实际的方法，直到图形处理器（graphics processing unit，GPU）开始广泛采用，才真正看到希望。如今可以看到在某些场景中，经过深度学习技术训练的机器在识别图像时比人类更好，比如识别猫、识别血液中的癌细胞特征等。

美国 NVIDIA 公司在 1999 年推出的 GPU 产品(GeForce256)率先实现了代替 CPU 进行图形渲染,2006 年推出的 Tesla 结构的 GPU(G80)实现了大规模通用计算;2007 年推出的统一计算架构(Computer Unified Device Architecture,CUDA)编程环境使 GPU 成为可编程高性能并行计算资源。

4)基于互联网的地理信息软件与云服务

谷歌公司于 2005 年 6 月向全球推出 Google Earth(谷歌地球)。它的出现使“地球尽在掌中”成为现实,极大地丰富了人们对遥感图像数据的想象力。Google Earth 是一种网络地球影像浏览器,打破了传统 Web GIS 的地理空间数据发布模式,采用“瓦片”服务技术,客户端和服务器之间不是直接传输空间数据,而是传输影像瓦片和属性文档。影像数据被预先按照不同比例尺分层分块生成瓦片。这种模式可以极大地降低服务器和网络带宽的负担。这种技术使人们和空间信急的交互方式发生了深刻的变革。

以 Google Earth 为代表,一段时间以来出现了多种“数据球”,如表 2.1 所示。

表 2.1 国外主要三维数字地球平台软件对比

序号	软件名称	开发商	目标	是否收费	功能	数据源
1	Google Earth	商业公司	商业用户	收费/免费	地球三维浏览器	商业卫星
2	World Wind	NASA	科学家、研究工作者、学生	免费	地球三维浏览器	OGC WMS 服务数据
3	Skyline Globe	Skyline Software Systems	商业用户	收费	构建三维场景,支持交互式绘图工具,提供三维测量及地形分析工具	卫星影像、航空影像
4	Virtual Earth	微软	商业、大众	收费/免费	全球地图 3D 视图显示	卫星影像
5	ArcGIS Explorer	ERSI	商业、大众	免费	虚拟地球浏览器	本地数据与 ArcGIS Server、ArcIMS、OGC WMS 及 ESRI 自身 ArcWeb 服务器的数据和服务相融合

“云计算”起源于 1988 年约翰·盖奇首次提出的“网络就是计算机”的概念。最早作为一个概念在 20 世纪 90 年代末就被提出来。美国的亚马逊电子商务网站是最早提出云计算概念的厂商,但是当时这个技术只是被认为能够应用在超级计算机上,直到互联网发

展壮大，尤其是谷歌公司为代表的搜索巨头的出现，云计算开始有了新的应用点。2006 年 8 月 9 日，谷歌公司埃里克 · 施密特（Eric Schmidt）首次提出了“云计算”的概念。云计算首先表现在超大规模和虚拟化。巨大的资源可以让用户在任意时间、任意位置触手可及。同时，这种服务是具有高可靠性和通用性。云计算使用了数据多副本容错、计算节点同构可互换等措施来保障服务，这一点比使用本地计算机要可靠得多。其弹性扩展、按需收费和高性价比的特点，决定了其存在并可持续发展的模式。云计算可以按照需求动态伸缩来适应应用规模增长，并作为一个资源池，客户可以按需使用，按照合适方式购买。随着云计算技术的发展，使用云计算技术可以大大降低企业在运营中的成本，提高效率。

5）遥感信息处理工具软件及标准规范

在遥感信息从数据信息向目标信息和应用信息转化过程中，执行数据操作的软件发挥重要作用。遥感数据处理包括几何辐射精校正、定量反演、影像分类与分析、信息融合与目标提取、数据应用仿真、数据存储与管理、数据多维展示与空间分析、基础处理平台等专业性多星综合处理工具系统。在 21 世纪初，经过几十年的积累，国外发展了商业或开源遥感数据处理软件（如 ERDAS、PCI、ENVI、像素工厂、eCognition、MODTRAN、6S、SeaDAS、ArcGIS、WorldWind 等）、数据系统（如 Oracle、SQL、Hadoop 等）和仿真软件（如 STK、Rational SA、DirSIG、Sensor、WMO OSCAR、DART 等），为用户提供了覆盖全信息流的数据处理工具以及系统仿真与分析工具，满足各种应用需求。

同期，在有关遥感应用中的关键点上建立了相应的标准规范。有关“探”方面，美国在 20 世纪 70 年代构建了国家图像解译度标准（NIIRS 标准），这是一种定量的主观图像质量评价标准，能将图像质量同用户任务要求联系起来而被广泛使用。有关“测”方面，美国的陆地卫星 Landsat TM/ETM 数据做出很好的示范，其空间分辨率为 15 m、30 m、60 m 和 120 m不等，基本相当于赤道处的半角秒、1 角秒、2 角秒和 4 角秒。美国 EOS 卫星的 MODIS数据的空间分辨率为 250 m、500 m 和 1000 m，基本相当于赤道处的 1/400 度、1/200 度和 1/100 度。有关“绘”方面，不仅有比例尺要求，而且构建了以开放地理空间信息联盟（Open Geospatial Consortium，OGC）为代表的地理空间信息规范。OGC 制定的关于数据和服务的一系列标准是 GIS 厂商间空间数据互操作的保证。

2.2 我国自主卫星应用工程发展

长期以来，我国卫星应用和应用卫星发展处在两条轨道上。我国卫星遥感应用在起步阶段主要借助国外卫星数据、技术方法和设施条件，参考了国外有关遥感应用的理论学说、技术方法，并在国内多领域开展了一定规模的实践活动。同期，我国的自主应用卫星在国外限制情况下通过自力更生，借鉴国外经验，不断发展。随着国产卫星数量逐渐增加，如何形成自主应用卫星与我国卫星应用的有效衔接等问题，逐渐变得清晰而且迫切。

在此大背景下，响应国产卫星的应用需求，我国多家研究单位系统性围绕如何认识、理解并按照科学发展方式发展我国卫星应用,逐步对构建以自主信息源为龙头的应用研发体系、支撑我国自主创新与可持续发展的卫星应用基础设施等问题开展了系列性探索并取得了一定成果。以下以笔者亲历的研究工作为样本,管中窥豹,试图对我国自主卫星的应用领域论证发展进行描述。

2.2.1 遥感器探测指标与需求论证

开展卫星遥感器探测指标设计及应用技术体系构建是一个有章可循、循序渐进的过程。在21世纪初,我国在这方面开展了一系列研究,逐步将系统工程引入遥感应用论证与设计。

开展遥感器设计首先遇到的问题是如何确定合理的探测指标,这涉及如何将应用需求转变为遥感器的探测技术指标,以及如何确保其合理性。在实际的工业生产与应用中经常遇到非常多的问题。例如,国外探测指标为何这样设计? 波段多一定比波段少好,多就是技术进步? 波段宽点、响应低一点行不行? 空间分辨率是依据什么要求设定的? 32 m空间分辨率到底比28 m差在哪里? 观测角度从25°变为23°到底有何区别? 观测时间从12:30变为11:00行不行? 红外单通道加水气探测波段与双红外波段效果差有多大? 多片拼接及边缘形变对应用影响有多大?

随着我国行业遥感应用范围的不断扩大和遥感器制造水平提升,如何将遥感器探测指标与应用需求“适配”,建立适合中国地理特征与应用需求的探测指标体系,形成适用于我国航天遥感器发展的论证研究方法等逐渐成为航天遥感发展的新需求。

通过对我国未来发展的遥感应用需求与现状进行收集、筛选和分类研究,根据已有卫星的应用情况,分析实际应用中需求和遥感目标特性之间的关系,并根据目标特性探测需求,提出满足我国主要遥感应用需求所对应的遥感应用数据与信息产品体系,确定以产品为核心的遥感器探测指标设计思路,以信息产品为纽带,开展遥感器探测技术指标分析。

在开展探测指标需求分析中,建立我国地物辐射特性库和典型目标特性库,建立基于轨道分析软件的载荷应用能力评价方法。基于上述研究,评估国内外有效载荷应用潜力,确定有效载荷重点发展方向,提出我国对地观测体系构建、各卫星系列的任务界面以及有效载荷配置建议。

针对国家“十一五”规划和中长期规划的综合观测需求,面向新型载荷发展方向及遥感观测体系构建,按照遥感采样中的时间、空间、光谱、角度、偏振/极化、相位这“6根”特性搭建观测“矩阵”,对空间分辨率、时间及光在不同介质中速度、角度、波谱、极化/偏振、相位等进行标准化、结构化构建,形成“谱系”。以空间分辨率为例,形成“五层十五级”空间采样规格,五层即1 m、10 m、100 m、千米、万米;十五级即每层乘以/除以2,形成0.5 m、1 m、2 m等与国家标准比例尺的1∶5000、1∶1万、1∶2.5万对应的同时,与地球经纬网在赤道处的$(5\times10^{-6})°$、$(10^{-5})°$、$(2.5\times10^{-5})°$等大致对应起来。当然也可拓展为“六层十八级”“七层二十一级”等向上向下延伸,也可以形成三维采样结构,沿地球球心向外延伸。

通过这套空间分辨率谱系的建立,针对“探”,形成了不同观测对象被发现、识别、确认所需要的信息量及分辨率要求，以及基于标准空间分辨率及信息量的新型 NIIRS 标准；针对"测"，形成不同观测对象理化特性所对应的波谱特征形成探测技术指标；针对"绘"，形成完整的数据工程工具与标准数据处理流程。

2.2.2 多角度偏振遥感器技术发展

从 20 世纪 90 年代开始，我国大气污染情况不断加剧，虽然利用卫星开展大气污染物监测还属于科学探索阶段，但我国仍然在 21 世纪初酝酿并开展了多角度多光谱偏振相机（DPC）遥感应用关键技术研究。通过研制机载多角度偏振成像仪、多角度偏振扫描仪和多角度红外相机，建设实验室和开展野外实验，获取和处理相关数据，基于较完备的面向应用的遥感系统成熟化的技术流程，完成了星载多光谱偏振和多光谱红外遥感器的工作模式、技术指标、数据处理和应用产品开发等各个方面的综合论证。通过实践的方式实现了技术成熟度（TRL）和应用技术成熟度（ATRL）的同步提升。

通过开展室内、外场、航空等不同规模的实验室和野外实验，提升了载荷处理技术成熟度。首先，在完成多角度偏振相机硬件系统后，进行了实验室辐射定标实验，确定系统对辐射量的响应关系及动态范围，确定定标曲线。为保证航飞实验的成功，确定偏振相机系统能完全按设计目标功能运行，进行了楼顶试验和地面车载实验。为保证航飞实验顺利开展，到野外的计划航飞地点进行野外勘察，了解下垫面覆盖类型和大气情况。在 DPC 软硬件系统完成研制基础上，进行航飞实验，获取偏振数据，验证研制的硬件系统和软件算法。为获取云偏振数据，对软硬件系统进行验证，并做进一步改进，再次进行航飞实验。为验证 DPC 成像功能，为数据预处理和大气参数反演产品化提供基础数据，开展野外场定标，提高定标精度，开展了以多角度偏振航空遥感为主，天空地一体化的综合遥感实验。同时，为获取红外相机野外场定标系数，验证红外航空数据预处理原型系统和地表参数反演算法，开展了多角度红外相机航飞实验。

通过以上实验的不断推进，不仅对数据处理与应用技术进行了提升，而且对载荷发展标准化途径进行了有益的探索，在 TRL 基础上逐步构建了 ATRL，为卫星遥感应用技术的发展提供参考。

2.2.3 环境一号卫星应用示范与推广工程

2008 年 9 月，在太原卫星发射中心"一箭双星"成功发射了环境与灾害监测预报小卫星星座（简称环境一号卫星或减灾一号卫星）的两颗光学小卫星（HJ-1A 和 HJ-1B）；2012 年 11 月，在太原卫星发射中心发射了一颗合成孔径雷达小卫星（HJ-1C），这是我国乃至世界上第一个针对环境和灾害监测为应用目标的 3 星组网小卫星星座。

环境一号卫星由 HJ-1A、HJ-1B 和 HJ-1C 组成，具有中高空间分辨率、中高时间分辨率、高光谱分辨率、宽观测带宽的特点，通过综合运用可见光、红外与微波遥感等观测手段，可对我国环境变化实施大范围、全天候、全天时的动态监测，初步满足我国大范围、多目标、多专题、定量化的环境遥感业务化运行的实际需要。环境一号卫星系统的建设在国家环境监测发展中具有里程碑意义，标志中国环境监测进入卫星应用的时代。

从系统的整体建设与应用特点看，是名副其实的“小高分”。环境一号卫星系统作为我国第一个一星多用、多星组网、数据集成共享的卫星遥感系统，虽然规模还较小，但通过与中巴资源卫星等其他卫星协同应用，极大地促进了我国卫星应用水平。不仅满足了环境与减灾领域为重点的多个领域的业务需求，而且就其开展的应用示范推广工程，也极大地促进了我国卫星应用基础设施建设。

1）科研工程组织与卫星应用工程

于2006年9月启动的环境一号卫星应用示范与推广工程（以下简称示范工程）要针对遥感器特性，面向众多应用领域回答“能不能用、好不好用、能不能用好、值不值得用”等问题的同时，积累应用示范经验与建设应用基础设施。

整个工作被分解为标准产品研发与检验、卫星数据应用推广与评价研究、数据与信息共享平台、综合性试验与数据库建设4个任务团近百个课题，先后有农、林、水利、国土、地矿、测绘、海洋、科教、航天等10余个领域/行业、20余家单位、几百名中国科学家被最大限度地吸引到自主卫星应用研究上开展工作。

完成了相关数据积累、30余个数据产品算法开发、通过实验与示范应用完成卫星数据评价与方法验证和制定数据标准与发布政策等工作。在开展各领域应用示范的同时，示范与推广工程以广西北部湾和新疆的具体遥感应用需求为开展方向，结合区域综合部门与行业部门正在开展的项目，根据环境一号卫星的应用能力，开展综合应用示范与区域应用综合评价，建立数字区域，研究卫星数据综合应用关键技术，整合各行业的区域应用，形成综合性应用成果。

通过遥感器数据预处理算法和标准产品生产技术研发，CVVAR质量保证技术与能力体系构建，设立数据处理规程与新型处理平台构建，为我国多星综合组网情况下数据快速转入应用和业务化运行服务进行了有益探讨。同时，也在科研工程的系统工程管理，产品体系研发与评价，创新技术系统，需求、效能效益分析等几个方面取得了突破，构建出遥感应用完整的SDIKWa信息流设想，完成与之相适应的统一产品体系概念设立，以及符合当代信息化水平的IDSH数据工程实现，促进了环境一号卫星遥感应用ATRL的系统性提升。

示范与推广工程采用系统工程实施办法，按照工程化管理方式，设立总师-总指挥和项目经理。工程中的各研究内容按照项目的总体安排时间节点和进度实施，项目成果以运行系统的方式体现。在项目管理、课题分解等方面以项目为整体，以运行系统为目标，从工程一开始就把集成作为项目成功与否的关键，课题的成果随时向项目集成。工程核心在于“应用系统”的建设，所有课题围绕这一核心，根据其制定技术方案、模型界面、数据格式、数据标准、信息和数据的接口标准、系统平台、软硬件环境等。

科研工程组织管理充分重视分解与集成的系统工程实施办法。通过借鉴并结合科学实验性卫星MODIS首席科学家管理模式、欧空局ENVISAT卫星应用推广“龙计划”管理模式和任务性工程化管理模式这三种模式的优点，建立三层组织管理机构，分三级课题实施，有效保证项目的顺利开展。三层组织管理机构是项目总体组、项目专家组和项目办公室。三级课题实施是项目、课题团和课题。其中课题团的划分是按照管理方式确定的。

MODIS 管理模式指在 MODIS 应用研究中将产品研究分为大气、定标与真实性检验、陆地和海洋等多个学科组，由来自各国的 28 个科学家成员组成，每个学科组都具有独立完善的系统，在产品反演、分析、验证、表达等方面都安排有学科专家，并针对每个产品设立一个首席科学家，作为承担具体研究内容的责任专家（PI 负责制）。整个科研组有管理支持组、科研数据支持组等多个支持团队，致力于发展高品质的 MODIS 标准产品等。对数据产品研发、算法集成、标准制定等类课题借鉴 MODIS 科研组高效的 PI 负责制运作方式，以各承担单位责任专家作为 PI 对课题具体负责，采用课题形式组织实施。同时设立责任专家对课题具体负责，采用课题形式组织成果验收。

“龙计划”管理模式指欧洲“龙计划”项目实施方式。其具体方式是建立 ERS 和 ENVISAT卫星影像数据应用研究的中欧联合研究队伍，通过欧方提供免费的数据和相关资源，中国用户开展应用示范研究、发掘应用潜力，以促进这两颗卫星应用技术水平的提高。各应用示范专题借鉴了欧洲“龙计划”实施方式，工程为各阶段的应用示范研究提供数据、软件和相关资源，鼓励各行业领域对环境一号卫星数据的领域性应用深入开展专题关键技术研究，解决专题应用产品生产中的难题，提交应用示范成果，最终在各行业广泛推广。

任务性工程化管理模式即按照工程方式的管理。针对成果集成与数据工程软件研发，按照快速原型与迭代增量进化的混合模式，通过关键点的冗余与优化，不断吸收和验证新的理念、技术与方法，将共性关键技术、专题关键技术和所谓非关键技术作为基础，构建出完整的技术链，形成了创新型卫星数据处理系统的原型系统。

工程开展过程是最大限度联合国内相关研究院所科学家围绕自主卫星数据开展研究的过程，初步形成的科研工程组织管理体系，通过近百个课题的布局和有序实施，实现对认知性研究、技术型研究、应用工程性研究分别组团，按不同方式进行管理的模式，促进了“创新与风险动态均衡科研工程管理法”的建立。例如，对不断涌现的新技术的考虑与策略制定。

通过开展数据产品预处理关键技术和算法预研究，并基于 ATRL、科研工程管理能力体系模型，对卫星上天前、在轨测试阶段、运行中、后评价关注重点与主要研究内容进行研究。同时，以标准化产品为核心的研发以及以产品品种、规格、质量、规模、时效性 5 个属性为评价出发点，实践了航天遥感数据工程理论方法，对环境一号卫星应用系统和相应规范进行探讨，为环境一号卫星星地一体化工程建设以及卫星数据的综合应用奠定基础。

环境一号卫星应用示范与推广工程从系统工程角度可以看作是对 EOS 计划、EOSDIS、MODIS 研发 PI 负责制和“龙计划”推广的认识、理解与应用过程。参考《NASA 系统工程手册》中的内容，同步开展计划构建项目研究、应用工程系统研究、模型方法与产品技术研究，以及示范与推广研究，深入认识大规模应用工程。

系统工程与工程系统相结合是开展大型科研工程的必然选择。这两部分知识不能互相代替，有系统工程知识不一定能对工程系统的方方面面进行把握，了解工程系统也不一定能组织工程的有效开展。只有通过过程实践将两方面结合起来，才能产生“1+1>2”的效果。同时，通过这个应用示范与推广工程的实施，加深了对应用基础设施的认识与理解。

2)标准产品集构建与检验

环境一号卫星的标准产品集是按照0-6级结构构建的,其中应用示范工程重点针对1级和2级的可用性与质量提升以及3-6级的研发进行研究。

得到“干干净净”的准确反映场景特征的影像是开展地表参数遥感反演的基本需求。而一幅遥感影像反映了目标的几何与光谱信息,开展几何与辐射校正,去掉噪声影响,还原目标的遥感本征特征是HJ-1卫星新型遥感器数据处理的第一步。基于此,进行了正射影像生成、辐射地形校正、CCD图像辐射归一化产品、云与大气溶胶标准产品研究。

在此基础上,进行了地表反射率、地表亮温等辐射特性产品的研究。随后是植被指数、叶面积指数、地表温度、海表温度以及植被覆盖率、地表蒸散、森林生物量、光合有效辐射系数(fPAR)、净初级生产力(NPP)、森林火点参数提取、水体水质等后延性产品生产。同时,开展了分类技术方法及HJ-1卫星生态服务价值分析的研究。

针对HJ-1卫星高光谱载荷和S波段合成孔径雷达(SAR)等新型载荷,进行了大气环境气体反演能力评价,高光谱载荷典型目标特征提取,S波段SAR典型地物微波特性、S波段SAR反演冰雪覆盖与土壤水分、S波段SAR反演森林生物量潜力分析,以及S波段SAR海洋内波探测等方面的研究探索。

共性标准产品研发与检验主要针对1-5级产品研发,包括CCD载荷定标与大气校正、辐射归一化、正射影像生成、高光谱目标特性提取、S波段SAR典型地物特性、云与气溶胶、陆表与水表温度、地表反射率、植被指数、叶面积系数、土地覆盖、水体水质、冰雪覆盖与土壤水分、植被分类与生物量等多个数据处理与产品。这些产品的研发课题具有相似的管理特点,组成基础产品类课题团。此课题团完成了40余项标准产品研制,为环境卫星数据产品服务奠定了技术基础。

专题应用示范系统课题团主要针对6级产品及系统集成。包括甘蔗长势与估产、林业资源与林浆纸估产、森林生物量、水库水位与旱情、1∶25测绘能力评价、生态旅游评价、北部湾环境综合评价、黄土丘陵水土保持(配小巨人终端)、曹妃甸环境(配小巨人终端)、西天山森林资源(配小巨人终端)、大湄公河次区域生态、交通信息提取、汶川生态恢复、北部湾地区可持续发展资源与环境数字区域(配小巨人终端)、应用处理与应用分析集成系统等。这里,“配小巨人终端”是指一种云服务结构,通过与后端处理系统相结合,共同服务用户。“小巨人”本身是一台包括计算立方体、通信立方体和存储立方体的服务器。

数据与信息共享平台课题团开展数据工程技术研发。面向多品种、多规格、海量数据集,开展较完整的数据工程研究,包括可视化(基于NASA WORLDWIND的空间信息技术及应用研究、基于多源数据融合的空间信息分析与展示技术)、数据库(环境星生态遥感数据管理系统)、高性能计算[遥感应用产品高性能(CPU+GPU)处理平台、基于内容的海量遥感图像并行检索技术]、类语言VIN(面向多级遥感产品生产的工作流技术)、网络化(定量遥感技术网络应用平台、基于面向服务的体系框架(service-oriented architecture, SOA)的网络定标技术)、航空遥感图像仿真、定标软件开发、原型软件底层模块、服务中心与“小巨人”终端硬件设备、环境星生态遥感数据管理系统研究、HJ-1卫星红外相机标准产品处理系统等,以及数据标准、格式、规范与政策、WWW. QRSTUV. CN 网站①建设、“浮屏”标准化管理软件建设等。

针对软环境建设进行了环境卫星数据产品分级、格式与政策研究,地理空间信息技术应用效益评价研究。期间还进行了应用校飞与数据库建设。采用 CCD 无人机模拟相机、多光谱标校室建设与 CCD 相机辐射定标与几何标校。制作了环境一号卫星全国配准底图;全国省(区、市)、市、县、自然保护区边界范围图;示范区重点目标边界范围图;5 年 MODIS影像库;1 年 HJ 影像数据库;部分 CBERS 影像数据库;全国 1 ∶ 25 万分类图等,有力地支持了应用技术研究与系统研发。

3)新型处理系统原型

为充分发挥示范与推广工程作用,深化数据业务化服务及其产业化应用推广,重点研究了适用于互联网和新型通信设施条件的数据处理与应用方法、技术的工程性集成,结合环境一号卫星地面系统数据处理、分发和服务特点,针对不同行业、不同地区的综合应用,建立了工程化处理的应用系统。

这部分研究涉及数据处理、分发、数据和信息服务共享中的关键技术问题,例如,用工程方式解决科学问题的流程优化、处理能力调整的开放式结构设计、新型服务模式的技术体现等。特别是系统性地针对海量空间数据的组织与管理、分布式集群网格计算、可视化、类语言技术等信息基础性的要素级技术进行了研究。这些研究促进了对空间信息表达、传输和转换机理的认识,同时也体现了对技术科学快速发展的重视。

遥感数据在当时被称为海量数据,从多个遥感器获取,具有不同的光谱、时间和空间特性,在数据格式与规格上存在差异,为了某种信息获取需要开展汇聚、融合和分析等处理,按照现在的定义是一种大数据。为了能综合利用这些不同特性数据,就需要适应社会信息化水平,提升标准化水平,考虑网格化集群计算、分布式、大数据分析技术与云服务。而在这些来源不同的数据被使用之前,首先需要做的是通过清理、结构化和集成,使之变成在结构与规格上有关联的数据,确保能在一个模型或模型组中被融合(图 2. 2)。

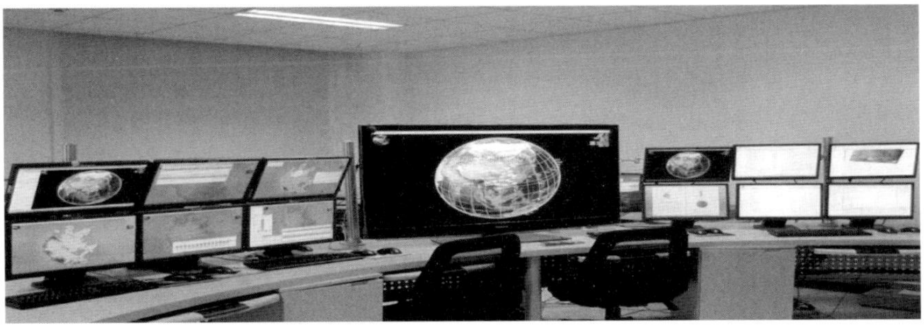

图 2. 2 资源管理与应用分析

① QRSTUV 全称为 Quantitative Remote Sensing Technology Utilization Vividly。

空间信息的集成、处理、传输和展示无不有赖于空间数据的无缝化组织与管理。有别于已有的无缝剖分模型基于四叉树的方法或多面体网格法、自适应网格法，本系统采用“五层十五级”空间数据结构的十进制/二进制混合法，数据标准化和数据分块技术在研究中得以实践。在此基础上，海量空间数据的分布式数据库与快速检索方法也有效地建立起来，这对多元异构数据的互操作提供了基础(图2.3)。

图2.3 数据准备与并行集群监控

图像的高性能集群处理及分布式网格技术一直以来是遥感处理中的一个研究热点，需要把遥感处理方法与互联网技术进步紧密联系起来。经过几代的更新，基于PC级组网的系统逐渐演变成了一个基于64位的由“CPU+GPU”计算立方体、存储立方体、INFINIBAND、光纤和千兆网组成的适用于海量遥感数据处理的硬件系统。在新型数据组织结构的支持下，同时实现了任务、算法和数据级的并行处理及资源的调度管理。

在形成一个稳定的硬件环境下，针对可视化工作流、软件重用性及分布式计算，开发了一种服务遥感产品生产的语言。这种语言紧紧依赖所处的软硬件环境，通过编程方式给用户提供调用高度集成工程的接口，我们称这种语言为“类语言”。

项目实现了基于浏览器/服务器(B/S)模式、采用Silverlight技术实现的新型窗棂格风格的可视化球展示、几何辐射一体化预处理方法、遥感图像快速傅里叶变换(FFT)并行快速处理、高性能计算硬件环境设计和即时通信，以及体现COGON(cloud over grid on net)思想的共享服务平台集成、遥感应用网络安全和WWW.QRSTUV.CN网站服务等多项实用技术。

通过环境一号卫星新型处理系统原型系统的构建，初步将遥感应用信息流与先进的互联网技术相结合，多要素在一定时空范围组合分解，体现出“CPU+GPU”、网格集群计算、互联网、大数据、云服务等新技术的优势。这对遥感应用数据工程中各技术环节以及有关IDSH间的相互关系等提出了新的思考与要求。

4)需求响应与效能效益分析

示范与推广工程还对环境一号卫星应用推广及卫星产业发展进行了效能效益分析方法的研究。对应用认知的深入和对技术发展的把握，最终都要通过应用加以选取、融合、利用和评价。而应用作为人的一种活动，具有最大的灵活性与不可预见性。

随着卫星遥感技术的推广应用,卫星应用产业已是当今世界高科技产业中最具影响力的国家战略性产业,环境一号卫星数据在环境与灾害监测方面具有广阔的应用前景,是开展需求响应与效能效果的依据。卫星遥感图像数据和地理信息系统紧密结合,在城市规划、地籍管理、工程评估等方面具有广阔的市场,在涉及国家重大安全问题的交通、测绘、资源普查、环境与灾害监测、通信、广播和国防等领域可提供全面性、多样性的服务。

通过环境一号卫星应用示范工程可以看出发展卫星应用对推进现代化建设、加快信息化建设步伐,实现科学发展、可持续发展,从而促进经济、社会、科技全面进步与人民生活水平提高,都有不可估量的作用。

2.2.4 质量保证技术与能力体系构建

质量保证贯穿于卫星遥感应用的始终,从某种角度看,质量是检验出来的,核心问题是给出标准及实现这个标准的途径,而这与具体应用及技术条件息息相关。质量保证的技术条件是应用基础设施这一技术工具的重要组成,包括了技术体系与设施条件两个部分。技术体系是工具的软条件,设施条件是工具的硬条件。本节描述的是"十五"末期、"十一五"和"十二五"期间开展的案例,以及构建其上的 CVVAR 质量保证技术与能力体系认识。

1)风云三号航空校飞

风云三号(FY-3)卫星是实现全球、全天候、三维、定量、多光谱遥感的我国第二代极轨气象卫星系列。搭载的探测仪器包括 10 通道可见光红外扫描辐射计、中分辨率成像光谱仪、微波成像仪、红外分光计、微波辐射计(微波湿度计/微博温度计)、紫外臭氧探测器(垂直/总量)、地球辐射收支探测器、太阳常数探测器和空间环境监测器,遥感通道光谱覆盖了紫外、可见光、近红外、红外和微波等多个谱段。FY-3 产品生成系统使我国首次有能力获取全球范围大气、海洋、陆表地球物理参数,生成能够反映大气、云、地表及海表等特征的各种地球物理参数产品。

针对这些新型遥感器应用提出了一系列问题。例如,很多遥感器是第一次上天,数据特点是什么?如何说明处理算法是否有效?FY-3 卫星上天前开展了 FY-3 卫星有效载荷校飞必要性与可行性论证研究,回答航空手段得到的数据意味着什么、在多大程度上描述了卫星遥感器的特点等问题。

分析国内外遥感系统质量检测体系,一般包括以下实验:室内实验、外场试验、真空试验、航空校飞、在轨测试、真实性检验和应用潜力评价。对卫星平台及其载荷的测试评价包括发射前的地面试验、机载测试和卫星上天后的在轨测试。

发达国家载荷在上天前开展大量的机载试验。通过飞行设计模拟载荷的各种观测条件,数据集可以较全面地检测载荷应用系统算法的可靠性,及早发现存在的问题并加以改进与完善,为卫星入轨后能尽快发挥效益创造必要的条件。通过航空校飞试验,测试载荷在不同环境状况下工作状况、性能和有关功能,检验其稳定性和可靠性,进一步改进和提高星载仪器性能设计指标,详细评价载荷的各种性能,减少仪器上星后的风险。包括仪器在辐射、几何和光谱方面的性能参数,如该仪器的暗电流变化、动态范围、辐射灵敏度、空间分辨率、成像质量等。

在分析国内外遥感系统质量检测体系的基础上,运用了质量模型和应用技术成熟度模型,形成论证规范流程,从技术上对校飞可行性,包括 FY-3 卫星部分有效载荷工程、技术、应用校飞的可行性分别进行分析研究。通过提出载荷校飞与应用校飞概念,将校飞重点放在应用校飞层面,形成论证规范流程,不仅成功协调载荷研发与用户方的想法,促进了 FY-3 卫星校飞工作的顺利进行,而且初步在技术成熟度、系统多环节质量一体化综合评价等方面得到初步实践。

航空校飞可分为技术校飞和应用校飞。技术校飞关心的是在运动与温度变化条件下,载荷的成像质量、误差分布、目标辐射变化范围等反映载荷技术指标与设置情况的参数。应用校飞关心的是建立物理参数反演算法所需的模拟数据集的获取。通过这个数据集,开展数据处理与定量反演研究。这是在卫星上天前建立载荷技术指标与应用物理参数非常重要的手段。航空校飞是连接载荷研发工程与应用的桥梁纽带,在载荷指标确定与应用评价上均有十分重要的作用。

通过以上对整个卫星应用系统质量监测体系的分析可以看出,地面测试在质量检验体系中以完成工程任务为主,而工程达标不等于满足应用需求。对于应用需求满足(如面向应用的遥感数据与图像)的检验,上天前的航空校飞成为关键一环。航空校飞可为未来的地面处理和应用效果提供真实的模拟数据。

通过开展航空校飞试验特点与作用研究,分析利益相关方目的要求,按照技术成熟度与工程任务要求,从信息流质量、经济性等多个角度评价卫星部分有效载荷校飞,预测校飞实验的效益产出。

2)中巴资源卫星定标与真实性检验试验

1999 年 10 月 14 日中巴资源卫星 01 星(CBERS01)发射,这是我国第一颗高速传输式对地遥感资源卫星,具有服务广大陆地遥感用户的能力,是一颗“百家星”。卫星上天后,组织开展了由多个部门参加的资源卫星应用示范工程,陆地遥感用户能直接拿到标准数据产品,在各个领域开展应用研究。在随后的阶段,涉及多部门、多领域的应用研究蓬勃开展。

2003 年 10 月 21 日,“资源一号”第二颗星(CBERS02)成功发射,但 CBERS02 卫星 CCD 相机存在辐射定标系数少及图像模糊问题,为了能给 CCD 相机数据提供有效且稳定的定标系数,多家研究单位联合在河北怀来实验场及甘肃敦煌辐射定标场开展了 CBERS02 卫星 CCD 相机辐射定标同步实验,获得了 CCD 相机的辐射定标系数并对 CCD 的历史数据进行辐射定标,为 CCD 相机提供了系列的辐射定标数据;为宽视场成像仪(wide field imager,WFI)图像进行了调制解调函数(modulate transfer function,MTF)评价及像元级辐射定标,为国内 WFI 数据定量化应用提供了辐射定标数据,填补了国内 WFI 图像无定标数据的空白。

2007 年 9 月 19 日 CBERS02B 卫星成功发射,该星新增了空间分辨率为 2.36 m 的高分辨率(high resolution,HR)相机,拓展了资源卫星的应用领域。针对 CBERS02B 卫星数据的定量化应用示范研究需求，于 2007 年 10 月在怀来实验场和内蒙古贡格尔实验场开展 CBERS02B 卫星场地定标和真实性检验工作，成功对 CBERS02B 卫星的 CCD 相机各波段进行了辐射定标研究，得到了 CCD 相机各波段辐射定标系数，同时通过真实性检验证明获得的定标系数可信度高。该项工作对实现 CBERS02B 星数据的连续性、稳定性和可靠性，以及为提高 CBERS02B 卫星数据的遥感定量化应用水平打下了基础。

2003—2008 年，围绕 CBERS 卫星定标和真实性检验，组织国内近 10 家单位，累计 100 多人次科研人员，累计实验时间 500 多天，测量样点数达到 700 多个，先后赴内蒙古、怀来、青海、敦煌、千烟洲等地开展了大型野外同步观测实验和试验场选址。试验行程累计 20000 多千米，通过考察、踏勘、测量，获取了丰富的考察资料和地物光谱信息。在方圆 30000 km^2 的范围内，确定了内蒙古锡林浩特、二连浩特等地的 1 个草场、1 个水体和 2 块大面积沙地比较适合遥感卫星辐射定标，可以作为怀来综合试验场的有效扩展。研发遥感定量化应用软件与波谱数据库：RSQA-CBERS，集成了针对 CBERS 的特色算法，如一些比较先进的地表参数反演算法（NDVI、温度、生物量计算等），集成了最适用于 CBERS02 卫星的 CCD 数据 MTF 补偿处理模块。软件实现了 CBERS02 传感器定标系数的历史定标和现实定标。

3）CVVAR 质量保证技术

在“十一五”和“十二五”的十年间，我国遥感卫星加速发展，关键技术研究与论证阶段、设计制造这阶段、在轨测试阶段以及业务运行阶段的卫星同时出现，为开展质量保证体系研究提供了充分样本。

前文所述的 DPC、FY-3 校飞、CBERS 定标与真实性检验、环境一号卫星星座研究，以及若干预先研究关键技术的实践，结合载荷探测指标与需求关系分析等方面工作的积累（图 2.4），逐步形成以定标（C）、真实性检验（V）、核验（V）、认证（A）、实证（R）为主要节

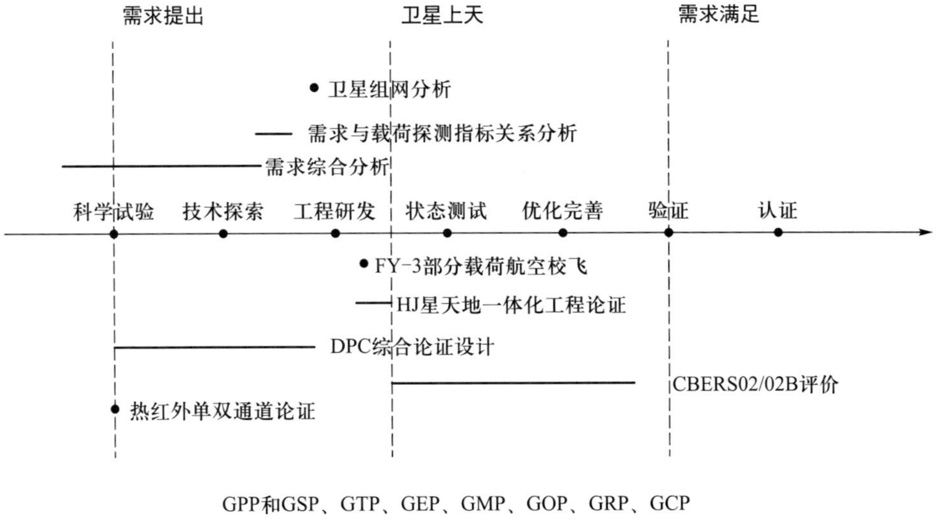

图 2.4　CVVAR 质量保证过程

点的 CVVAR 质量保证技术与能力体系，使全过程评价与能力体系构建成为可能。

CVVAR 质量保证技术与能力体系通过设立标准及实现标准的途径形成的工序和工艺，确实存在"好的"实践过程(GPP)。通过给出处于不同发展阶段与层次的卫星遥感应用技术的"进阶"要求，从而牵引并保证卫星应用发展有章可循，有路可行(顾行发等，2018)。

2.2.5 质量保证设施条件构建

卫星遥感应用 CVVAR 质量保证不仅需要技术，而且要建立在一定的设施条件上，才能有效服务研发、上天前、在轨、运行、后评价等全寿命周期的技术发展与变化。例如，卫星的在轨测试是一个"航天-航空-地面"一体化的系统工程，必须要同步开展卫星、飞机和地面的观测等，实验室和试验场必不可少。卫星观测状态分析、模型构建与仿真分析必不可少。

按照现代科学范式的方式分解，要有试验条件、模型与仿真的条件，以及使用者信息共享和在科技界发表意见的条件。在"十一五"和"十二五"期间所取得的进展主要还是在试验条件、模型与仿真的条件上。这些设施条件与技术体系共同构成了当时我国卫星应用的应用基础设施中工程系统的重要部分。

1)定标与真实性检验站网构建

随着我国资源、环境卫星的发射，我国对定量遥感的需求日益迫切，定标与真实性检验工作得到国内外遥感领域科研人员的极大重视，对遥感产品真实性检验的需求越来越迫切。从 2006 年开始，我国遥感技术人员多次前往内蒙古中部地区开展场地考察与定标系数真实性检验实验，形成敦煌、怀来、贡格尔草原、苏尼特左旗、二连浩特等多个真实性检验场组成的实验场网。

通过开展多年的场地考察与同步定标试验，最终确定敦煌和青海湖为在轨定标核心场，以内蒙古多个场地作为真实性检验场，其中，贡格尔草原作为可见光、近红外波段的辐射定标与真实性检验场；达里湖和岗更湖作为热红外通道的辐射定标与真实性检验场；苏尼特左旗和二连浩特作为备用真实性检验场地。通过对试验场地的考察、踏勘和测量，从场地的光学特性、大气条件、交通便捷状况和后勤保障等方面综合评价，得出如下结论。

(1)敦煌辐射校正场试验区具有很好的均匀性，且位于比较宽阔、平坦均匀区的中心。其场地地域开阔、地形平坦、地物类型均一的面积达 40 km^2。试验场地物类型单一且稳定，光学特性随时间变化相对较小，有利于绝对辐射校正测量。而且该场地大气干洁，无污染。

(2)青海湖湖面开阔，面积大，对绝对辐射校正场测试工作的开展十分有利。湖水深度大，表面温度变化小。湖水最深处达 28.7 m，平均水深为 19.15 m。其宽阔的水面和微弱的水表面温度变化，能够满足热红外波段绝对辐射校正的需要。青海湖位于青藏高原东北隅，海拔为 3196 m，湖区周围除有少数居民点外，无大型工厂，大气清洁无污染，有利于绝对辐射校正。

(3)贡格尔草原是较为理想的(春秋季节)辐射定标场地,可用于可见光、近红外遥感器的在轨辐射定标及验证。该场地距离北京仅600 km,同我国现有的敦煌和青海湖辐射校正场相比,在开展实验所需费用和人力等方面都会大大降低,是对敦煌和青海湖辐射校正场的有效补充。

(4)达里湖和岗更湖可用于低反射率目标的真实性检验,也可用于对热红外相机的在轨辐射定标与验证。其中,达里湖为碱水湖,岗更湖为淡水湖,两者无论从卫星图像还是实测光谱,都有显著的差异,今后也可用于对水体定量化产品的验证。

(5)苏尼特左旗西部的沙草混合场地,面积大且质地均匀,其场地的反射率要高于贡格尔草原,且场地草地覆盖稀疏,随季节的变化要小于贡格尔草原。该场地可作为真实性检验场地。

(6)二连浩特东南沙草混合场地,交通便利,后勤条件好,且二连浩特有高空探空站,可方便地获得当地气象、探空数据,场地范围内地表平坦,植被类型以骆驼刺为主,部分地区有绒毛草,土壤为沙地,反射率适中。该场地可作为今后真实性检验的候选场地。

此外,我国还大力加强与国际同行的合作,联合澳大利亚、智利、法国、埃及等国的科学家,在国外合作研究多种地表类型实验场网的数据处理。

(1)Lake Frome 位于澳大利亚中南部的东北角,面积为2700 km^2。地表为干盐湖床,具有非常高的地表反射率(最高可达到60%),场地高度接近海平面,地面平坦,场地反射率随观测角度变化较大。

(2)La Crau 试验场属于地中海气候类型,年平均降水量610 mm,自然生态接近半沙漠。一年中大多数时间是一个不变的表面。全年无云天数多,有利于辐射定标试验的开展。La Crau 表面由红色砂质黏土、卵石和稀疏的植被覆盖组成,反射率具有良好的均匀性和稳定性。La Crau 试验场具有良好的通信和后勤保障,方便大型试验的开展和多次在轨定标试验的实施。该试验场适用于中高分辨率卫星的在轨辐射定标。

(3)Titicaca 湖位于玻利维亚和秘鲁两国交界的科亚奥高原上,是南美洲地势最高、面积最大的淡水湖,也是世界海拔最高的大型淡水湖之一。湖面积大约为8300 km^2,平均水深140~180 m,最深处达280 m。平均水温13℃。由于 Titicaca 湖海拔达3821 m,大气干洁无污染,可用于热红外传感器的在轨辐射定标。

(4)埃及的 Egypt 定标场为沙漠场,场地具有很好的空间均匀性,可以减小处理过程中图像配准引起的误差。对长时间序列卫星影像数据分析表明,不同像元的反射率变化小于1%,表明场地在不同时间都具有较好的均匀性。在理想情况下,反射率在一年内保持不变,整个场地具有较好的朗伯性,当观测角度小于30°时,可认为地表为朗伯体。通常利用埃及的沙漠场进行传感器时间序列定标,分析传感器随时间的衰减情况。

2)卫星遥感应用仿真系统

"十一五"开局之年,卫星遥感应用模型化与应用系统模拟器项目开始启动,通过开展航天遥感图像仿真模拟关键技术研究,在地物辐射特性研究、大气传输模型研究、遥感器模型研究及技术系统开发关键技术攻关的基础上，初步建立了一个基于 VV&A (verification，validation，accreditation)的专业化航天遥感数据仿真模拟系统架构。

在技术上实现了基于遥感器设计参数、地球环境背景和大气状况，模拟出真实的图像和任意波段组合的多波段图像，以检验遥感器设计的合理性，并基于遥感物理机理，从遥感应用用户需求出发，以应用为导向，设计遥感器相关参数，并据此模拟未来新型遥感器所能获取的遥感图像来预先研究和探索遥感信息处理与分析的新思路、新方法。

通过所构建的 SDIKWa 卫星遥感信息流，建立了基于产品的从应用需求提出到需求满足的全链路、全谱段、可验证的"天地一体化"的"大闭环"成像仿真技术，通过设立数据标准与信息产品标准，构建了标准化的数据流与软硬件结构，形成了遥感器仿真器、遥感卫星星群仿真器以及应用系统仿真器，支撑了遥感器设计与优化分析、支撑了卫星组网研究以及应用系统的分析与评价(图 2.5)。

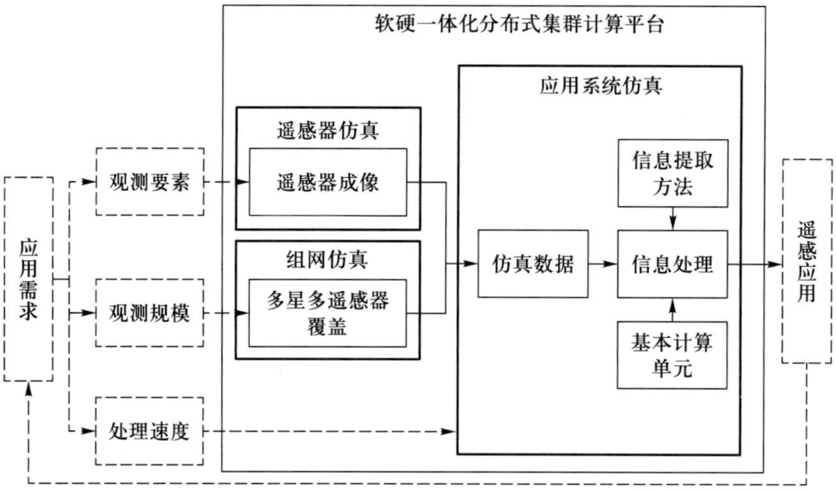

图 2.5 软硬一体化分布式集群计算平台

形成了全过程、全链路航天遥感图像仿真理论和仿真平台，具体包括场景辐射信号生成与传输、大气辐射传输模拟、传感器成像，特别是通过开展图像评价理论与真实性检验研究，建立了一套规范化的模拟图像评价与真实性检验技术流程。

形成了遥感图像仿真系统，设计实现与面向遥感应用的高性能并行处理系统对接，逐步实现光子追踪、高光谱等业务的并行化处理。提出"五层十五级"遥感数据组织新模型，建立了基于"CPU+GPU"的标准化基础计算单元，将计算规模与效率以基础计算单元的数量和计算速度表示。这是国内首次定量化实现遥感应用系统的仿真分析，解决了应用系统规模、能力等分析设计难题。

同时，成功搭建航天遥感图像仿真平台，以及相应的大气基础数据库、地表类型数据库、地物波谱和红外发射率数据库等。

2.3 我国应用系统发展趋势分析

高分专项的论证设计阶段,正处于遥感与信息化技术快速融合、遥感技术应用深化发展的关键时期,综合分析国内外遥感应用,可以总结出以下发展的趋势。

1)遥感的“探测绘”综合集成,“通导遥”与“天地空”信息融合

(1)卫星应用向集成一体化方向发展。集成卫星、航空与地面一体化发展,全球系列的对地观测体系一体化应用,高、中、低多分辨率对地观测数据一体化综合使用及高空间、时间、光谱分辨率的互补与结合趋势明显。卫星遥感应用已经从几何测绘、地理解译、物理机理各自为战阶段向综合一体化方向发展,利用遥感手段全面获得观测对象信息,包括几何、物理化学、生物学与社会学参数等,实现对观测对象状态与变化的确定性描述。国际上先后建立了国际一体化全球观测系统(GEOSS)、地球观测系统(EOS)、全球环境与安全监测(GMES)系统,此外,俄罗斯、印度等国也正在统筹资源建立协调、有效的对地观测系统。

(2)卫星应用向精细化方向发展。高分辨率的精细对地观测系统发展已为主流,空间数据的空间分辨率、光谱分辨率、时间分辨率不断提高,0.5 m空间分辨率数据已经成为遥感系统的重要数据组成部分;光谱分辨率已经发展到目前的纳米级;短覆盖周期、全天时、全天候观测能力加强。

(3)空间数据处理及信息提取中,重视对地观测标准产品的生产,为大批量业务化应用提供可能。美国NASA组织了由众多著名科学家组成的科学小组研究MODIS处理算法,在所提出的32种算法的理论基础上可以处理出44种标准的数据产品,用于不同专业的科学研究。

2)紧跟社会信息化步伐,网络化、自动化、智能化、实时化、全球化和大众化发展

(1)遥感卫星应用向大众实用化方向发展。以Google Earth为代表的“数字地球”系统的出现已给人类对世界的认识带来新的冲击,对世界范围信息化建设产生了新的震撼,并带来了显著的经济效益。通过直接向大众提供服务,空间信息服务开始步入千家万户,正在实现人类“将世界放在手掌中”的梦想。

(2)互联网、云服务、大数据等新型信息化技术与遥感应用高度融合。以往的卫星大多以某一主行业部门为主的孤岛式应用为主,现在则多是更多领域更广泛、深入的综合应用。

(3)遥感与专业应用紧密结合,商业化产生巨大效益。例如,美国农业部外国农业局的全球作物遥感估产系统每年为其国际农产品贸易中获益高达十几亿美元。1996—2004年,全球卫星产业销售收入年平均增长速度约为13%,其中卫星运营服务业增长速度最快,所占比重从1996年的42%上升到2004年的62.7%;地面设备制造业稳定增长,所占比重基本保持25%左右。

3)融入现代信息社会发展，拓展遥感的业务化、产业化、商业化

(1)未来一段时间我国遥感应用一方面要面对如上挑战,另一方面又要适应自主信息源能力提高、新变化需求及社会化信息水平提升,做好在更大范围与其他多源信息的融合。

(2)由对空间数据数量要求转向对空间数据质量要求。由原来的强调高空间分辨率转向对高光谱、高时间、高空间、高辐射等多方面的需求,定量化趋势明显。尽管这几方面的高分辨率需求不能同时得到满足,但不同行业的需求度逐渐清晰,并不断得到满足。

(3)由对国外数据的需求转向对自主信息源的充分利用。以往多强调及时获得国外的空间数据,现在随着国内遥感卫星事业的不断发展,强化了对国外、国内数据并重,而且随着时间的推移,则更加强调对自主信息源的使用及基于自主信息源的卫星应用体系建设。

(4)由简单强调数据获取应用转变成空间信息的应用。之前很多人认为,有了空间数据就可以了,对于空间信息的挖掘可以自行进行,但现在则更多强调对空间信息的使用与共享,而且对信息质量的需求越来越高。除定性的遥感信息外,还强调对定量信息的提取与使用。

4)发展中更加充分地开展竞争、合作与共享

(1)空间应用的竞争日趋激烈化。遥感卫星尤其高分辨率卫星被多个国家与地区所拥有,不仅美国、法国、俄罗斯等传统强国,而且印度、日本、以色列、韩国等的发展对我国提出了明确的挑战。这种既合作又竞争的态势将持续很长时间。

(2)由强调公益性行业应用转换为公益性应用与市场运营服务并重。国家明确提出航天是产业增长点。因此,在卫星应用业务化的基础上,逐步加强产业化的工作。由于产业化是以大众化及取得应用效益为前提,故提出了用好空间数据,为千家万户服务的理念。

(3)由注重载荷能力研发转变为以应用为牵引,强调遥感信息服务的一体化应用。包括国内外卫星应用信息的一体化;行业间的空间信息的一体化;天空地多种信息源的一体化;空间观测数据与原地观测数据的一体化应用等。由各行业内部的自身应用转变为各行业间的标准制订及共享平台的建设,从而全面、协调、持续化的应用成为当务之急。

5)重视应用基础设施建设，提升遥感服务与发展能力

(1)基础设施是遥感发挥作用和可持续发展的必要条件与表现,具有历史积累性与阶段性,紧密对接社会信息化水平的提升。形成与研究和应用相适应的基础设施保障条件是开展遥感应用能力建设的重要组成内容。

(2)由强调对单一卫星的使用转换成对多个卫星的综合利用。应用水平的提升与设施能力的增强是同步推进的,强调定标场、真实性检验场、各种相关应用场、处理中心等基础设施的建设。

第3章

基于卫星遥感应用学的高分应用系统设计

本章所描述的高分应用系统既包括服务最终用户的示范性运行的业务应用系统,也包括以高分卫星为龙头的自主研发体系构建,以及作为支撑保障条件的应用基础设施,是高分系统开展应用设计、研发、制造、应用与评价的平台。基于卫星遥感应用学认知,参考国外先进经验,将更加系统、完善地构建出能长期有效支撑我国卫星应用的并且适应卫星技术快速发展的工程系统与系统工程,促进我国卫星应用能力水平快速提升,开展跨领域、跨区域、跨部门服务。这样的应用系统在一定程度上已经超出传统的仅通过运行提供服务的狭义的应用系统概念。

3.1 我国航天发展阶段性挑战

高分卫星遥感"能不能用、好不好用、能不能用好、值不值得用"涉及卫星遥感能否"多快好省"服务用户,是卫星应用与应用卫星有效衔接的关键。这就要求在信息、技术、物质、价值体现"4 流"上各自成链,相互"适配",在一定环境条件的应用中共同发挥作用。其中,技术链所形成的技术体系需要具有完整性、先进性、适应性、分解/打包合理性等基本特征。目前,作为技术链中关键环节的关键技术作用日益凸显。涉及的关键技术按照链路分析包括共性关键技术和专题关键技术,既要体现上下游关系,又要在各自的环节发挥核心作用。在实际应用中,这些关键技术往往是应用"卡脖子"的技术,需要从设计、实施、评价等多种环节加以重视和落实。同时,质量保证与创新发展有赖于基础设施条件的能力提升,其中工程的因素尤为突出。

3.1.1 应用服务需求与挑战

高分应用系统作为认识与利用世界的空间信息工具,是实现按照遥感信息流运转的以生产服务以高分用户群为目的的方法论、设备和技术的总称,以支撑应用、促进应用、服务应用为目的。作为应用基础设施,可以有效地把人与社会的需求和资源转换为遥感信息,满足人与社会多方面需求,构建价值链并满足利益相关方的各种诉求。高分应用系统首要任务是实现数据产品转换为信息和知识,并服务最终用户,其主要作用是依托卫星运营商提供的初级产品,为终端用户提供各类应用解决方案,对国家战略、行业、区域、特定用户群体或市场按照公益、商业、混合等多种方式提供和销售卫星应用产品与服务。

1)业务化服务国家战略与行业部门行使管理职能

卫星遥感应用领域非常广泛,包括荒漠化防治、生物多样性保护、陆海生态系统保护、天气预报与气候变化监测、水资源保护与管理、能源合理开发与利用等,特别是涉及人类健康与生命财产安全的环境保护与防灾减灾领域,适用于应对重大突发事件进行实时监测、快速反应,并且在国家陆地与海洋权益和国际竞争领域把握主动权,提升社会管理水平等方面具有重要的保障意义。

相应地,政府在行使其职能时,一直是先进科学技术的先行者,特别是涉及基础服务设施,如交通、环保、市政、医疗、教育等是关乎国政民生、国家政府亟需保障的领域,其投入是持续的。以上两方面优势的结合就为高分卫星服务政务及事业单位(To Government, ToG)提供了广阔的发展空间。但同时也要看到,对关乎国家经济安全的重大经济命脉和重大工程进行观测与科学研究,需要有效、持续、稳定、标准化业务性的工作,能否与各行业主业务对接一直是遥感卫星从科学实验型向业务服务型转型成功与否的关键判据。

当前,各地方对空间信息的认识有很大差异,导致遥感应用在各区域的推广普及应用示范程度不同,各地的遥感力量参差不齐,造成目前尚未形成区域化综合应用的有效模式,难以满足地方对遥感技术的需求,并极大地限制了遥感应用的产业化进程。在我国城镇化、区域化可持续发展建设中,面向深化西部大开发、东北振兴、中部崛起等区域发展总体战略,支撑国家区域发展战略的实施,住建、交通等部门利用空间信息开展"数字城市""智慧城市"规划、建设、运行监测和综合评价服务,提升城市管理的信息化水平。在"数字省区"的建设中,地理空间信息技术发挥着至关重要的独到作用。以地理空间基础框架建设起来的综合信息服务体系,可为"数字省区"建设奠定良好的地理空间基础,为在信息社会和知识经济时代抢占经济、政治、科技制高点,为创造新的经济增长点打下坚实基础,也为建立电子政务、电子商务、社会保障等信息系统及信息化社会提供良好条件,形成服务区域社会经济专题领域(To Domaine, ToD)的能力,为区域综合治理的科学化决策提供准确的空间信息和数据。

2)服务产业化与社会经济活动

高分卫星遥感不仅关系到各级政府有关部门,对政府服务转型与国家产业结构调整有重大作用,而且通过自身发展可以帮助传统企业利用技术转型升级,具有重要的发展潜力。时空数据的应用涉及方方面面的企业,能提供满足需要的产品,就为高分应用服务企业(To Business, ToB)提供了可能。

随着空间信息技术的发展,大众信息消费领域对空间信息技术需求也越来越多。我国空间信息大众化服务还不足，产业化、商业化程度也较低，但大众日常生活、教育、医疗和旅行等对空间信息存在多层次的迫切需求。开展高分卫星遥感服务大众(To Customer, ToC)的日常旅游、位置、通信、娱乐、文化、路况、车辆监控、家庭医疗等“信息消费”规模化应用服务，特别是在当下的云服务、大数据、互联网时代，要求有更好的需求把握和用户体验。

3)规模化运行与多层次推广能力

高分遥感卫星星群由多颗具有不同特色、面向不同应用领域的卫星组成。一部分卫星具有高空间分辨率等特征，可以直接服务市场，处在与国外卫星同台竞技、争夺市场的状态。另一部分卫星具有高光谱分辨率，可以用来探索地球环境，与国外卫星共同开展科学研究。国内外的这类卫星都处在发展阶段，相互验证、相互补充，共同推进人对地球的认知以及遥感技术进步，服务专家(To Expert, ToE)。这些卫星既可以单独应用，也可以内部相互联合并与其他包括国外卫星进行联合观测，开展国际合作(To Foreigner,ToF)，但这就对标准化数据产品、规模化业务运行及多层次交流与推广提出了更高要求。

4)形成新型应用格局与自身可持续发展

应用系统运行与推广过程中，面向大规模应用和交叉综合性应用，要建立业务应用服务能力，建立标准规范，对于应用效果还要进行有效的评估，以及在实践基础上建立反馈机制，对数据产品提出合理技术要求，包括数据处理手段、辅助数据配备、反馈手段和技术等。对于面向社会公众、面向市场的增值型服务，在各项应用相对成熟的基础上，依然依赖此流程主体提供服务。

整个高分卫星遥感应用是一个技术进步过程。一方面促进遥感技术服务政府、服务社会、服务大众，开拓并做大市场，形成更多更强的企业，捋顺价值链，在新的层次上构建出符合社会环境的生态系统；另一方面也要服务科学家与工程师，形成自主卫星的应用研发体系。

伴随着这一进程的推进，对政策法规与标准规范等软环境，以及资金、人才、技术、教育和培训等也提出了相应的要求。从而保证大幅度提高国产空间信息处理软件的市场占有率，提高我国空间数据自给率，实现空间信息产业链目标。

3.1.2 我国应用卫星与卫星应用对接的挑战

高分应用系统作为一个技术工程系统，为确保遥感信息的传输、转化与服务，在数据处理过程中满足对数据的品种、规格、质量、规模和时效性等方面的要求，且具备较高的技术成熟度。

1)信息数据流的产品体系化

随着卫星遥感应用领域不断扩大，应用程度深化，卫星数据信息产品化逐步成为遥感应用大势所趋。由于在卫星应用起步阶段的产品设计更关注主要用户的需求,从而形成了多种产品体系。我国卫星应用是从应用国外卫星数据开始的,广泛应用了美国、法国、日本、印度以及德国、意大利、以色列、俄罗斯等多个国家卫星,参用了大量的国外技术结构与标准,尚无适用多个应用领域的普适性标准。

随着我国遥感卫星制造能力的提升,逐步形成了气象、海洋、中巴资源、环境减灾等多个卫星系列,特别是随着高分专项的建设,我国将拥有一个在国际上具有较大规模的卫星群,系统性、全方位对大气、海洋和陆地进行观测。

为了提高整个卫星群的效能和效益,形成每个卫星服务多个行业,每个行业可以应用多颗卫星的局面,构建具有一定共性的产品体系标准迫在眉睫。

2)数据信息产品品质保障

无论是数据产品、目标共性信息产品还是专题应用产品能否用来回答“能不能用、好不好用、能否用好、值不值得用”等问题的关键之一是品质。这涉及产品的精准度、可靠性以及应用中的适用性和用户体验,这是获得用户高度认可的前提。

一段时间以来,我国卫星数量少、数据品种少、有效利用率很低、分发渠道不畅,大量数据依靠国外,而受国外数据产权保护影响和国内体制影响,数据难以业内共享,直接导致大量的应用是基于国外卫星质量评价技术,因此大量有关质量提升的研究未能系统地开展。

随着高分卫星不断发射并进入在轨运行,建立自主卫星的科学评价体系,客观评价并提升卫星数据产品品质迫在眉睫。

3)遥感应用技术工程化与品牌化

遥感应用数据工程的软硬件研发一直作为短板存在。由于自主数据源应用模型研究与应用相对不足,我国在遥感图像处理技术的发展和软件开发方面上的资金和人力投入有限,国外的遥感图像处理软件一直占领我国该领域的市场。自主开发的遥感图像处理软件商品化程度不高,到目前为止还没有一种与国外商用卫星图像处理软件水平相当的产品。

虽然在“九五”“十五”规划中,遥感信息产业化都作为发展的重要目标,而且也取得了可喜成就,形成了一定规模的空间信息企业,如适普软件、超图、东方泰坦、东方道迩、联合思壮、21世纪、国遥新天地、吉奥等公司。但是,总体上我国软硬件制造能力还十分弱小,以Google Earth、ERDAS、ENVI、STK、MODTRAN、PCI、像素工厂、eCognition等为代表的国外系统软件在我国占举足轻重的地位。面对我国空间信息企业信息产业程度低的现状,只有大力提高对遥感应用成果的转化和推广的重视程度,加大支持力度,促进成果转化率,支持真正能够成为商品化的遥感信息产品和软件,才能满足日益增长的需要。

4)现代信息发展下的创新突破

信息是社会的最活动要素,其存在方式随着技术进步发生飞快变化。在以光纤、服务器、手机、卫星为信息载体的年代，围绕大数据、云服务、互联网、物联网等新存在形态，如何在其上架构出与之相适应的遥感信息链、技术链以及数据工程形态，融入更大规模的社会信息体系，逐步成为当前需要认真研究的重要问题。

3.1.3 遥感应用基础设施建设的挑战

我国遥感应用发轫于国外卫星的数据与技术，很长一段时间处于"跟跑"状态。由于主要采用国外数据、应用技术与手段，与自主卫星、国家自身的基础研究体系相互脱节，未能形成有机整体。同时，系统的建设与运行主要集中在各个行业，各行业建设期长短不一、经验积累程度不同，相互间联系较少且未形成统一的结构。在高分专项进一步促进我国遥感卫星应用发展时，如何"补短板""填空白"，形成与以自主卫星为主的大规模应用相适应的、统筹协调的遥感应用基础设施，逐步成为一种"刚性"需求。

1）工程系统的技术创新能力

卫星遥感应用系统是一个将遥感信息及其他相关信息进行汇聚、整合、处理和分发，并为决策提供知识服务的应用技术设施系统，涉及大量的数据可用性研究、遥感信息挖掘方法研究、信息产品生产技术研究以及实验条件与检验手段，并且需要较完整的数据与方法积累。根据卫星遥感应用学，需要与社会的科研结构紧密联系，在航天遥感器原理与遥感应用工程，卫星导航定位，摄影与遥感空间测量，卫星遥感探测、识别与计算机处理，卫星遥感观测与计算机处理，以及专题制图学与地理信息工程等领域开展综合性研究，按照时代要求提升整个技术链。

2）工程系统的设施条件保障能力

为支持数据到信息与知识的转化，各类科研保障技术条件与业务应用支持条件建设是前提。在自主卫星应用研究与运行中，不依赖国外设施条件，提供国内必要的基础支撑条件进行检测、验证和评价，以不断改进、提升应用技术。应用系统的建设离不开基本的硬件条件支撑，包括各种测试实验条件、计算机、网络与安全设备、存储设备等。

3）系统工程组织能力

我国所构建的是一个多颗卫星服务多个领域、部门以及满足社会服务与国际合作的系统，而且是一个符合"多快好省"的、国家的、先进的、好用的、共享的、标准化的、有一定应急能力的应用系统。在此情况下发挥社会主义优势，面对组织管理这一挑战，需要成熟的组织管理能力、优秀的技术创新能力和物质条件保障能力。同时，也需要政策、规范和教育培训等多方面的支持以及政策、规章和规程等的保障，从而构建与遥感应用相适应的生态环境，为我国卫星遥感应用系统的建设、运行及可持续发展提供重要保障。

3.2 高分应用系统理解与认识

高分应用系统解决高分信息源"用"的问题，是高分系统的"出发点"和"落脚点"，确立了"攻技术，建体系；抓共享，兴应用；拓市场，促产业"的努力目标，按照系统工程方式着重开展基于高分自主信息源的共性应用技术研发、国家重大与各行业应用领域业务、应急、国家与区域应用示范推广，解决自主信息源"数据—信息—知识"转换技术链的建设问题，同时形成自主信息源应用技术研发体系，构建基础设施支撑能力、填补原有空白，有效解决我国遥感应用中长期存在的基础设施缺乏、数据积累不足、数据产品规格混乱、评测规范性弱、应用规模不大、技术门槛偏高、共享和服务程度不高等问题，形成新的产业格局。

3.2.1 高分应用系统内涵与范畴的理解

1）内涵

高分应用系统是从高分数据到信息产品再到决策知识的运行生产与业务化服务系统，通过创新应用模式与服务机制，按照 SDIKWa 信息流，构建信息链与价值链，开展应用示范与推广，满足国家重大战略、国民经济和社会发展需求，促进产业链形成和产业加速发展（图 3.1）。

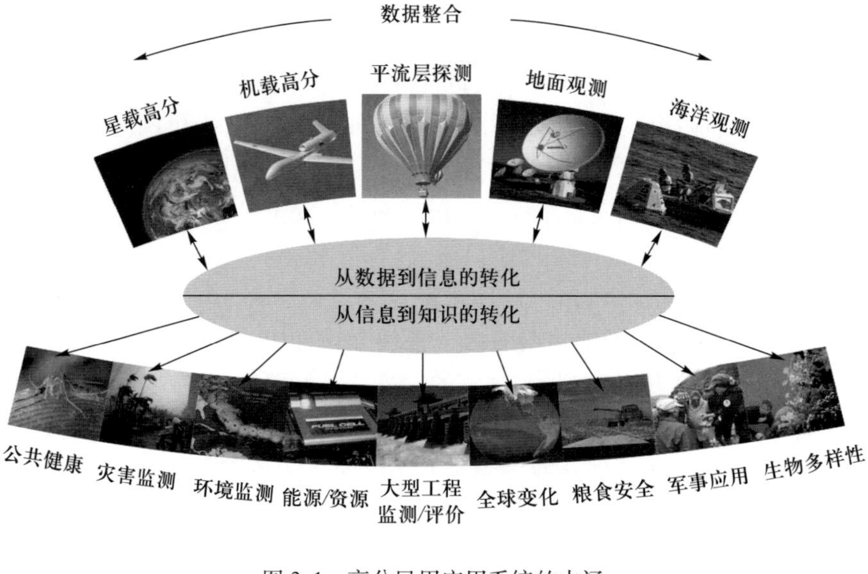

图 3.1 高分民用应用系统的内涵

高分应用系统需要制定高分应用标准和规范体系，攻克高分“数据—信息—知识”转换中的关键技术，形成围绕自主卫星应用的技术链，促进我国空间信息理论和技术水平提升。

高分应用系统作为高分专项的应用运行障碍与基础设施条件，应有力支持应用服务与应用研发。通过系统工程方法，开展IDSH工程系统研究，构建完整的技术链和软硬件，全面提升我国遥感卫星应用支撑能力，向全国各行业、区域等方面的工程化、业务化和产业化服务提供有力保障。

高分应用系统按照系统工程方式开展建设与运行，具有全局性、整体性与完整性。同时，也是提升我国遥感应用技术领域有序化发展的基础。

2）范畴

按照系统工程要求和对高分专项内涵的理解，高分应用系统应包括系统总体、应用系统运行和应用系统制造三部分。

(1)应用系统总体。开展高分应用系统的系统工程建设。

(2)应用系统运行。应用系统是高分系统的应用接口，服务国家用户、区域用户和大众用户。其中，国家用户主要服务农业、灾害、资源、环境、公共安全等战略领域宏观决策；各区域用户主要包括各级区域政府与机构单位等；大众用户服务主要包括商业服务、社会增值服务等。开展行业应用示范工程、公共应用服务和区域产业化示范推广，建成围绕自主信息源的科研、应用与服务体系，形成一个技术先进、资源共享、服务决策且具有应急能力的一体化运行系统，促进高分信息源广泛应用于行业、区域业务和公众信息服务各领域，提高我国空间数据自给率，推动空间信息产业链发展。应用系统为数据获取载荷的性能指标提供需求牵引，开展从高分数据、多源遥感数据及其他辅助数据到应用信息的数据组织、信息加工和保障服务的业务运行，服务重点应用领域，为国家、行业、区域、综合部门、企业、社会大众不同层次用户提供高分遥感信息应用的产品、技术和服务，具有区域应急及热点地区应用能力。应用系统运行的范畴：①服务重点应用领域的系统，为行业与区域提供服务的同时，开拓市场，服务社会大众；②具有区域应急及热点地区应用能力；③能为自主信息源应用提供较完整技术支撑；④稳定运行并可持续发展；⑤可有效提高自主空间数据占有率，促进产业化。

(3)应用系统制造。开展从多源对地观测数据及其他辅助数据到应用信息和知识的数据组织、信息加工、保障服务的技术研发。重点在建立多源数据综合研究、应用与服务体系，满足国家、区域多个行业和综合部门以及社会大众和产业服务性行业等不同层次用户的要求。统筹管理与运行高分应用基础设施，为遥感信息科学研究、试验验证、信息集成提供技术保障条件。有效提高我国空间数据的自给率，促进空间信息产业链路的形成。应用系统制造的范畴：①建设基础设施，支持研发体系构建；②研发关键技术，包括共性与专题技术，衔接卫星应用与应用卫星；③建设狭义应用系统：按照系统工程方法搭建工程系统，突出继承与发展、学习与创新已有卫星应用系统；④运行高分应用系统并服务各领域；⑤政策、标准与规范建设。

3）定位

高分应用系统作为一种技术工具，服务于人对世界的认识与改造。同时也是人的智慧和知识的综合体，在服务的过程中不断提升能力。系统重点解决自主遥感数据应用中的技术与结构问题，形成围绕自主信息源，从共性技术研发到信息服务与示范推广的完整的高分应用链条和产业化结构，包括应用前期论证，以及针对天基、临近空间、航空等高分数据应用的模型方法研究、数据积累、技术支撑、信息加工、标准规范、质量检验、信息发布、信息服务和示范推广等。

通过开发高分应用产品，完成高分系统数据到信息、信息到知识的转化与提升，解决服务、推广应用的技术和管理瓶颈问题，强化业务运行能力，确保高分数据“能用、好用、用好、值得用”。协调、组织指导用户开展应用与示范并提供技术支撑、引导推动空间信息产业化，支撑、支持、推进、推广与服务国家、行业、区域和大众等各层次应用（图3.2），拉动空间信息产业发展，促进空间信息产业链形成。

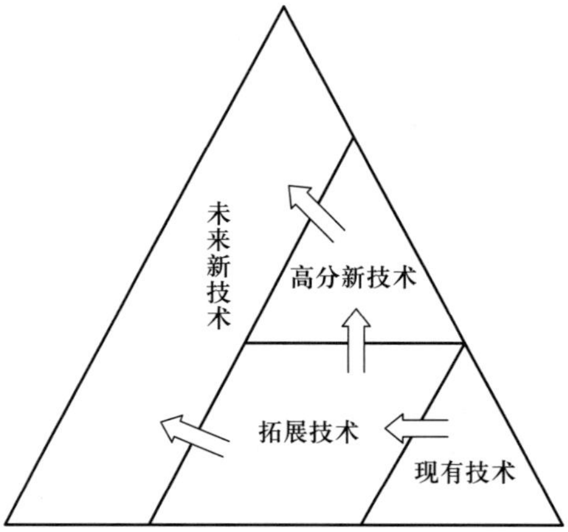

图3.2 通过高分应用系统提升各专题应用技术的拓展图

4）关系

正如前文介绍的广义航天遥感系统（图1.9），应用系统与用户、市场、软硬环境、卫星系统、地面系统发生联系。

（1）与行业、区域业务系统及社会服务的关系。高分应用系统不是从零开始建设的，而是通过支持现有各业务系统（包括现有气象卫星系列、资源卫星系列、海洋卫星系列、环境卫星系列、航空遥感、原地观测）的发展计划，并增加高分信息增量，提高其技术水平和应用水平，体现发展与融合的思路，然后从高起点上建设一体化的国家级应用系统。即针对各自自身不足，填平补齐，开展应用技术系统研究，提高自身应用水平。同时，针对高分新型探测信息，开展高新技术应用探索，实现高分系统应用目标，并提升自身技术应用能力，为进一步持续发展提供支撑。对于产业化发展，各领域应用系统的建设为服务性单位提供了广阔的市场。

（2）与卫星系统关系。为面向我国卫星用户需求，针对高分卫星及载荷特点，解决卫星应用中的技术、检验和服务等关键问题，高分应用系统应从综合应用需求出发，与卫星系统研制部门进行充分的沟通和协调，结合当前阶段卫星及载荷设计研制基础，共同形成好用的高分卫星及载荷体系。同时，高分应用系统将通过对卫星数据和信息产品的应用效能分析，与国内外同类产品的对比，向卫星研制部门提供优化建议和意见，共同促进业务化卫星系列的研制。

（3）与地面系统关系。按照高分专项系统划分，0-2 级数据产品生产系统及其制造系统归为地面系统，不属于高分应用系统。高分应用系统与地面系统共同构成了“完整的应用基础设施”。地面系统为应用系统提供 0-2 级数据产品，应用系统进行 3 级及以上数据深层处理与应用方法研究、系统研发和增值服务等。

（4）与软硬环境关系。卫星遥感信息是国家的战略性和普遍性的资源，其需求领域十分广泛，几乎涵盖国家安全、社会经济和国防建设的各个方面，我国国民经济建设、社会发展对高分辨率对地观测有迫切需求。其人才、资金、技术等各项资源以及政策、法规等从软硬环境中获得，充分体现为国家级重大紧迫任务的应用需求、行业业务的应用需求、国家信息化建设的应用需求和我国空间信息产业发展的需求。

3.2.2 服务国家战略与行业主体业务

1）建立行业、区域的专题应用示范系统

专题应用涉及所在领域的很多方面，服务具体行业，要建立行业应用示范系统，接地气，实现无缝对接，通过所建立的专业性试验平台的示范作用，有效解决所面临的技术问题，促进遥感信息融入主体业务。以现代农业发展和保障国家粮食安全的需求为例，要对全国及国外主要农区作物种植面积、长势、产量和重大农业灾害进行监测与评估，为宏观调控、农产品贸易、国家粮食安全等宏观决策服务；要加强农业资源、大宗农作物、重大农业自然灾害、农业生态环境等监测与评价，推动精准农业的发展；不仅对观测对象需要具有自身特点，而且对如何能进入行业主业务有其技术要求。

同时，行业、区域高分应用示范系统，与行业其他有关方面资源共同组成行业的遥感应用基础设施，为行业开展空间信息综合应用提供支撑。对比我国在高分技术、产品及业务化运行方面的差距，在国家战略需求和市场双重需求的大背景下，在高分专项的支持下，依据应用系统建设具体要求和部署，高分应用示范系统建设要从国家重大、行业应用、综合应用、区域应用及产业化推广等方面综合统筹考虑，建成一批稳定的可开展业务化运行的应用示范系统。

2）加强灾害应急观测和支撑能力建设

我国是世界上重大自然灾害和其他突发事件最严重的国家，亟需加强灾害应急观测

和支撑能力建设,而且在实际过程中农业、地震、交通和卫生等部门对各类遥感技术的需求也十分迫切。通过高分应用系统的建设和运行保障,有效提升灾害应急综合应对能力。我国2008年发生的冰雪灾害及汶川地震实践检验说明,在当时的条件下,在灾害发生时,很难及时获取可用的、有效的自主卫星数据,同时相关的研究积累不足,常规遥感技术手段难以有效发挥作用。而在面对如汶川地震等重大灾害时,如果具有了高分专项的卫星和基础设施支持,通过高分应用体系开展应急服务保障,可以在应急减灾、水利、农业、国土和测绘等方面发挥重要作用。

3)突出专题应用关键技术研发

在行业、区域的专题应用示范研究中,应用产品的研究与技术实现、技术标准的制定最为重要。行业应用研究的重点是将遥感信息与行业已有信息进行充分的融合,这样如何分析、评价和接纳遥感信息带来的增量就成为研究的核心。同时,一旦形成了一定的可能性,大规模业务化服务就依赖标准规范的制定。通过标准规范,可以将多颗卫星生产的专题应用产品应用到行业中去。

3.2.3 构建研发体系与自主创新能力

1)统筹关键技术研发

在开展IDSH研发中,有很多处理环节、产品生产、服务技术在一定范围内是通用的,同时,有些处理技术具有较大难度,需要提炼出来并组织优势力量攻关,还有些技术的应用环境复杂,需要多种方法构建出技术束,通过综合的方法来解决。

特别是由于长期以来天基对地观测数据来源于国外,应用技术可从数据供应商得到,因而各行业仅侧重将对地观测技术与本行业的业务相结合,若直接应用自主信息源,原有应用方法很可能存在不适应和不能用等问题,各行业技术积累参差不齐,难以自行研发。

针对各行业对地观测技术应用水平发展不平衡的现状,进行技术成果的集成、综合和凝练,突出各行业的共性关键技术,展开集中攻关和成果共享是一种有效的方法。同时,也能通过这些问题,构建以自主卫星数据为牵引的技术研发体系。

2)建设质量保证设施条件

按照现代科学范式,开展关键技术的研究需要构建实验验证、模型研发、仿真分析和知识共享的能力,这就需要有基础性的技术设施作为支撑。包括:

(1)高分信息产品生产规格、标准、规范和测评技术,即对由高分数据生产的高级数据产品、由信息提取生产的信息产品乃至知识产品,进行标准体系的建设,对产品本身进行规格化和质量控制,构建标准化的产品体系(系列),对生产工艺进行规范化和过程管理,对产品的应用效果进行考核和评价。

(2)地面实验及大区域范围真值获取技术，即为了保证对地观测数据和产品的真实可靠，通过地面实验进行高精度辐射定标和几何校正等，并且开展抽样比对。为了保证检验的效率，需要发展大区域范围的真值获取技术，这也是为了针对和发挥遥感宏观性强的优势。

(3)载荷应用全过程质量检测技术，即针对高分系统计划部署的天基、临近空间和空基载荷，除了在制造端保证产品质量外，还需要从应用端进行质量检测，包括载荷研制阶段的应用模拟、初样阶段的校飞检验、正样的应用检测等，实现全过程的质量控制。

(4)辅助支撑多源数据集成与知识库建设技术，即高分系统的设计包含了可见光、近红外、热红外、微波等不同探测谱段的数据，也包含了不同尺度、不同光谱分辨率、不同时相的数据，还需要与其他分辨率对地观测数据乃至社会经济等异构数据一起开展应用。因此，涉及多源数据的处理、管理、关联、融合和同化等问题，需要建立相应的知识库来进行集成和统一管理。

(5)信息集成与共享、网格化服务技术。对于高分应用系统，进行规模化部署和建设的基本目标之一，就是实现信息的集成与共享，这要求应用系统的建设必须形成一定的中心，强有力地保障信息集成的力度和共享的程度。同时，为了体现这一中心的建设价值，必须开展广泛的、网络化的应用服务，即通过网格技术来实现有效的服务。

3)建设分层次服务模式

我国各行业与区域遥感应用发展时间各不相同，技术积累与技术水平也有很大差异。总体上，可将行业遥感应用分为成熟型、成长型和起步型(图3.3)，处于不同发展阶段的行业遥感应用针对共性技术部分的需求也有各自特点。针对不同领域所处状态与任务要求，提供数据、信息、知识等不同层次的共享服务。

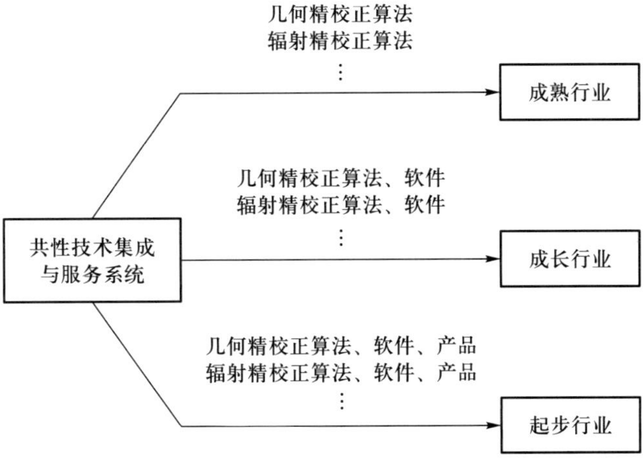

图3.3 不同类型行业对共性技术集成与服务系统的需求

成熟型行业(如气象、海洋等),已经建立了业务化运行的遥感应用系统,但需要针对高分载荷特点进行技术改造,由于受到经费限制,同时避免重复建设,需要高分应用系统针对共性技术进行集中攻关,为成熟型行业应用示范提供共性技术算法。

成长型行业(如农业、交通等),有一定应用技术能力,但没有相应的软件系统,需要共性技术算法支撑的同时,还需要高分应用系统提供相关共性技术软件和系统支撑。

起步型行业(如地震、卫生、科教、区域等),技术能力仍较薄弱,需要高分应用系统提供共性技术算法、软件支撑的同时,还需要共性产品的支撑。

3.2.4 支撑我国空间信息产业发展

1)统一标准规范,构建运营模式

空间信息是国家信息体系不可或缺的重要环节,伴随着我国现代工业化、信息化进程和小康社会的建设,进入政府、企业和人民生活的各个领域。在与其他信息融合的过程中,标准规范将发挥出独到的作用。同时,高分应用系统的完善与发展,服务更加广泛、建设更加自动化与智能化等需求均要建设跨部门、跨领域的统一标准规范,特别在产品分级分类、质量要求、技术成熟度、软硬件接口定义和服务模式等方面提出科学、合理、实用的规范要求。

2)采用信息化新技术,做到与时俱进

先进国家基于相对完善的对地观测应用系统和先进的应用技术,极大地推进了空间信息产业链的形成,尤其以 Google Earth 为代表的"数字地球"系统的出现,创新了产业模式和基于遥感服务大众的商业模式,带来了显著的经济效益和社会效益。

产业化是促进技术扩散、拓展应用领域的决定性途径。科学技术要转化为生产力,"技术创新比技术发明重要,技术扩散比技术创新更重要"。技术创新的过程就是科技成果商品化的过程,高技术产业化是高技术创新活动最重要的阶段。技术创新一边破坏已经过时的产品、工艺和技术,一边制造新的产品、工艺、管理方式和工业,从而取得高质量的生产增长,促进经济持续发展。正是因为创新带来获得超额商业利润的机会,创新才会有生命力。通过高分系统的产业化,可以促进高分信息产品上规模、上层次,产生显著的规模效益,进而促进产业结构的调整,改进经济业绩。

3)自联自通、互联互通,协同应用与开放共享

我国遥感机构发展很快,分布领域也十分广泛,为遥感应用事业的推动起到重要作用。但受多种因素的影响,大多遥感机构设置和职责定位多局限在领域内部,所需要的网络化集成平台尚未搭建起来,对自主信息源数据利用的不够,尚没有形成基于自主信息源的综合性的遥感应用服务系统,对高分专项的共享服务实施提出更高层次要求。

在高分专项实施前期,我国遥感数据在不同部门和不同应用领域中缺少连续性和一

致性,新的数据源难以嵌入已有应用系统中。需要在基本数据共享方面形成基本机制及相关的运行策略,逐步形成从分布式多源、多层次、多时相遥感数据的共享,到技术方法、处理软件资源和专题信息等资源的共享机制。

3.2.5 对卫星遥感应用的系统工程实践及优化

参照卫星遥感科学论证研究成果,结合对高分应用系统的认识理解,可以从理论应用的实践验证角度,对高分应用中的实践主体、技术工具和应用认识的效果评价进行总结,以对高分应用系统的设计与体系构建提出指导。

1)充分发挥实践主体的主观能动性,以需求为导向驱动应用系统建设

人是高分应用系统建设的实践主体,是能够掌握一定的专业知识或专门技能来进行创造性劳动的劳动者,具有高增值性和唯一拥有能动性的资源,针对面向应用系统建设的重大基础研究、关键技术研发、工程系统建设以及领域综合应用所需要的原创型和复合型高层次人才、优秀经营管理人才和高级专业技能人才,通过合理的组织管理与相互协调,使独立分散的实践主体能够作为一个整体充分发挥出其能动性,驱动应用系统的建设,这就需要在高分应用系统框架下建立完善的组织管理体系,使实践主体具有凝聚力。

人的需求导向是开展遥感应用的驱动力,应用系统的建设与运行以需求分析为起点,通过需求响应及效能分析不断得以落实与优化,在这个过程中,采用系统工程方法开展系统的总体设计、共性及专题关键技术研发设计、应用示范分系统设计、应用技术中心分系统设计以及产业市场与效益分析,通过人的如上这些活动制造、完善并使用各种遥感工具,作用于观测对象,实现各类遥感应用。

2)提升关键技术研发与系统建设能力,促进技术工具的发展

应用系统技术工具的有形化表现是数据、软件、硬件及以其为载体的知识,具体表征为基于人对于应用系统建设及应用的需求理解,针对对象特点进行工具设计以及实现工具所需的技术。在应用系统设计与建设过程中,通过共性关键技术及专题应用技术研发,形成支撑应用系统建设的软硬件模块,并集成到应用示范系统及应用技术中心工程系统中,形成互联互通的、具有一定服务能力的应用系统。

技术工具是开展应用系统建设所必需的软硬件共性、基础工具,同时也是构成应用系统的关键要素。技术工具包括软件、硬件及数据等多种形式,整个系统国产化水平的提升有赖于这部分的自主发展。

(1)软件工具产品。软件以数据处理类为主,包括环节与要素级处理软件和系统性处理软件。环节与要素级处理软件包括投影转换、格式转换、辐射传输和数学计算模块软件等。针对系统性处理软件,提出遥感应用系统建设解决方案,采用面向弱耦合化的插件式系统构建技术,实现工具、系统的灵活配置、动态扩展和便捷升级,避免了重复建设,有利于合作的深入开展和有序进行。

(2)硬件工具产品。分为计算机系统和实验系统。为确保应用系统的顺利建设与稳定运行,需要计算机系统作为支撑保障条件。计算机系统包括用于支撑软件系统运行环境的计算机和网络设备。目前,遥感数据已经能在手机上初步开展应用,这样服务器、PC机、手机及其联网构成了遥感硬件工具。为确保应用系统的顺利建设与稳定运行,需要实验系统支撑保障条件,包括实验室检测设备、试验场现场测量设备等公共保障设备,用于各类数据汇集、实验室模拟和野外数据采集设备标定、现场测量数据采集、实验及办公交通保障等。

(3)遥感辅助数据产品。遥感辅助数据用于支撑应用系统建设中的关键技术攻关、信息产品研发、专题应用产品生产等,包括基础空间地理信息、模型算法库数据、遥感应用特征数据和试验验证数据等。

3)丰富各领域应用系统专题应用,提升对观测对象的认知程度

高分遥感观测涉及对地球各组成中不同观测对象特征和属性的认知与了解。观测对象根据应用目的的千差万别,复杂多样。对大气的观测主要由高分五号卫星来完成,主要涉及对大气中各种气体含量的观测、对气溶胶含量和分布的观测,包括对二氧化氮、二氧化硫等污染气体和大气气溶胶、温室气体等大气环境要素进行高精度、定量化的遥感监测,在气候研究、大气监测和灾害监测等领域发挥重要作用。对水的观测主要通过高分三号卫星对油气资源勘探开发、船舶作业、岛礁变化、海面溢油、风暴潮、巨浪、海冰等信息进行监测,在海洋环境灾害监测与预报、近海海域管理和环境保护等多个领域具有重要作用。对陆表的观测主要通过高分多颗卫星对地球陆地资源与环境的探测及其动态变化监测,包括土地利用/土地覆盖、植被、地质等多个组成要素,在农业、林业、水利、国土资源、城市规划、资源调查、环境保护和防灾减灾众多领域广泛应用(詹森等,2011)。

面向大气、水、陆表等各类观测要素,高分应用系统主要通过支撑共性关键技术的研发、评测、优化、汇集与共享服务的应用技术中心工程系统以及面向应用的各类型专题应用示范系统实现对观测要素信息的应用服务。高分应用系统作为一种人造工具,通过获取、处理、分析遥感信息进而更好地了解观测对象信息,领悟地球物质能量与信息的状态与运动规律,服务于各类应用,促进对观测对象认知程度的提升。

3.3 基于卫星遥感应用学的高分应用系统总体特征

按照高分应用系统建设内容要求设立高分应用系统的系统工程与工程系统,以明确工作范围和体系结构、时间安排与空间部署,并基于建设与运行“蓝图”开展高分应用系统的建设与运行。按照 SDIKWa 模型构建统一产品标准体系(Uniform Product Standard System,UPM)与技术研究框架;按照 IDSH 模型进行任务分解;按照 CVVAR 构建质量保证体系,构建符合现代科技范式的质量保障设施能力;探索“想—计划—做—说—计划—执行—检查—处理”(TPDS-PDCA)模式,按照ATRL划分工作节奏,努力形成“好的”实践过程(GPP)。通过重点研究遥感技术与观测对象的适配性,人利用遥感工具的获得感,形成效能效益分析框架,促进遥感进入行业主业务,使得遥感产生直接的经济效益并促进产业化发展。

3.3.1 按照SDIKWa的产品体系与IDSH技术链的研发任务集构建

在开展数据信息产品、软硬件工具中,围绕SDIKWa全过程,按照信息流、数据流、软硬件组成的IDSH架构开展,系统全面地实现按照遥感信息产品体系的构建。

1)按照SDIKWa的产品体系进行任务集构建

遥感数据信息流是一个复杂的感知过程,该过程是将观测对象的信号信息转换成知识的过程,并对获取的知识采取行动,将该行动反作用于目标对象。总体上,SDIKWa可以分成四部分构成:第一部分是“S”构成的本体论信息,指所观测对象的实际观测信号信息,对其掌握是建立在观测对象认知及遥感机理基础上的;第二部分是“DI”构成的第一类认识论信息,指通过遥感手段将观测到的观测对象信号信息转换成遥感数据、观测对象遥感信息和参数信息,形成对观测对象完整的描述;第三部分是“KW”构成的第二类认识论信息,这一部分信息建立在对观测具有一定认知的基础上,形成对事物过程的再认识,是具有一定规律的知识基础上的智慧表现,如决策等;第四部分是“a”构成的行动,是信息的施效,是通过对信息的利用指导行动的过程。任何遥感产品的构架都要基于SDIKWa信息流的基础上进行构建,因此,高分应用系统的构建过程也要依赖于该过程。

另外,由于目前卫星遥感产品多种多样,所以获取的不同卫星遥感系列产品的图像数据的产品规格也存在一定的差异,为了便于应用,需要对不同种类的卫星遥感图像进行标准化处理。因此,以SDIKWa为依据建立UPM模型,将不同时相、不同尺度、不同类型的遥感探测数据进行综合集成和深度开发。

2)按照IDSH技术链的研发任务集构建

高分应用系统的构建是建立在对需求和任务进行了一定的分析的基础上,并将遥感数据信息作为建设任务的核心,按照一定的规律进行IDSH的研发与构建。并且需要不断的分析,确保这个构建好的系统的合理性以及认可度。开展IDSH研发是将对信息的已有认知反映在数据上,分析计算过程,并构建软硬件系统,该系统是将应用系统所需内容直接转换成价值的具体实现过程。

如前文所述,在开展IDSH技术研发中,所依据的标准和要求与实现过程一样,需要在这个研发与示范应用的实践过程中加以评价。即根据卫星遥感应用学,高分遥感应用的技术及工具系统要与观测对象相匹配,满足人所提出的要求。这就要求明确研究对象并对其状态与变化特性有一定的知识积累,在此基础上按照遥感相互作用机理构建遥感过程并形成高分遥感产品体系,同时开展遥感软硬件研发与运行,最后通过具体实践对这一过程及其结果进行评价。

所形成的高分遥感产品体系按统一产品体系（顾行发等，2018）模式设计，包括 7 级产品，即 0–2 级数据产品、3–5 级高分目标特性产品和 6 级高分专题应用产品。因为各行业与领域所需要的观测对象信息均是有关目标的参数特性，如时间与位置、几何形态、物理化学指标、类别信息等，在高分应用系统建设中从应用角度将高分目标特性产品定义为高分共性信息产品。

目前，我国卫星遥感逐渐向业务服务型转型，技术模式也日渐趋于自主创新与研发，因此在高分应用系统的 SDIKWa 和 IDSH 构建过程中，通过不断的认知、改进、提升和判断等多个环节的实践，实现人对高分应用系统需求的不断增加，加强人认识和建设应用系统的能力十分重要，从而有效提高高分卫星遥感技术的整体水平，确保实现建设目标，并且支撑系统的可持续发展。

3.3.2 按照 ATRL 与 CVVAR 体系的任务阶段构建

高分应用系统建设作为科研工程，按照 ATRL 开展技术状态和变化的评价，构成研制总要求的保证能力。这个评价是以 CVVAR 质量保证体系为支撑开展的，贯穿 GPP 的始终，以提升用户的满意度为目标（顾行发等，2018）。其中所采用的标准与要求是从人的需要及愿景中提炼出来并转化为量化的技术指标，具有一定的不确定性，要通过实验和示范应用等方式加以评价，这个过程要充分重视人的评价作用（Ronen，1998）。

1）按照 ATRL 的任务阶段划分

ATRL 是用于判断应用技术的状态和变化程度的应用技术成熟程度的依据，整个过程包括需求、价值、创意、目标设计和技术研发以及对需求满足度进行评价，该过程涉及从设想到现实，再到人的判断的信息流的完整环路。高分应用系统研制和建设中的基础、关键技术都需要经历从技术构建到技术成熟这一过程，通过前期高分卫星技术预研和示范工程实践的积累，需要不断解决关键问题并积累成果。技术处在不同的状态需要有不同的要求，通过分阶段的测试和评价指出正确的研究方向，通过对需求和问题进行分析给出合理的解决方案以此对高分应用系统的建设进行预研、一期、二期共三个阶段划分，逐步持续推进技术成熟度，保障高分专项建设目标的可靠实现。

2）按照 CVVAR 系统的任务阶段划分

质量管理和评价是贯穿于整个高分应用系统构建过程中的。首先，需要建立有效的高分应用质量测试技术手段测试出来的，通过与逐步升级、完善的系列化高分应用标准规范进行对比，确保所建立的 CVVAR 体系的合理性以及可使用性，在高分应用系统即应用产品真实性检验技术及配套的场站网体系中，通过合理建立的 CVVAR 体系可以保证卫星在包括卫星研制到卫星失效后的整个生命周期内都能够体现它的使用价值，保证建立适合高分应用的实现标准过程模型 GPP，最终构建出经过优化的高分应用系统。

3.3.3 按照科学研究四大范式构建高分应用技术保障设施体系

技术保障设施体系是开展遥感应用与创新研发的技术环境与条件，体现出此领域积累与发展程度。按照现代科学研究四大范式，需要：

(1)构建野外和室内试验条件支持新技术的研发与评价。构建合理的野外和室内实验条件，用于高分遥感应用技术基础研究、技术试验和检定的、自然条件相对稳定且具有定位观测条件的天然的固定实验场所。遥感技术的基础研究包括从地物的波谱特性经大气传输到传感器获得信息过程中的机理及其相互关系，是发展其新方法、完善判读理论、方法的基础性工作。

(2)构建反演模型与算法集生产遥感应用产品，实现从现象、规律到知识的转化。遥感的本质是观测对象参数信息的传输，离不开反演，各领域和专题 中高分应用产品的遥感模型即是遥感反演的手段。在反演研究过程中，首先要解决的问题是结合高分卫星载荷数据特点，开展对地表遥感像元信息的地学描述，探索像元的观测量与地表实用参数之间的定量关系。尤其需要强调的是这种描述模型的精度与参数量成正比，而精确的模型需要较多的参数，需要开展更多具有载荷、区域、业务针对性的科研创新性工作，需要行业部门、科研单位、工程建设等多方面的充分合作与资源共享。

(3)构建计算机仿真与半物理仿真条件，建成服务高分载荷应用的遥感图像和辐射场景仿真系统，包括不同波段遥感图像的模拟以及场地实景的模拟与仿真，具有一定的预测能力，可以供载荷研制部门作为参考，为高分载荷上天前的算法研究提供前期仿真数据。实现知识综合对现象与规律的量化表述，从而更加明确规律与规律表述间的关系，支持更广泛的高分应用检验与评价的开展。

(4)构建更广泛的共享与实证过程，如基于互联网的高分遥感大数据平台等，并提供针对国产卫星数据的动态可视化与分析挖掘工具，通过高分卫星获得的遥感大数据信息支撑业务应用领域的深度和广度拓展，充分保障和发挥。同时从最大实践角度，验证技术的桩体，实现共享最大化。

通过多种方式的整体建设，形成从卫星数据到信息和知识转化的综合评价体系，确保我国高分遥感应用得到完整性和体系性支撑。

3.3.4 按照科研工程组织管理方法构建高分应用系统工程

高分专项技术总体负责应用系统与天基系统、地面系统等其他系统的对接与协调，即高分专项工程系统的工作。而高分专项应用基础设施构建与运行的系统工程，也可称为卫星应用系统工程，是高分专项工程系统工程的重要组成部分。

在高分专项技术总体下建立高分应用系统工程技术总师和总师系统，其中应用系统技术总体协调应用系统内部各部分的技术关系（图 3.4）。有关高分专项应用基础设施构建与运行的系统工程，也可称为卫星应用系统工程，是工程系统工程的重要组成部分。工

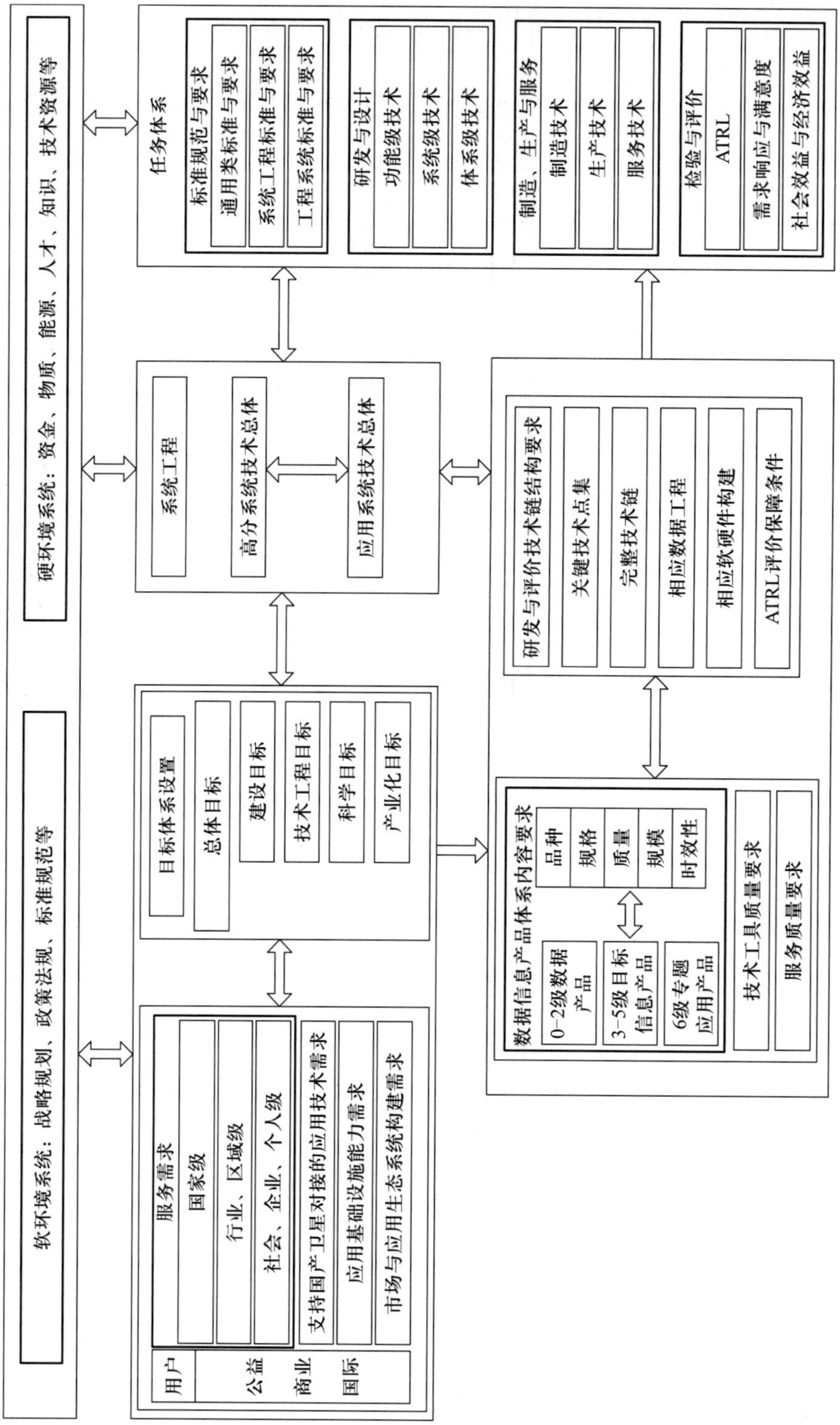

图 3.4 高分应用系统的系统工程与工程系统

程系统包括了数据、模型、方法、流程和标准规范等软工具,以及试验场、实验室、计算机和网络设备等硬工具。

在应用系统技术总体统筹下,总师团队开展应用系统的论证与设计工作。在对应用系统形成一定共识性认识的基础上,设定对应用系统的总体要求及实现要求的途径,包括对任务的设定及其时间演化过程。要求是在一定认知条件下的综合判断,需要充分考虑系统所面临和解决的问题、技术发展条件及预测、阶段性特征与发展趋势、资源量与政策环境和预期目标等。其中,预期目标不仅体现了需求和客观现实,而且充分体现了人对这个系统的看法和期望,在其基础上才能形成要求。要求具有权威性的同时也存在一定的不确定性,在整个建设与运行评价中要经历充分的检验。作为科研与技术研发过程,要求的实现同样需要通过实践进行检验。

应用系统技术总体开展标准设定与评价的过程是个迭代与提升的过程,从而实现对整个过程的把握与任务完成。在这个过程中,对需求响应的程度、效能与效益的评价是对整个任务最终效果进行确认的最终方式。

3.4 应用系统目标体系构建与工程技术指标要求设计

应用系统建设的时空框架与特征通过围绕总目标的目标体系构建和节点性阶段划分来体现。按照对外部挑战和自身状态的认识,来构建应用系统模型,系统性表达建设内容与途径。从卫星遥感应用学的视角,高分应用系统的建设和运行要关注人、工具、对象等全要素,因此可以从多个角度对应用系统的项目进行分解。首先,应该具有项目建设都必需的顶层目标,即总体目标,以符合高分专项系统建设运行要求,体现系统层次要求,贯通和落实大系统的指标分解;其次,应该形成有效的建设目标和工程目标,通过对需求的分析,落实遥感应用工具和对象的提升要求,形成有效的工程建设任务,未来具备高效服务能力,同时也需要在国内首次按照工程要求对任务进行梳理和分解,形成明确的产品、系统、工具等应用基础设施,在其中贯穿标准化、体系化和工程化的要求,实现高分应用系统建设的突破;再次,按照卫星遥感应用学中对认识和实践提高的发展要求,设计关键技术创新的科学目标,同时也体现重大科技专项的特色,重点突破技术瓶颈,为高分应用系统潜力发挥提供保障;最后,体现经济和社会效益方面,还需要设立应用和产业目标,通过对遥感应用基础设施的建设和运行,以产业为主兼顾行业和区域发展,反过来体现需求满足程度,以及项目建设的效能和效益,也是对卫星遥感应用学理论实践的有益反馈。因此,可以设计和建立高分应用系统的目标体系和指标体系,并在论证和实践过程中对体系进行完善和优化。

3.4.1 总体目标与目标体系构建

按照高分应用系统的综合价值取向与效能效益分析要求,其建设目标包括总体目标、建设目标、工程目标、科学目标和产业化目标等。

(1)总体目标:瞄准国家战略需求、社会发展需求与大众需求,强化机制创新与应用模式创新,到2020年形成共性技术支撑能力与国家自主遥感信息源多领域业务应用能力。促进民用航天从应用试验型向业务服务型转变,成为国家高新技术产业新兴增长点。形成高分应用技术支撑、服务示范与产业促进三大体系,具备自主研发能力、业务化能力和产业化三大能力。促进我国自主信息源广泛应用,提高国产数据自给率,形成空间信息产业链。

(2)建设目标:①针对业务化服务,解决自主信息源进入国家遥感应用主业务中的技术问题,建立从遥感数据到信息、信息到知识的信息处理系统,促进自主信息源进入行业主业务。强化行业应用,提升相关行业和区域遥感业务化应用能力,形成高分应用系统支撑下的热点地区与区域综合应急信息服务体系。②针对产业化提升,建成以企业为主体的产业化服务体系,提高国产数据市场占有率,扩大产业规模,改变我国高分数据主要依赖国外进口的现状,为实现我国自主高分数据占国内市场较大份额的目标提供有力支撑,推动遥感应用年产值稳步提升,确保高分系统的可持续发展,形成空间信息产业链。③针对自主研发能力构建,建立较完善的高分应用系统实验验证条件、遥感数据应用技术体系,完成与应用相符合的基础设施建设,促进高分数据到信息和知识的转化与提升,促进多部门、区域的共性资源的共享,有效降低遥感应用技术门槛。

(3)工程目标:①在涉及高分应用的行业领域中,形成各自的标准化专业应用产品,提高高分应用信息服务能力,升级完善各行业基于高分数据的业务运行系统,形成紧密结合各行业业务的网络化高分应用服务体系。②通过国家重大与区域性高分综合应用示范,解决多行业、多部门、典型区域综合应用关键技术,实现高分数据、技术和服务与各地主体业务的有机结合,形成针对各主体功能区的代表性系统。③针对典型地区和主要灾种,面向自然灾害、安全生产、卫生防疫和公共安全,研究不同灾情程度下国家和地方级灾情监测、预警、评估、应急技术,提升多源遥感数据的综合应用能力,突破高分区域性应急信息服务的关键技术,确保高分数据进入国家级综合减灾和风险管理信息共享系统。④强化我国自主高分数据应用技术支撑与基础条件保障能力,解决高分应用系统近百个载荷共性产品研发关键技术,建立跨行业跨区域的遥感应用共性技术服务与共享系统。

(4)科学目标:①解决高分系统应用中"数据—信息—知识"转化中的瓶颈问题,解决自主信息源进入国家遥感应用主业务中的科学技术问题,提高应用服务能力和水平。针对高分系统天基、临近空间、空基等传感器特点,以数据模拟、传感器参数、示范推广应用和数据评价为内容,建立模拟平台,为应用研究和传感器的发展提供依据与支撑,提升我国遥感应用行业的认识水平。②利用自主高分辨率对地观测数据,推动地球系统科学与地球信息科学的不断创新,提高对地球系统的整体认知水平,同时带动相关应用领域的科技创新。提高对人类面临的资源环境中的重大科学问题的理解、认识、模拟与预测、预报和预警能力,评估人类活动及其对地球系统的相互作用和相互影响。③探索遥感新机理,发展新型遥感技术,促进对地观测科学技术的跨越式发展。

培养遥感应用领域专业技术人员、科技领军人才和国际著名科学家。

(5)产业化目标:①培育形成全国统一的对地观测数据应用市场,形成对地观测数据应用规模化和产业链所需的政策和法律环境,建立资源环境遥感监理/监督机制。形成规模化、有较强市场竞争力的高分应用公司群,开发通用型和面向应用目标的高分遥感图像处理系统,提高自主卫星数据处理软件的市场占有率,推动高分辨率数据应用与产业化的发展。②通过行业、区域、大众空间信息应用发展带动产业发展,促进规模化、商业化服务能力的增强和企业群的形成,构建空间信息产业链,开拓我国自主对地观测数据的国际市场,带动相关软硬件产品的出口。

3.4.2 工程技术指标要求设计

工程技术指标设计要涵盖以下工作,具体的指标要求要在任务设定中体现,共同构成整个应用系统的相互关联且有序的技术指标体系。

(1)构建高分应用技术链和标准规范体系,攻克其中的技术支撑层面、业务化应用层面、产业化服务层面关键技术,形成完善的技术规范与操作规程。

(2)建立高分新型遥感器有关观测对象"6W2H"特性的陆地/海洋/大气应用处理模型、参数反演模型、专题信息提取模型、应用模型集与辅助数据集。

(3)建立高分新型遥感软件工具,包括陆地/海洋/大气应用系列,可见光、高光谱、红外、SAR 探测,地球物理反演产品/时序格网产品/专题信息产品/增值服务产品生产线以及共享服务平台。

(4)建立 CVVAR 质量保证技术与能力体系,形成由全国分布的定标、真实性检验系统、区域性综合应用实验场、遥感综合应用支撑数据库组成的试验设施条件。

(5)建成共性技术集成与共享服务系统,形成高分应用共性技术研发与服务能力。系统建设应体现创新性、集成性、服务性等特点。

(6)在农业、国土、环保和减灾等部门,结合各部门主体业务,建立行业高分应用示范系统,形成 2 级以上行业典型产品处理能力,结合示范区开展具有行业特色的典型性、引领性、带动性和创新性示范应用,带动行业部门推广应用高分数据。系统建设应体现标准化、工程化和可共享等特点。

(7)选择我国典型区域,依托地方政府和社会专业机构,通过机制创新,充分利用行业应用示范成果,结合区域重大需求建设若干区域应用示范系统,形成 2 级以上产品生产、集成应用能力,开展具有区域特色的示范应用,带动地方部门广泛应用高分数据。

(8)增强高分应急监测应用能力,开展高分应急服务示范。

(9)建立产业基地,促进以龙头企业为引领的高分信息应用服务企业的形成。

其中,共性技术集成与共享服务是应用系统创新建设的重要内容,将在第 4 章和第 7 章进行详细论述,该系统重点解决基础共用系统的设计与集成、提升与保障产品工艺质量、支撑规模化处理与服务、填补产品质量控制的缺失、解决多源海量数据的高效共享等问题。部分关键指标要求如下:

(1)支持可见光、高光谱、红外、SAR 卫星各类载荷,以及国内外其他同类数据源。

(2)满足高分辨率卫星应用相关的 PB 级数据存取需求,支持基础空间信息、模型知识、遥感应用特征、试验验证信息、数据产品、信息产品、信息服务数据以及运行管理库等遥感应用综合支撑数据的存储管理；①围绕高分辨率不同平台各类载荷探测能力和技术指标，针对应用示范区研发高分辨率民用卫星 3-5 级标准化共性信息产品，提供算法模型、软件模块等形式的核心算法技术成果；②具备应用示范区 3-5 级基础共性信息产品处理与定制服务能力。

(3)具备类同卫星数据、现有场站数据汇集和现场观测数据采集能力，覆盖全部应用示范区。

(4)项目执行中每个样区每年平均采集 2~3 次，建立 3-5 级产品长时间序列标准样本数据集，采集样本精度达到相关产品检验要求。

(5)支持仿真验证、标准化样本数据验证、产品交叉验证等多种方式，具备综合误差评价分析能力。

(6)应用仿真验证系统覆盖可见光、近红外、红外、微波全谱段，支持可见光、高光谱、红外、SAR 各类卫星载荷的示范区 3-5 级产品应用仿真分析。

(7)各系统及模块国产化率大幅提升，软件测试遵循国家标准，具备 24 小时维护服务保障。

对行业和区域示范系统的工程建设要求需要依据领域主体业务特点，针对专题应用关键技术和行业应用示范系统进行设计。这些内容将在第 5、6 章中进行综合分析与阐述。

3.5　任务总体框架设计

高分应用系统研制中，需要明确各系统建设主体责任，推进应用系统与其他各系统对接，及应用系统内部各部分间的衔接。同时，开展任务总体框架设计，旨在指导并约束阶段规划、任务指南及阶段实施方案编制，确保高分应用系统建设的工程性、系统性和可操作性。通过逐步优化和完善，以总体框架设计为主体形成应用系统的研制总要求，成为应用系统建设、运行、评判的指导和依据。

3.5.1　任务分解与建设策略

1）任务分解

根据国家战略、重点应用行业、国内外区域热点、产业化推广对高分应用能力、技术研发能力和支撑保障条件等的要求，结合目前遥感应用现状与高分应用技术发展趋势，根据总体目标与技术指标要求，形成同步推进应用基础设施建设与示范服务运行的高分应用系统建设思路。

(1)多方面需求的综合体现，标准与要求一体化对接。重视国家战略需求，支持行业遥感应用系统升级改造，服务区域经济发展需求，满足重大突发事件应急监测与信息服务需求。体现高分应用的普及性及实用性，做好与各领域应用的接口，支持行业应用系统能力升级，业务生产各类应用产品，提高高分专题信息规模化提取与应用水平。通过国家与用户共同投入，支持国家战略综合应用、对各领域业务的信息服务、区域综合应用与应急信息服务。

(2)以产品为核心，要求的内容与形式相协调。需求的综合反映是产品集，通过产品的属性作为技术研发的要求与牵引。

(3)检测与评价是对设计与要求实现程度的综合评价。各类型技术指标的确定虽然是根据需求、技术实现可行性、已有经验积累等确定的，但还是不能排除其一定的不确定性，尤其是在研发中的不确定性导致的对指标的实现程度参差不齐。开展设计与指标实现程度的综合评价很好地反映了实际情况。

(4)重视机制创新，突出科研工程特点，优化任务体系构建，调动各方资源。联合国内遥感应用优势科技力量，建立产学研长效合作机制，实现遥感应用技术资源共享与信息互联互通服务。按照 ATRL，分阶段实施，逐步提升系统的成熟度和满意度。

2）建设策略

(1)加强顶层设计、保证成果规范。应用系统建设中设立系统总体，实行总指挥和总师两种负责制。强化顶层设计、总体设计、分系统详细设计，按照高分专项统一制定的标准规范有效组织应用系统技术规程制定，确保系统有组织地规范化开展各项建设任务，从整体上把握建设实施进度和阶段目标的实现。

(2)分系统并行建设、有机衔接。应用系统建设按照 2 个分系统方式开展。高分应用示范分系统围绕国家重大需求与行业业务需求，针对区域应急服务，开展应用服务体系建设，形成各领域与高分数据的接口，研发各类高分应用产品，满足应用需求。高分应用技术中心开展共性关键技术研究，建立真实性检验网和遥感应用实验场，研制共性信息产品，进行信息集成共享与服务，为应用示范分系统提供技术支撑。

(3)分阶段实施策略。应用系统按照 ATRL 分“形成能力”“提升水平”“全面实现”三个阶段进行建设。第一阶段“形成能力”，重点体现在用好已有资源上，同时还开展高分载荷应用预研究、基础性支撑条件建设与应用基础设施建设；第二阶段“提升水平”，重点体现在自主新型数据的广泛应用，满足国家需要，逐步替代国外数据；第三阶段“全面实现”，重点体现在各类目标的实现，并完成与其他系统的衔接与融合。

(4)充分利用行业、区域、产业遥感应用基础条件，提升整体应用水平；充分利用相关行业已建的遥感应用信息中心基础设施、数据库资源和业务化运行经验；充分调动产业部门在空间信息服务方面的市场潜力，开展各类商业模式的探索，提高公众应用服务水平。

(5)整合科技资源，产生聚集效应。通过应用技术中心构建的信息集成与共享网络，整合各科研机构和行业研究院所长期以来储备的研究成果，建立产学研联合机制，使高分地面系统建设起点高、聚集效应强，保障成果的集成度和对产业技术转化的辐射度。

(6)吸引多元化投入，促进产业规模化发展。通过高分专项产生的技术专利以及创造的市场应用潜力，吸引多种资金投入，确保高分专项投入产生增量效应。

3.5.2 总体方案

按照应用基础设施内容和高分应用系统总体目标，高分应用系统分为高分应用总体、应用示范和应用技术中心三大分系统开展建设，涵盖国家重大应用示范工程、应急示范工程、行业应用示范、国家综合应用与区域应用示范、社会应用与产业化促进示范、实验场与数据库、高分共性信息产品研发、信息集成共享与服务子系统8个部分(图3.5)。

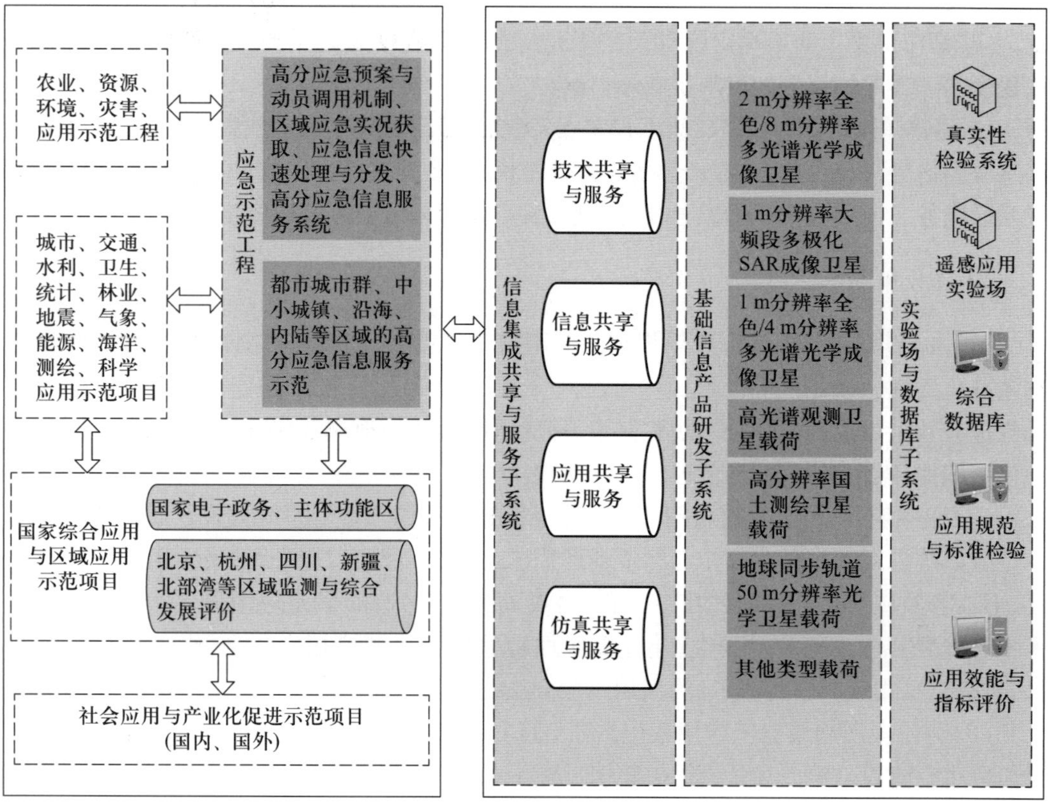

图3.5 高分应用系统总体结构图

其中，国家重大应用示范工程、应急示范工程、行业应用示范、国家综合应用与区域应用示范、社会应用与产业化促进示范5个部分组成高分应用示范分系统。实验场与数据库、高分共性信息产品研发、信息集成共享与服务子系统3个部分组成应用共性技术研发支撑服务系统，并与应用推广与业务保障等其他任务共同构成应用技术中心分系统。高分应用总体，即高分应用系统的总师系统，挂靠在应用技术中心。

应用系统功能是完成自身建设，并利用地面系统提供的各卫星载荷0-2级数据产品，结合其他数据源，提供覆盖陆地、海洋、大气三大领域应用中的定位与几何、识别与分类、物理反演信息产品、时序格网空间信息产品、专题应用信息产品和增值服务信息产品等，满足不同类型、不同行业和不同区域对高分数据的应用需求。

3.5.3 建设内容

高分应用系统技术部分包括高分应用示范分系统和应用技术中心分系统两大建设部分(图3.6)。高分应用系统总体开展应用系统顶层设计和方案论证,应用技术研发汇总、交流培训和评价研究以及技术服务等工作。

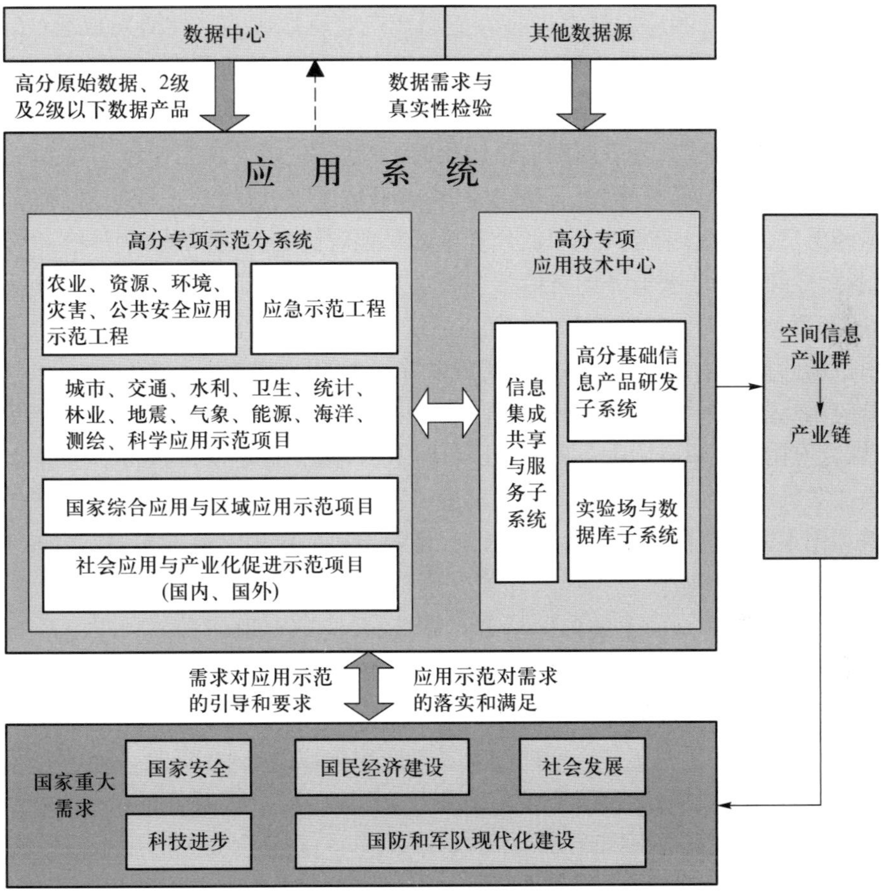

图3.6 应用系统总框图

高分应用示范分系统针对国家、行业、地方和大众需求,攻克业务化规模生产、专题信息提取及知识转换技术瓶颈,为各行业主业务提供信息服务和知识服务。有效开展区域应用示范推广,针对国家应急响应需求构建应急信息服务体系,大力推进以商业服务形式提供软件和高分增值产品,服务大众,促进产业化发展。

应用技术中心分系统以提供共性与基础性技术、辅助数据、实验条件等为主,包括可共用、共享的地面实验条件、应用数据库与方法库、标准规范、共性技术、应用论证与效果评估手段、网络化服务等。通过由野外实验条件、软件系统测试、室内仿真条件和基于服务平台的综合评价等基于现代科研范式组成的应用技术保障与支撑条件，对由我国科学家所研究的共性技术进行测试、分析与评价，并在优化完善基础上进行封装，用多种方式向各层次用户提供技术支持。

1）高分应用示范分系统

以国家重大行业、区域的应用需求为导向，在我国各行业已建、在建、待建的遥感信息应用中心基础上，以形成自主信息源进入主业务为主要目标，将社会应用与产业化促进示范项目中所得到的软件和应用技术中心为应用和产业所形成的共性研发成果（处理技术和模型、产品算法、应用模式、支撑数据库、表达和展示技术、质量检验标准和技术等）和系统与服务能力相结合，建立可满足需求的传输、处理、加工、分发、应用有机结合的信息服务和示范推广链条，完成高分数据到信息转化的示范应用。

围绕国家重大紧迫任务、国家信息化建设、各领域应用、区域应用和应急信息服务，以高分数据和信息为核心，结合其他中低分辨率的对地观测数据、各领域专题信息或异构数据，以与各行业和区域主要业务的有机结合为重点，对已有基础的领域或行业予以优先支持，构建能有业务化运行的信息服务和示范系统，支撑各层次的高分系统应用工程建设，配合应用市场的拓展，培育、引导和促进高分系统在各领域的应用。

高分应用示范分系统建设的国家重大应用示范工程、应急示范工程、行业应用示范项目、国家综合应用与区域应用示范项目、社会应用与产业化促进示范项目5个部分的主要内容如图3.7所示。

注重利用地面系统负责研发的网格技术，将各层次的应用示范成果进行共享和共建。尤其在行业内部，以行业部门为主体，建设其内部的网格共享和处理节点，行业内部的网格节点要与应用系统和地面系统的网格节点相连，及时获得地面系统和应用系统的数据及信息产品，以充分利用行业内部与行业间的本底数据及信息成果，并将本行业内部的原有数据和成果进行共享，避免重复建设（图3.7）。

（1）国家重大应用示范工程。面向国家重大应用领域的农业、资源、环境、灾害和公共安全等，开展农业资源监测与农情调查示范系统、土地与矿产资源管理示范系统、环境保护动态监测示范系统、灾害预警监测与评估示范系统、公共安全高分应用示范系统5个应用示范工程的建设。

（2）应急示范工程。在已有系统和高分应用基础上，以国家相关部委和机构、科研院所、高校及地方科研力量等为主，针对我国主要典型区域中的自然灾害、安全生产、卫生防疫和可能发生的社会安全事件，支持、完善和升级我国现有的应急机动遥感力量，建立高分应急信息服务系统，形成并完善相关应急预案和动员调用机制，构建区域应急实况获取系统，进行应急快速处理能力和应急信息快速分发能力建设，并开展高分应急信息服务示范项目，服务国家战略性需求。

（3）行业应用示范项目。面向我国重要行业的各个应用方向，如住建、交通、水利、卫生、统计、林业、地震、气象、能源、海洋、测绘等行业及自然科学研究，开展有针对性的示范系统项目建设，突破业务化处理和专题信息提取关键技术，完善行业遥感信息服务系统，

图 3.7　高分应用示范分系统逻辑结构图

解决高分数据进入行业业务瓶颈问题,大幅度提高各行业的业务能力和水平,产出代表国家水平的高分应用成果,直接服务各行业。

(4)国家综合应用与区域应用示范项目。服务国家电子政务建设,结合国家主体功能区的划分,针对首都综合管理、大城市精细管理、中部小城镇开发管理、四川灾后区域综合发展与建设监测、西部生态监测与评价、北部湾沿海开发区环境监测与综合发展评价,开展区域性应用示范项目,将高分数据和技术融入这些典型区域的综合业务中,支撑从局部到整体、从地方到国家、共性的高分系统应用工程建设,培育、引导和促进高分系统的普及应用。

(5)社会应用与产业化促进示范项目。开拓和引导我国参与高分专项建设和数据应用的广大企业力量聚集到服务我国空间信息产业建设中来,与大众的日常工作生活相结合,形成规模化、有较强竞争力的产业集群,以此为主体发挥市场对遥感信息资源配置的基础性作用,体现商业价值,有效推动高分专项成果的市场化,发展壮大我国空间信息产业。以不同类型的产业化促进与示范项目为牵引,择优竞争出若干国内遥感应用龙头企业。

通过建立孵化器,形成咨询、测评、基金等一系列支持,培育高分应用市场,保证高分成果向商品的高速转化,促进形成以优势企业为核心、集技术集成、工程策划、应用实施与咨询服务于一体的空间信息应用产业集群,支持高分软硬件产品和数据信息产品的应用。支持开拓临近空间、航空、原地等传感器及地面系统的产业化及商业化开发。明晰企业产权及管理办法,制订企业发展引导、准入和退出机制,促进形成空间信息领域企业联盟和协调机制;按市场经济规律运营,推动我国空间信息产业链的形成。

开展针对联合国项目的合作计划,支持南南国际合作及全球性对地观测合作计划,针对极大威胁人类生存的世界性重大疑难问题,如地震灾害、粮食短缺、水资源匮乏和能源危机等,基于已有高分数据及成果,由我国发起相关遥感应用重大国际合作计划,全面参与到全球观测及区域合作中,广泛吸引国际相关空间组织、团体参加,探讨高分技术在解决人类重大疑难问题中所能发挥的作用,面向各国开展高分数据、信息和技术的交流合作,提高我国高分遥感技术和应用的国际地位。

2)应用技术中心分系统

应用技术中心分系统的实验场与数据库、高分共性信息产品研发、信息集成共享与服务3个子系统的组成如图3.8所示。3个子系统共设若干任务,包括遥感应用实验场网、综合数据库与仿真平台、软件系统研发测试平台和基于互联网的评价平台等基础设施。通过攻克高分应用共性关键技术,研发高分专项各载荷陆地、海洋、大气遥感应用标准化共性信息产品,建立数据资料、模型算法、信息产品的集成与服务系统,形成完整的高分应用技术支撑体系,支持行业、区域遥感业务化应用和示范工程,促进遥感应用产业发展与国际竞争力的提高。

(1)实验场与数据库子系统。由遥感应用综合实验场、综合数据库、应用规范与标准检验、应用效能与指标评价4个功能组成,为高分应用模型算法开发、共性信息产品和专题信息产品研发以及生产线运行提供遥感应用基础数据、试验验证手段、数据质量控制与精度检验样本数据以及应用效能评估方法。

其中,基于所构建的大型数据库中的真实性检验与遥感综合应用实验场实验数据,建设利用仿真分析手段。根据行业、区域和公众服务应用示范工程情况,采用多种手段综合,对高分专项每个载荷及其数据产品、信息产品和应用能力进行分项与综合效能评估,从而对高分载荷应用效能进行科学评价。

(2)高分共性信息产品研发子系统。围绕高分不同平台各类载荷探测能力和技术指标,开展应用共性关键技术研究。其中,还要进行标准化共性信息产品体系设计,构建软件测试平台,对关键技术进行标准化改进、封装与测试。在每颗卫星上天前部署预研,开发原型系统,确保每颗高分卫星发射前具备基本应用能力。开发的共性信息产品包括图像辐射和几何

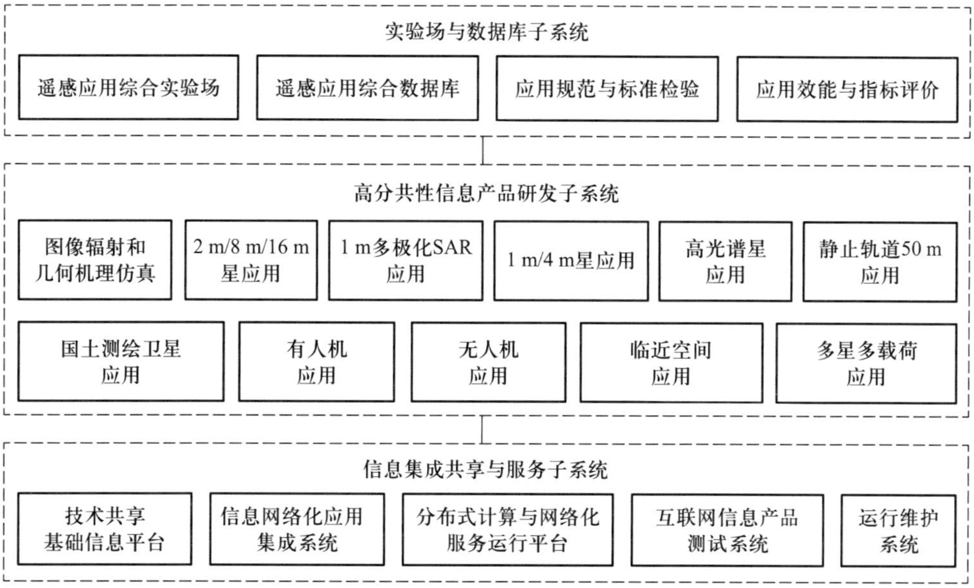

图 3.8 应用技术中心分系统建设内容

机理仿真系统、2 m 分辨率全色/8 m 分辨率多光谱光学成像卫星载荷应用共性信息产品、1 m 分辨率 C 频段多极化 SAR 成像卫星载荷共性信息产品、1 m 分辨率全色/4 m 分辨率多光谱光学成像卫星载荷共性信息产品、高光谱观测卫星载荷共性信息产品、地球同步轨道 50 m 分辨率光学成像卫星载荷共性信息产品、高分辨率国土测绘卫星载荷共性信息产品、有人机载荷共性信息产品、无人机载荷共性信息产品、临近空间特种有效载荷共性信息产品、其他卫星载荷民用共性信息产品、多星多载荷信息处理与融合系统。

(3)信息集成共享与服务子系统。由高分技术共享基础信息平台、信息网络化应用集成系统、分布式计算与网络化服务运行平台、互联网信息产品测试系统和运行维护系统 5 个部分构成,依托应用技术中心信息集成共享网络硬件环境,在综合数据库支撑下,为高分应用系统技术、数据、信息、应用和基于互联网的大样本系统测试提供运行环境。同时,作为交互平台,为遥感产品和工具软件提供最广泛的综合评价。

3)与卫星及地面系统关系分析

高分系统从总体上形成天地一体化的“工”字形结构(图 3.9),高分数据获取手段与其他各类数据形成多层次的一体化综合数据源,各领域应用互相支持并形成应用共享层,地面系统有效连接这两部分。所形成的体系结构使得每种载荷的数据可以服务不同领域,每个领域能共享应用到各载荷的数据与信息资源。

应用系统的基础设施支持地面系统的数据质量检验与评价,并为地面系统的业务化运行提供应用需求。天基、临近空间和空基系统获得数据由应用系统完成最终应用,应用系统为其提供应用需求及技术指标牵引,评价其载荷质量与应用能力。

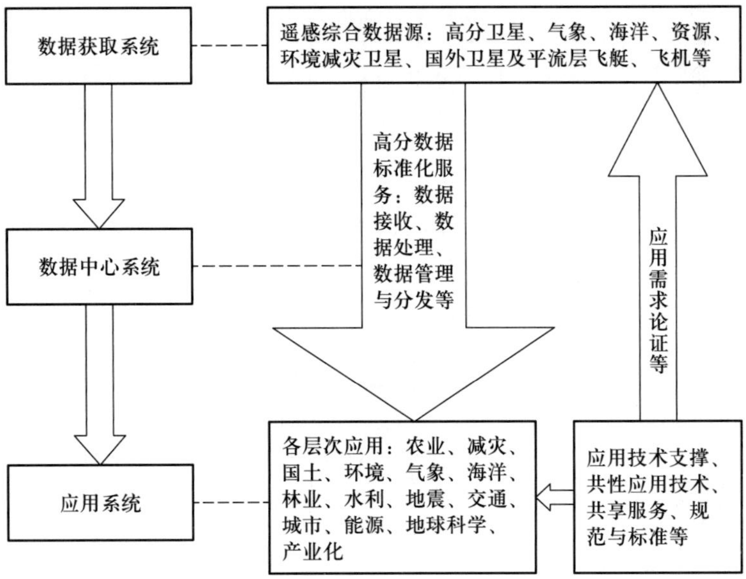

图3.9 高分辨率对地观测天地一体化体系结构

3.5.4 实施途径

针对行业、区域应用特色和高分载荷特点，高分应用系统建设原则是"突出高精度、定量化、实用性；强调标准化与共享；体现工程性；适度开展业务化示范应用"。体现高分数据优势并形成一定的示范应用能力，确保高分示范应用具有典型性、引领性、带动性和创新性，促进高分系统整体效能的实现。应用系统实施途径如图3.10所示。

(1)系统设计先行。设立系统总体，组织国内遥感应用顶级专家和咨询顾问，通过需求论证，开展应用系统顶层设计、信息产品体系设计和生产线设计，制定应用系统技术规程，以利于有效组织任务分解和成果集成。

(2)数据源优化利用。高分卫星上天前，先使用国内外已有卫星数据源开展预研；高分卫星上天后，最大限度地用好高分数据，同时结合我国主战场卫星反射计划和国际对地观测体系数据，综合使用各类数据源，保证高分专项和整体产业规模提升的目标实现。

(3)关键技术攻关。组织国内优势科技力量，切实做好高分科技攻关，有效解决高分载荷应用中的海量数据处理、多类型影像融合、多星协同参数反演、高精度自动化信息提取、数值同化等关键技术问题，提升我国遥感应用科技水平，增强在模型算法方面的核心技术储备，提高我国遥感应用国际科学地位。

(4)信息产品系列化规模化生产。注重高分分类分级信息产品研发，在扩大高空间分辨率正射影像产品市场潜力的同时，注重高光谱、红外和SAR数据在辐射产品定量化

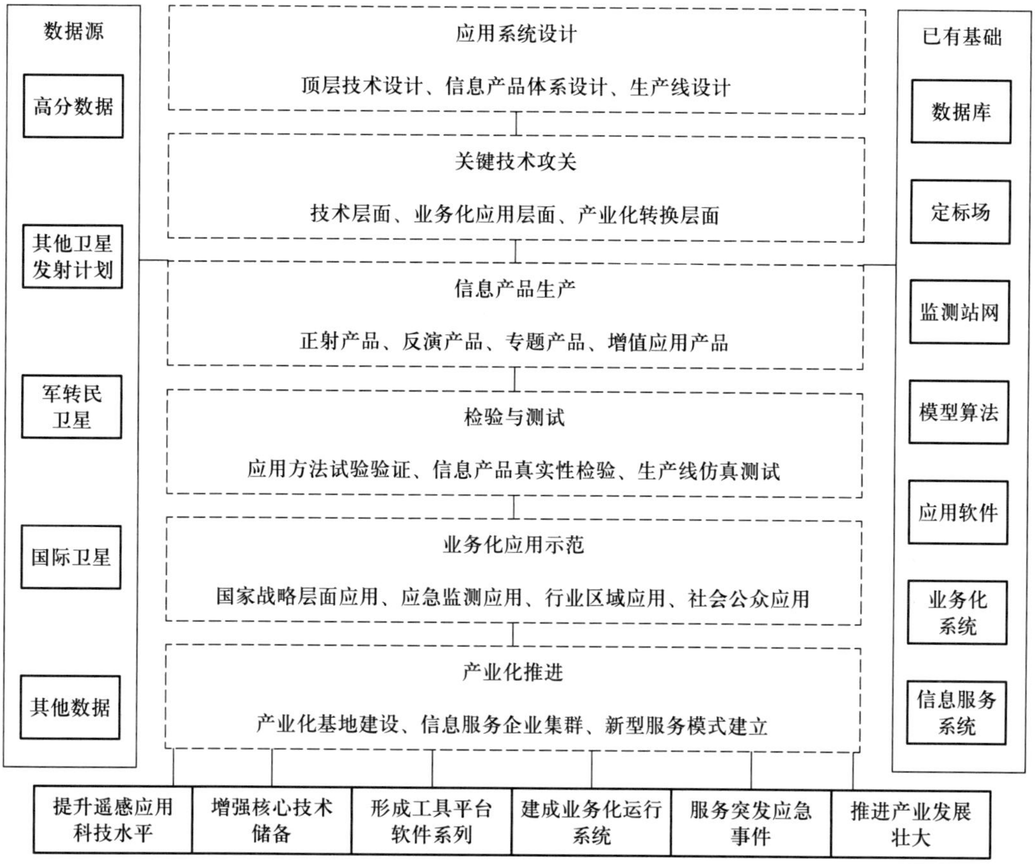

图 3.10 系统实施途径

应用方面的能力，并强调信息产品规模化生产能力建设，以提高信息产品的适用性和广普性。

(5)检验与测试条件保障。为保证信息产品精度质量，在充分利用国家各行业部门已建的监测站网和定标场基础上，根据高分应用特点和产品研发需求，建立结构和分布合理的真实性检验系统以及综合应用场网，开发全流程仿真测试系统，以保证系统朝着生产型、服务性方向长期稳定运行。

(6)业务化应用示范。为提高遥感信息在国家战略层面、应急监测任务、行业区域应用和社会公众服务方面的整体能力，应用系统通过布设多行业、多区域点面结合的业务化应用示范项目，解决高分应用指标体系构成、应用模型优化和业务化应用接口等技术转换问题，建立业务化应用示范系统，并通过示范工程提高应用能力。

(7)产业化推进。通过高分应用系统形成的成熟技术转换带动信息产品加工、软件产品生产和空间信息服务型企业快速增长，形成服务于高分专项和自主遥感卫星数据应用的产业化基地和企业集群，带动遥感信息社会化应用服务。

3.6 阶段划分与任务设计

3.6.1 按照研发流程的任务设计

高分应用系统建设涉及多领域、多部门和多行业,其建设内容的复杂性及面向应用对象的多样性决定了应用系统建设过程是一个庞大的系统工程,因此对时间进度安排上要统筹规划,既要充分考虑各层次需求迫切性,尽快服务各行业、各部门的应急性应用需要,也要同卫星发射进度紧密衔接,避免卫星已上天,相关应用关键技术尚未突破的问题。同时技术研发、应用软件系统、应用示范推广与产业化推进项目也要就实施进度统筹,进而使高分应用系统建设成为时间进度安排的有机整体,确保国家投资效能最优化和最大化(图3.11)。

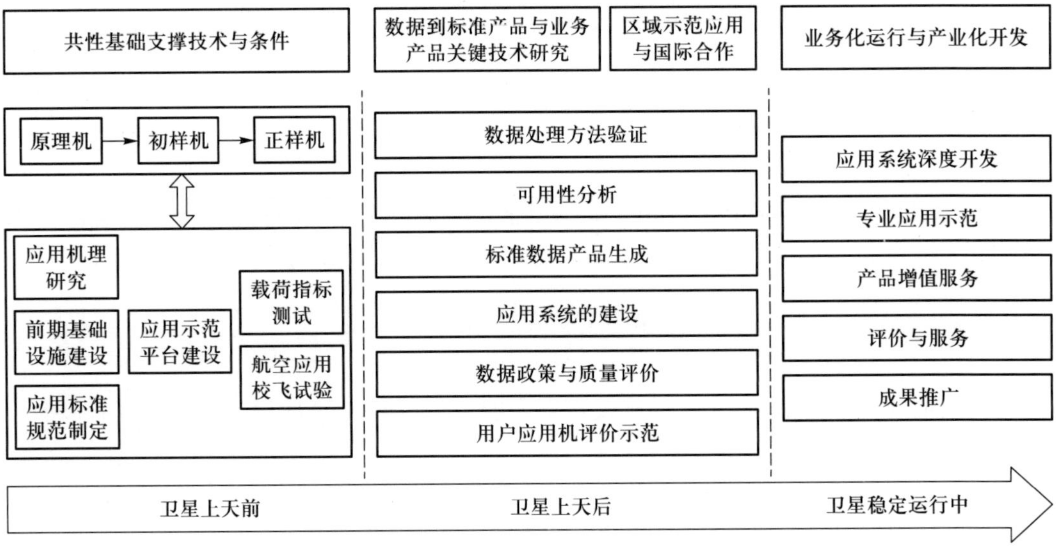

图3.11 应用系统各部分时间进度关系图

高分应用系统是整个高分系统效益的最终体现,于先期启动,进行应用技术方法预研,走通技术流程,开展支撑卫星应用前期基础设施建设,制订高分应用的相关标准、规范及软硬件接口,做到尽快体现高分建设效益,扩大高分系统影响力。根据高分各类载荷发射、载荷研制的进度,采取分阶段、分重点、分领域实施的思路,按卫星上天前、上天后、运行中几个主要过程,即分项目优选、成果集成、野外试验、产品研发、平台研建、演示示范、成果推广与应用等几个阶段实施,各阶段突出各自工作重点,进而形成新的卫星应用研发模式。

在载荷研制中，广泛集成相关行业和领域的成果、资料，开展关键技术研究，进行卫星数据产品研发和应用示范原型系统平台建设，产出多领域应用的核心技术、标准规范、技术体系与应用的总体方案，并开展面向应用的载荷指标测试、验证及航空应用校飞试验，进一步优化新型载荷的指标。

在载荷发射后，开展定标、数据预处理及标准数据产品生成，移交给用户成熟的数据处理方法、应用软件及相关共性产品，开展应用技术支撑，协助进行数据政策与质量评价，广泛调动包括主用户在内的各领域用户参与应用和评价示范，开展可用性研究，并结合行业及区域应用提出改进其业务化运行。通过互动，确保卫星数据真正服务于广大行业和部门业务运行，促进卫星定量化应用。

在载荷运行中，进行应用系统的深度开发与专业应用示范，按业务运行标准做出引领行业的业务系统，不断拓宽和深化卫星应用成果，进而集成以往有关成果，打通国产卫星应用渠道，形成完善的民用卫星应用体系。

3.6.2 按照卫星进度的阶段划分

高分应用系统总体按照快速原型与迭代增量进化的混合模式，在卫星发射数量不断增加的过程中，按照 ATRL，不断提高与完善每种产品的成熟度、每种算法的成熟度以及整个系统的成熟度，并且在不同的阶段重点解决不同的问题。高分应用系统建设分三个阶段进行，下面将详细介绍。

3.6.3 第一阶段（预研：2011—2012 年）

1）阶段目标

（1）开展国内现有及历史高分数据（HJ-1，CBERS02 及 02B、03、04，BJ-1，航空数据，FY 系列，HY 系列和各类国外卫星）的搜集，开展应用系统深入设计、开展首批卫星共性关键核心技术研发与软件开发，开展教育、培训和推广，支持行业、区域应用系统的能力提升。

（2）开展各行业、区域的示范总体方案设计，对已有数据与知识搜集整编，开展首批卫星应用信息产品研究与示范，完善多个基于国内外已有遥感数据的业务化运行系统，使遥感数据进入多个领域主业务，直接服务国家重大任务。

（3）初步成立高分应急信息服务系统，完善区域级多灾情级别应急机动遥感力量协调机制，初步形成各种高分应急预案、动员调用机制和公共应急信息服务系统。形成对国内外各种数据来源与科研成果比较全面的应用，发挥遥感技术服务社会发展的作用；

（4）建立高分遥感综合实验场、数据库、标准规范与网络连接等，完成共性关键技术初步研究与应用技术支撑基础设施的初步建设。

2)阶段任务安排

开展高分应用系统总体设计一期项目。以现有及历史高分数据为基础,突破从遥感数据到信息转换关键技术研究,针对高分一、二号卫星建立 3-4 级信息产品生产线,初步建立高分应用综合数据库,形成应用技术基础支撑能力,促进遥感数据进入农业、灾害、资源环境等领域主业务,初步建成高分应急信息服务系统。

3)应用技术中心分系统

(1)完成应用系统总体设计,实现与共性技术体系的有机结合;
(2)测试平台与条件保障;
(3)高分一、二号卫星共性关键技术研发;
(4)共性技术集成与共享服务系统原型;
(5)与地面系统的网络联通。

4)应用示范分系统

(1)按照总体设计指导行业应用示范系统顶层设计;
(2)行业已有数据汇聚;
(3)形成行业和区域应用示范原型系统;
(4)初步具备高分一、二号卫星数据应用示范能力。

3.6.4 第二阶段(一期:2013—2015年)

1)阶段目标

(1)完善各遥感应用实验场与产品真实性检验系统,并建立与国际实验场的合作机制。利用高分应用实验场与数据库系统提升首批卫星应用技术成熟度并开展下阶段载荷数据应用研究,对"十三五"规划的遥感器系统展开预研,形成我国自主对地观测应用指标、技术体系与质量控制体系。

(2)通过逐步替代国外高分数据,完成基于自主数据的国家、行业、区域、大众综合应用示范推广及多个业务化运行示范系统的建设,使自主信息源成为国家宏观决策的有力依据。

(3)完善高分应急信息服务系统的建设,构建完备的高分应急机动遥感体系和成熟的公共应急信息服务系统,开展区域应急示范。

(4)初步完成数据集成与信息共享平台建设,完成首批卫星数据应用研究,形成标准化产品规范。

2)阶段任务安排

开展应用系统总体设计方案的优化完善,实现框架标准化。针对高分三、四、五、六号卫星，攻克信息产品关键技术，建立3-4级信息产品生产线，并逐步将技术成果转化到行业应用示范，建成基于自主高分数据源的国家、行业、综合、区域应用示范系统。逐步替代国外高分数据，推动遥感服务龙头企业的产生及产业联盟的形成，提供普及、快速、高效的商业化服务，稳步开拓国际空间信息市场。

3）应用技术中心分系统

（1）攻克高分三、四、五号卫星载荷数据应用共性关键技术；
（2）初步开展高分一、二号卫星工程产品的检验、评价与优化，开展工程性研发；
（3）基本建成共性技术集成与共享服务系统。

4）应用示范分系统

（1）形成行业和区域应用示范系统；
（2）开展典型示范应用（针对高分一至五号等卫星载荷数据）；
（3）形成相应标准规范。

3.6.5 第三阶段（二期：2016—2020年）

1）阶段目标

（1）形成各系列高分载荷高精度的辐射定标综合技术与质量控制体系、基础数据库及应用实验场体系，满足典型行业和地方的遥感应用需求。

（2）实现高分专项所有载荷的规模化、多级高分遥感信息产品高速生产能力的业务化运行，整体提升应用示范系统技术成熟度，使基于自主信息源的高分应用系统具备完善的高分信息应用能力。

（3）完成应用技术支撑基础性设施的业务化运行。全面建成高分应急信息服务平台，持续完善各级（区域和行业）应急机动遥感体系，深化高分应急预案和动员调用机制，全面开展区域应急示范。

2）阶段任务安排

开展任务评价与应用效能评估，规范专题业务和产业化任务开展。全面完成高分应用系统的建设，实现高分专项各类载荷信息产品的规模化、业务化、高速生产能力，实现高分信息与技术的全面共享，形成良性互动的市场经营环境，实现高分数据和信息在国内区域政府及行业中的普适性应用，促进形成空间信息产业链。

3）应用技术中心分系统

（1）攻克高分六、七号卫星和有关航空载荷数据应用共性关键技术；
（2）完成高分一、二号卫星共性产品的业务性提升，完成高分三、四、五号卫星工程产品检验、评价与工程性研发；

(3)完善共性技术集成与共享服务系统。

4)应用示范分系统

(1)针对全部高分卫星和航空载荷数据进行建设；

(2)完善行业应用和区域示范系统并开展典型示范应用。

2020年后，高分系统进入规模化、整体性的稳定运行阶段，完成高分全部卫星工程开发与业务性应用。在这期间，进一步通过应用实践对其中的技术系统提出改进，提升整个系统的ATRL，为最终的高分系统综合评价打下基础。

3.7 高分应用系统模型化与标准化设计

高分应用系统建设工作是在构建好工作内容时空观的基础上分块分时有序实施的，具体安排统筹协调，综合考虑卫星遥感应用标准体系建设的完整性、系统性和可操作性策略。模型化是对工作块间关系的有效表达，通过模型可以定义任务块的边界和相互关系。

3.7.1 高分应用系统模型化

按照IDSH数据工程理论以及人在系统研发与应用中的作用，可以将应用系统框架按照模型化范式分为数据工程产品、共享服务、设施条件、系统工程管理、专题应用产品和综合应用6个部分。按照信息流分别对应到数据工程、软硬件设置以及相应的服务关系与管理上。综合考虑高分卫星遥感应用模型的完整性、系统性和可操作性策略，模型框架如图3.12所示。

(1)数据工程产品。面向某种应用目标的数据及其处理综合技术。

(2)共享服务。一般情况下，信号信息转变为数据信息、目标信息和应用信息的过程是由多个专业团队协同完成，这些团队之间的关系是服务与被服务的协同关系。在所服务的数据品种、规格和质量达到要求的情况下，还涉及速度、规模、友好性以及售前售后的跟踪等一系列服务特征。

(3)设施条件。指针对某个目标的某一类信息实现所需要的技术条件与能力保障。

(4)系统工程管理。在整个工程技术系统构建中所涉及的管理要求。

(5)专题应用产品。指在准体系中具有广泛适用范围、具有通用性、主要针对观测对象特征的信息产品，在高分系统中特指目标共性信息产品，即3-5级产品。

(6)综合应用产品。指具体到行业区域所需要的产品，高分系统中一般指6级产品。由于不同行业所需要关注的观测对象不同，有些是行业特有的，有些是从共性信息产品上再加工的，所以专题应用技术一般也可以包括3-6级产品的生产一体化处理。

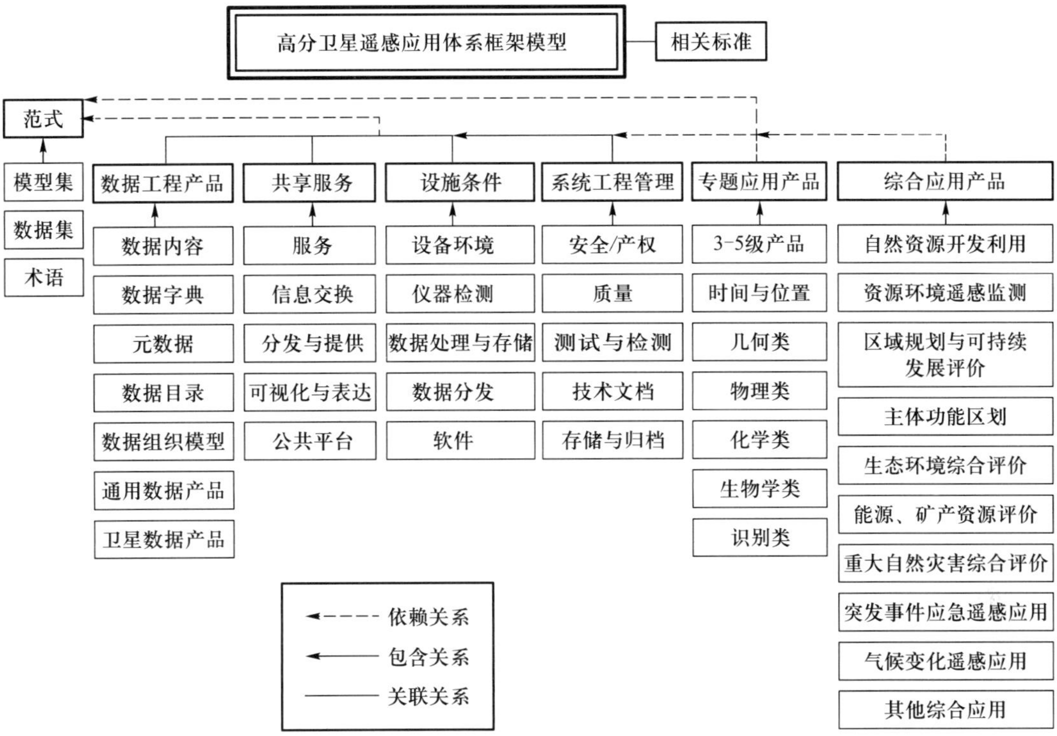

图 3.12 卫星遥感应用体系框架模型

3.7.2 高分卫星产品体系及分级分类标准

人对观测对象的认识包括发现、识别、理解、把握等多个阶段,这个过程是通过对观测对象的定时、定位、几何、物理、化学、生物及社会学特性获取来实现的,可以归纳为基于"6W2H"的产品分级分类体系来体现(顾行发等,2018)。

按照 SDIKWa 信息流及与其相应的 IDSH 数据工程,遥感信息从信号信息转变为数据信息再到目标特性信息和应用信息过程中,数据从原始数据按照等级依次升高。其中,应用系统接收到的地面系统 0-2 级数据产品是通过定标与辐射/几何系统级校正的数据,去除了遥感器非理想化带来的噪声。在此基础上通过精纠正处理、信息提取与分类技术、定量信息反演处理生成 3-5 级反映目标特性的共性信息产品,以及利用专题处理技术生成 6 级专题应用产品,服务各领域专题应用。

遥感信息通过 0-6 级产品进行表达是建立在大量的数据处理技术所构筑的技术链上的。其中,6 级行业专题应用产品生产需要结合大量行业专业信息,由行业部门统一定义和发布。遥感数据与行业参数之间建立的定量、可靠的桥梁是卫星应用进入行业业务主体的技术关键,同样通过遥感信息获得观测对象的状态与变化特征也需要有大量的关键性技术突破。

1)数据信息产品分级分类

高分卫星数据信息产品的分级分类规则是按照不同类型产品的级别以及相应的特征与约束信息来确定的(顾行发等,2018)。主要内容包括:

(1)产品分级。从科学性、完整性、实用性、可扩展性和兼容性等方面确定的数据产品(0-2 级)、目标共性信息产品(3-5 级)以及 6 级专题应用产品。高分数据产品共分为 0-6 级共 7 级,前端与地面系统 0-2 级标准数据产品对接,高分应用技术中心承担 3-5 级标准信息产品的研发、验证和技术服务工作,后端与各应用示范系统 6 级专题应用产品生产对接,形成高分系统完整的产品体系。

3-6 级产品的生产和应用过程体现了"数据—信息—知识"完整的价值链,产品级别的划分从应用角度反映产品从原始谱像到定量化参数、从单要素到复合产品、从共性到专题的特点。其中,① 0-2 级产品为标准数据产品;② 3 级产品根据定量化应用需求,利用地面系统 0-2 级产品进行几何和光谱精校正获得,是具有精准定位信息的标准信息产品;③ 4级为关注对象属性信息产品,通过目标识别、解译分析及辐射校正模型获得;④ 5 级产品是利用 4 级属性信息产品,通过模型反演获得的观测对象物理、化学和生物学信息产品;⑤ 6 级产品为面向应用的专题和增值服务产品,包括行业、区域、跨行业和综合应用产品,使用 3-5 级目标共性信息产品获得,结合主体业务属性信息和应用模型生成。

(2)产品分类。数据产品可以按照卫星载荷种类、谱段、应用行业、观测尺度等不同维度进行分类。卫星载荷一般分为全色/多光谱、高光谱、热红外、微波等不同遥感器;谱段一般分为可见光/近红外、短波红外、热红外、微波等不同谱段;应用行业一般分为农业、林业、海洋、国土等不同行业;观测尺度一般分为陆地、海洋、气象等不同尺度。

(3)产品描述。主要从探测手段、陆海气等不同视角,明确数据产品类型与名称,形成 0-6 级数据与信息产品线,完整体现高分载荷的应用效能。0-2 级数据产品主要从可见光/近红外、红外、高光谱、SAR 等不同探测手段技术视角,明确每类产品使用的数据源和应用目标;3-5 级数据产品主要是按照陆地、海洋、气象等不同观测尺度,明确每类产品使用的数据源和应用目标。6 级数据产品主要是按照国土资源、农业、林业、海洋等不同应用专题,明确每类产品使用的数据源和应用目标。

高分系统涉及的信息产品种类多、要素广、时空尺度不一,指标及评价体系主要包括空间分辨率、光谱分辨率、辐射分辨率、时间分辨率、几何精度、制图比例尺和参数反演精度等。

2)数据信息产品格式及转换要求

在开展高分卫星数据工程设计中,高分辨率对地观测卫星数据产品文件结构、数据产品存储格式和转换要求是核心内容,主要内容如下:

(1)数据产品文件组成。主要针对不同级别、不同类别的对地观测卫星数据产品,规定数据产品的文件构成、文件数量、文件存储介质、文件目录结构和命名规则等内容。

(2)数据产品存储格式。主要针对不同级别、不同类别的对地观测卫星数据产品,规定数据产品的存储格式结构和数据字节分配等内容。

(3)数据产品格式转换。主要对数据产品格式应满足的转换条件和相关要求进行规定,如开放性、高效性和实用性等。

3)软硬件产品体系

按照所涉及信息产品种类和要素等,从数据工程角度出发,形成围绕数据产品到目标信息产品和专题应用产品系列的、符合现代信息技术发展的、与国外产品形成相对应的软硬件技术产品。

3.7.3 产品质量管理要求

1)高分卫星信息产品质量管理要求

本系列标准规范主要制定高分辨率对地观测卫星信息产品质量管理的要求,提出信息产品生产、检验、存储、共享服务与示范应用的定性和定量质量要求,规范质量管理过程。标准规范主要规划如下:

(1)高分信息产品生产质量控制要求。①质量控制一般要求;②关键工序控制要求;③质量控制关键点设置要求;④质量控制强制检验点要求;⑤结果处理要求。

(2)高分信息产品检验与试验验证要求。①信息产品检验一般要求;②信息产品试验验证一般要求;③信息产品检验指标要求;④信息产品试验验证项目(生产线仿真测试试验、真实性检验等);⑤信息产品试验大纲编制要求;⑥信息产品试验检验方法。

(3)高分信息产品存储与共享服务控制要求。①信息产品存储与共享服务控制一般要求;②信息产品及辅助数据冗余备份要求;③综合数据库维护和运行管理要求;④信息产品发布管理要求;⑤信息产品交换与共享管理要求。

2)高分专项软件产品质量管理要求

本系列标准规范主要制定高分专项软件产品研制各阶段的质量管理要求,明确软件质量测试、评审、质量控制以及验收等要求,规范软件质量管理过程。标准规范主要规划如下:

(1)高分专项软件测试要求。①软件测试一般要求;②软件单元测试要求;③软件部件测试要求;④软件组装测试要求;⑤软件配置项测试要求;⑥软件系统测试要求;⑦第三方评测要求。

(2)高分专项软件评审要求。①软件内部评审要求;②软件管理评审要求;③软件技术评审要求;④软件审查要求。

(3)高分专项软件质量控制要求。①软件质量控制一般要求;②复用软件质量控制要求;③外包软件质量控制要求;④软件质量问题管理要求。

3.7.4 创新应用服务模式探索

1)必要性

构建与社会发展形势相适应的运行模式是复杂的。目前,高分应用技术服务模式仍在摸索,尚未成熟。面对高分行业、区域、专家、大众和产业等不同层次用户,如何有效提供共性技术产品、软件、算法和数据等成果服务是一个新命题。迄今为止,我国的很多遥感应用行业只服务行业内部需求,除气象、海洋等少数行业外,很少有跨行业、跨业务部门的服务,因此,高分共性技术为多行业、多区域等服务的模式仍须不断探索完善,理顺服务机制,才真正能发挥共性技术研发的效益。

跨行业、区域的标准化和规范化服务问题。目前,各行业、区域的数据加工、处理与系统软件均没有统一的标准和接口,如何有效地将共性技术、数据、软件和系统等成果有效地共享给多行业、多区域,急需解决标准化和规范化服务的问题。因此,需要有统一的接口、标准和模板等,否则研发的共性技术成果的推广价值会有不同程度的降低。

通过高分应用系统和应用共性技术中心体系建设,创造具有业务化服务能力的资源共享服务平台和一体化应用环境,形成面向行业、区域、专家、公众等用户的专业化服务模式,支持文档、数据、模块和系统等多种资源的共享与交换,具备终端、在线等应用环境的信息提取、分析与技术支持能力,实现高分应用系统内跨领域、综合协同的资源共享与信息服务。针对高分成熟、成长与起步等不同发展阶段用户,按照开放式、柔性可扩展的系统功能框架和数据服务模式,支持行业、区域、企业、大众等多层次应用。

2)运行模式构建

高分应用示范系统的运行模式如图3.13所示。各应用示范系统具备的共性子系统包括数据库管理子系统、业务综合管理子系统和业务支撑子系统,此外,针对各自的应用领域和重点,具备专题应用系统,如农业示范包括农业检测、农业评估等针对农业遥感业务处理的子系统。

在共性子系统里,数据库管理子系统的工作职责是依据数据的存储类型和性质,单纯做数据库方面的管理,包括基础地理数据管理模块、多尺度遥感数据管理模块、元数据管理模块和辅助数据管理模块;业务综合管理子系统的工作职责是协调外部系统和内部系统的关系,是连接数据库管理子系统和业务系统、地面系统、应用技术中心以及其他外部系统的纽带,同时针对业务系统生产的产品进行质量监督和控制及用户管理,包括网格管理模块、产品管理模块、用户管理模块和质量控制模块;业务支撑子系统的业务职责是针对应用示范生产的专题应用产品或技术成果等,实现部门及行业、区域间的共享。

国家重大应用和行业高分应用示范的业务综合管理子系统从应用技术中心分系统和地面系统申请相关技术和0-2级数据产品,结合各自的业务系统生产3-6级共性信息与

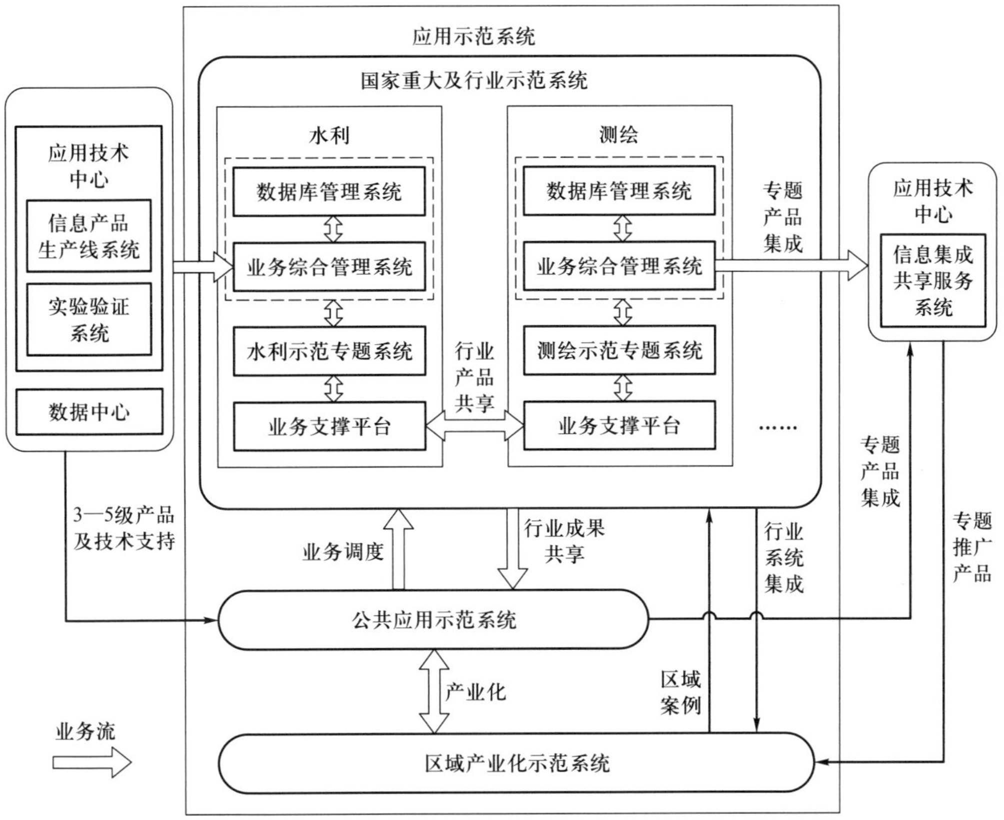

图 3.13 应用示范系统运行模式

专题应用产品。各应用示范系统通过数据库管理子系统将成果集成到本地数据库,由业务综合管理子系统进行管理。有意愿且允许的信息产品经过质量审核后经由业务综合管理子系统提交到应用技术中心,由信息集成与服务系统集成管理和共享。同时,挂接在国家政务网的各应用示范的共享服务子系统负责发布专题成果,依照业务审核机制,共享给相关的部门、机构或企业。

综合应用示范系统共享国家重大应用和行业高分应用示范的专题成果,由业务综合管理子系统从应用技术中心和地面系统申请 0-5 级高分产品和相关技术,结合国家重大应用和行业高分应用示范系统生产的专题应用产品或技术成果,以及各自的综合业务系统进行统一调度,生产 6 级专题应用产品。综合应用示范系统的成果在有意愿且允许的情况下,经过质量审核后经由业务综合管理子系统提交到应用技术中心,同时通过各示范的共享服务子系统对服务对象进行发布共享。

区域产业化推广示范系统以区域为单位进行行业系统集成,同时区域应用示范能够为行业示范提供地域案例,通过区域综合业务系统生成具有区域特点的专题数据。另外区域产业化示范集成应用技术中心及各行业、区域、综合应用示范成果,完善国家自主信息源的空间产业化机制和市场化格局。

3) 服务模式构建

结合最新的网格、云服务、智能传感器网络和高性能计算等技术进展,建立适合高分体系的共享服务模式,向多层次用户提供服务,总体服务模式如图3.14所示。

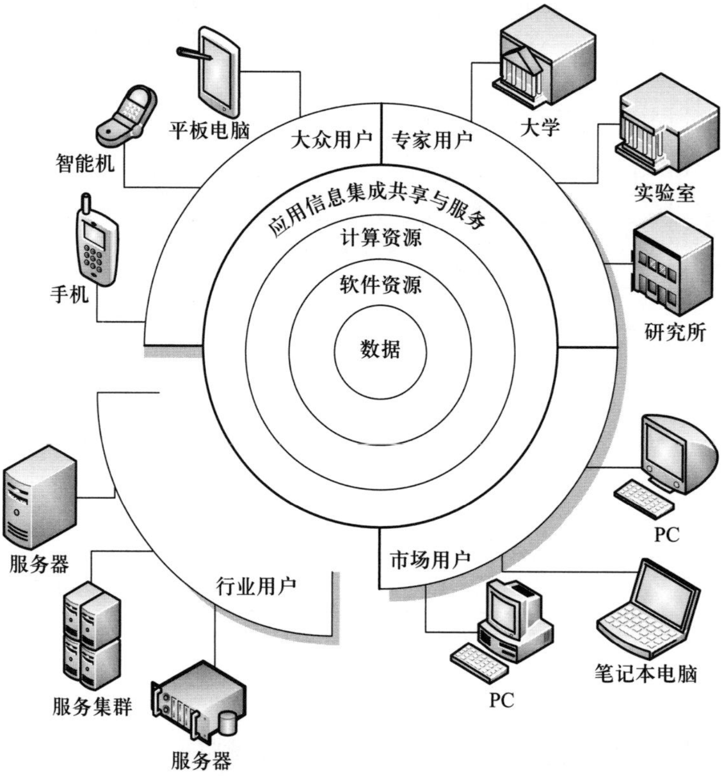

图3.14 高分共性技术集成与共享服务系统服务模式总体图

针对高分专项建设运行的长期规划,结合SOA系统设计理念,通过高分共性技术集成与共享服务系统的元数据汇集功能,实现应用系统中数据、信息产品、应用软件和计算机的资源共享、在线服务,以应用技术中心节点为核心,通过高分专网和电子政务网提供给行业、区域应用部门和单位,并经公共传输和服务网络,提供公开资源给区域、公众、专家、市场等用户使用。

共性技术集成与共享服务系统是在高分专项网格支持的基础上,通过应用系统智能交换机实现将用户的各种系统和资源接入高分专项网络和网格,具备数据资源、软件工具、信息处理、定制应用等服务功能,分别实现对行业用户、区域用户、公众用户、企业用户和专家用户提供高分共享服务。通过将数据库作为服务,提供定期更新的空间数据,使得空间数据和业务数据共享应用。

将软件作为服务,提供在线方式的数据处理和应用软件,主动完成软件维护、升级,提供在线技术支持;提供业务应用的开发环境和运行环境,调用强大的计算能力进行信息产品处理服务;针对业务需求进行快速响应,提供数据、软件、计算环境、网络等一体化业务应用设施。

具体服务模式如下:

(1)面向行业、区域应用的智能服务终端模式(ToG、ToD)。通过部署在行业示范节点的智能服务终端与行业应用示范系统的节点机连接,并通过高分专网与应用技术中心相连接(图3.15)。基于以上网络基础,面向行业用户和重点区域用户,开展高分应用各行业部门之间及其与高分系统主节点之间的信息交换、指令传输、数据下载、影像处理、定制产品加工、在线服务定制等服务,推送应用技术中心研发的算法、模块等技术成果,支持行业应用示范系统建设。

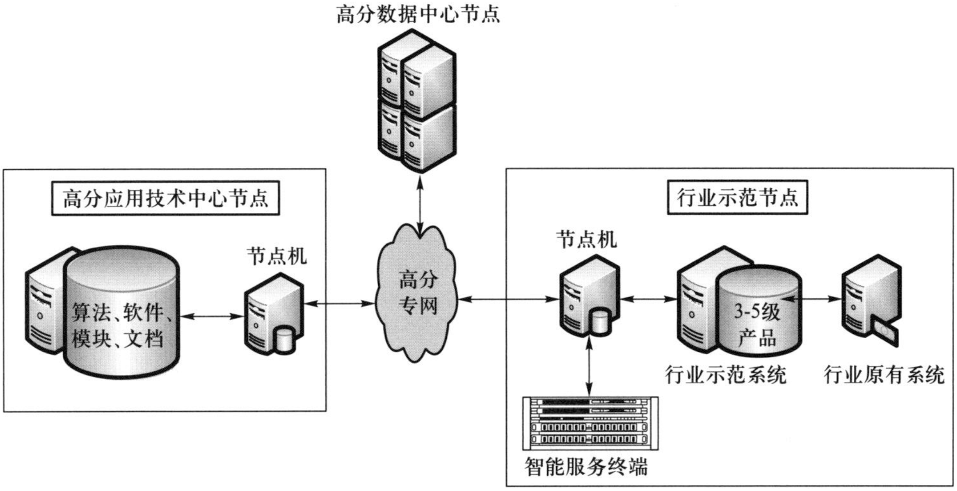

图3.15 智能服务终端服务模式

(2)面向市场应用的资源服务模式(ToB),是依托公众网的应用商店市场服务模式。用户既是资源提供方(资源开发或数据生产方),又是资源需求方(对高分应用需求的一方)。资源提供方可以上传资源信息到服务器,开发自己的应用,提供给资源需求方使用,获取自己的利益。该资源服务模式可实现产品、算法、文档和模型的综合服务功能。

(3)面向大众的服务模式(ToC),是依托互联网的大众服务模式。以提供文档、产品、模块、系统、咨询、加工等多种形式为大众、商业、企业、科研机构和行业区域等类型用户提供公益性服务,实现资源检索、浏览和下载的功能。面向专家应用的共享服务模式(ToE)。通过部署在各节点的智能服务终端和建立在共享服务平台上的公共门户,实现专家和研发机构与应用技术中心的连接,构建公开资源的共享利用渠道。专家用户通过公共门户对共享信息进行检索,提出统一后经确认可有效定制、下载由各行业和应用技术中心提供的共享产品,可提供数据同步、产品定制和服务更新等功能,应急条件下各行业和应用技术中心协同处理。

第4章

卫星遥感应用系统共性关键技术体系设计

与国外卫星数据产品技术相比,我国虽已在自主卫星载荷研发方面取得了长足的进展,但针对自主卫星载荷特点的高精度、海量数据大规模处理能力以及标准化程度尚不能很好地满足行业和区域用户需求。共性关键技术正是指技术链上的“疑点”“难点”“断点”,是构建自主卫星数据应用技术研发体系的“突破口”,支持标准、产品和平台构建的关键“原材料”。

4.1 应用系统共性关键技术认识

4.1.1 应用系统共性关键技术概念

1)定义

共性关键技术可以认为是一种处在技术链上,不可或缺的、能够在一个或多个业务领域中得以广泛应用的、公认一定范围内有较大影响的、具有产业价值的技术。这种类型的技术可以支持企业根据所生产产品的需要进行后续研究与开发,一般具有较大的经济和社会效益。其中,在高分应用系统建设中已经有一定程度的认识并被孤立出来、公认对产业链构建影响较大且能有效减少产业链“技术断点”、支持企业开展相互竞争的技术,称为应用系统共性关键技术。

应用系统共性关键技术研发出来后会转变成应用基础设施的一部分,以数据、软件或硬件形式参与到技术链、价值链构建中,可以用来支持应用系统建设,或支持应用系统运行,从而对遥感行业或多个领域产生深刻影响。

2)特征

共性关键技术作为技术链上的核心要素,具有确定性、不易代替性、重要性和高门槛性等特点：

(1)在产业中被认识并有一定了解，得到一定程度认可，而不是具有很强不确定性，状态、功能、性能难以把握的技术。

(2)具有不易替代性，只有形成技术突破，才能整合技术链，支持企业在此基础上进一步研发并进入竞争性产品阶段。这也体现出其重要性，企业都要在这个“平台”上进行后续开发并最终形成企业专有的产品和工艺。例如，生产标准数据与目标特性信息产品的技术，用于从遥感数据中获得观测对象的某种特征，而这种特征是多个行业与领域都需要的。

(3)具有很强的外部性，一经突破则可在一个行业甚至多个行业得到广泛应用，风险较大，投入产出比难以保证，研发门槛较高。正因如此，单个公司不愿意或很少投资共性技术研究。如果完全依靠市场机制，会导致共性技术研究的投入严重不足。

3)作用

卫星应用中的共性关键技术是高分数据处理和产品生产中广泛采用的技术，关系到“数据—信息”转化中的精度与速度，对高精度、定量化、工程化、实用化应用有举足轻重的影响。根据高分遥感器特点和信息处理关键环节应用的主要特点，高分应用共性关键技术分为有关遥感器非理想化因素的纠正处理，如数据几何、辐射、光谱精校正等；观测对象的“3W1H”位置、几何特性物理化学特性；信息融合与归一化处理；综合测量与测试检验；遥感数据云平台处理等。

通过共性关键技术突破，打通数据及信息产品的规模化、质量化、智能化链条，提升数据、信息、知识的共享能力，在很大程度上实现整体水平的提升，为整个产业链的形成与高质量发展打下基础。

4.1.2 应用系统共性关键技术分类

根据卫星遥感应用学，应用系统共性关键技术涉及航天遥感器原理与遥感应用工程，卫星导航定位，摄影与遥感空间测量，卫星遥感探测、识别与计算机处理，卫星遥感观测与计算机处理，以及专题制图学与地理信息工程及综合性、交叉性研究的方方面面。就高分应用系统来说，从接收到地面系统提供的0-2级标准数据产品起，到形成满足应用需求的系统技术、产品等成果为止，涉及系统“4流”中价值流的分配和IDSH中的标准、检验、操作关键技术等。

一般地，按照人对关注对象研究的一般规律，是要发现、认识、理解、掌握、预测其状态与变化规律。就技术而言，从形态上可以分为标准、算法和系统技术三种类型，分别对应技术要求、技术要素和技术表达。

1)标准技术类

标准是一种规范性要求，是人具有了对某种事物一定认识、理解、把握度的基础上确定的整体性要求，契合了人对“4流”的综合考虑，代表了人对相关知识的认知水平，体现了人的愿望与共识，其目的是通过某种共享手段在一定的范围内获得最佳秩序。这就需要经协商并由公认机构批准，确保其在一定范围内共同使用和重复使用，具有一定范围内的全域性。

各行业、区域专题信息生产与服务涉及新型载荷数据综合处理、信息提取、系统集成与共享服务等一系列共性关键技术，为了避免重复建设，确保共性产品规格的统一。支持解决载荷产品共性处理算法的精准度、实用性和鲁棒性问题，支持行业、区域信息产品研发与技术攻关。

2）核心算法技术类

核心算法是环节性、要素级方法。并行于信息链的技术链涉及人对信息的理解，以及信息处理、数据操作的技能，需要大量的专业数据、信息、知识与智慧。核心算法具有环节性、核心性与辐射性，在常规的技术路线下难以绕过去。当然，若有不同的技术路线，将共同形成技术束，增加技术灵活性。

在遥感应用中，包括：①几何、辐射、光谱精校正，分类与目标识别技术，基础参数定量反演技术；②解决信息产品定型、标准化与检测问题，实现成果产品化，需要攻克信息融合与归一化处理、综合测量与测试检验技术；③解决信息产品存储、加工、共享与服务中效率和可靠性问题，需要研发遥感数据云平台处理技术，为行业、区域信息服务系统的建设提供技术支撑，为先导性应用技术研发提供保障，为应用综合推广提供服务。

3）系统集成技术类

通过有效地将关键技术和“非关键技术”等多种技术要素按照需求进行一体化集成，形成高分应用工程系统，体现理论认识与实践相结合的程度，是标准、核心算法和各种环境条件的综合。集成的作用体现在通过对标准与技术的有效集成，达到总体要求和功能要点要求，从而实现某种完整的技术链途径。同样的技术标准与技术要素可以根据情况构建出多种系统。形象地讲，就像同样一个意思可以有多种表达形式，虽都涉及单词与语法，但具体用到的却不尽相同。

4.1.3 内容结构设置

1）内容范围

本节所描述的应用系统共性关键技术是有关应用基础设施构建中所涵盖有关 IDSH 范围的共性关键技术。涉及信息流、数据和软硬件，而所需要构建的技术链是“数据处理与分析—信息综合集成—应用决策服务”。在信息层要解决信息的“6W2H”挖掘和综合应用中的问题。在数据和软硬件层要解决数据的组织、管理、存储、检索、传输、处理、可视化、分析、发布和安全等有关数据工程中的问题。这个环节中还要考虑现代信息化带来的新技术，如何与这些新技术融合是能否形成符合环境条件的系统的关键。同时，这个过程要有质量保证,实现可验证、可比对、可分析和可评价。按照现代科学的四个范式要求,不仅要解决以上这些问题,还要考虑试验和仿真中的问题。

2)分类设置

按照数据处理流程(未考虑标准、仿真、效能效益分析)的共性关键技术可分为六大类,即数据精校正、目标识别、定量反演、信息处理、产品检验和信息服务(图 4.1)。每项内容可设独立项目开展研究,形成经过验证优化的模型算法集,开发插件式软件,利用测试数据测试检验,以提供各分系统建设集成使用。

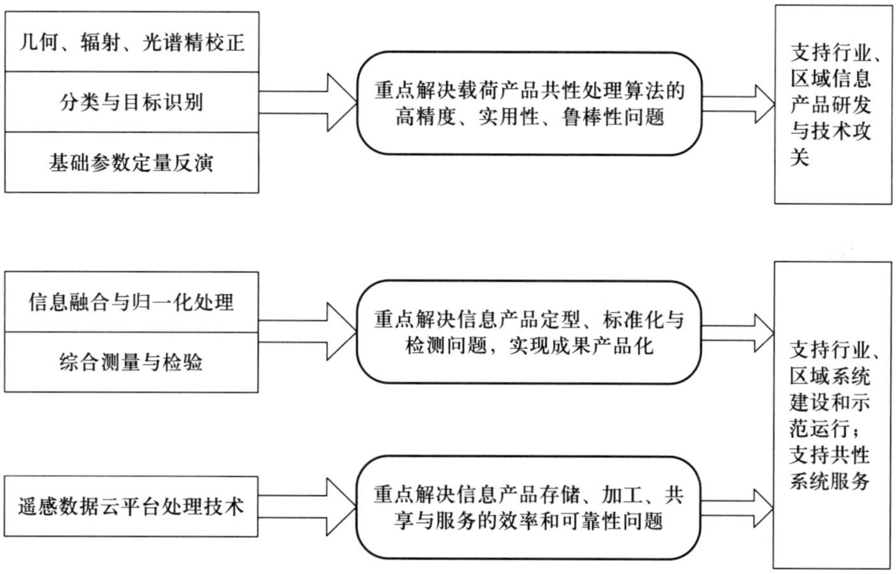

图 4.1 共性技术组成功能图

共性关键技术研发、技术集成和信息共享服务是共性技术系统的运行主体,结构和功能明确,集成共性关键技术研发软件成果,形成先进、实用的生产作业流程,支持实现网络集成(图 4.2)。

(1)数据精校正。以地面系统提供的 0-2 级数据为基础,研发辐射、几何、光谱精校正技术,完成遥感数据产品的检验,进一步提升反映"when & where"的数据精度,并进行产品化和质量检验。

(2)目标识别。根据遥感数据反映信息的不同开展分类与目标识别研究,提高遥感用于"what"的精度,并进行产品化和质量检验。

(3)定量反演。研发基础参数定量反演技术(包括陆地、海洋、大气等参数),提高遥感用于观测对象状态"how"的把握,并进行产品化和质量检验。

(4)信息融合与归一化处理等技术。面向专题应用的多元信息融合、归一化与标准化研究,提升遥感信息可用性,并进行产品化和质量检验。

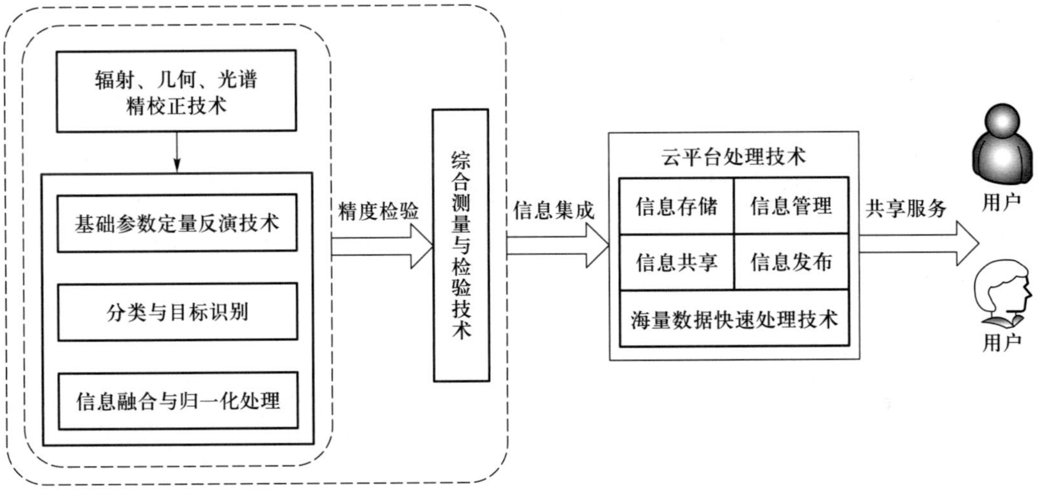

图4.2　共性技术层次递进关系

(5)综合测量并检验。根据现代科学研究四大范式转换关系研究,探索相互验证方法并提升基础信息检验技术精度。

(6)信息服务。云平台处理技术,现代信息承载新方式的研究,充分利用社会信息化进步带来的优势。

高分应用中涉及的技术方方面面、错综复杂,可以从多种角度梳理建立不同的专题性技术体系分类,但是要解决高分辨率遥感数据工程中一系列技术问题,着重解决质量检验与标准化、多源遥感数据高效处理与分析、海量遥感空间信息组织与管理和网络化遥感空间信息服务等关键技术环节。进一步分解,形成三大块共性关键技术任务群。

(1)高分应用共性支撑性关键技术群:标准化信息产品测试技术;地面实验及大区域范围真值获取技术;真实性检验全过程质量检测技术;高分辅助支撑多源数据与知识库技术;高分载荷数据处理、信息综合提取及专题应用产品生产技术;高分应用效能与指标技术;高分支撑信息集成与共享、网格化支撑技术。

(2)高分业务化应用关键技术群:高分辨率行业目标特性建模与行业专题信息提取技术;海量数据业务化、规模化、快速精准处理与定量分析技术;结合专业的高分多源数据处理、信息挖掘和业务化应用产品生产技术;行业应用业务流程标准化与评估技术;区域性多领域应用协同中多源信息整合及业务流程构建技术;基于地球空间框架的多源数据集成管理与快速可视化技术;基于数字地理框架的区域、行业的信息共享关键技术;关键技术软件化、中间件、插件技术及市场推广。

(3)高分产业化推进关键技术群:辅助高分信息产品生产及系统开发技术;基于网络的海量高分数据快速传输和产品显示、发布、存储、处理与大规模并发访问技术;跨部门应急机制与区域系统建设技术。

以上共性关键技术贯穿了应用系统各个环节,与第5章介绍的专题应用技术体系紧密衔接,提供支撑性、基础性的技术成果,满足高分系统遥感新技术发展与实际应用的需要。

4.2 应用系统共性关键技术内容

实际系统实施中,在第 4.1 节按流程设计的六大类技术基础上结合标准与仿真,多源数据融合与归一化融入标准及各项具体处理技术中,应用系统的共性关键技术可分为 8 个部分。

4.2.1 标准规范

高分卫星遥感应用标准体系是一套结构化的定义、描述和管理卫星遥感应用的系列标准,是由这些标准组成的一套具有内在联系的、科学的有机整体。参考高分卫星遥感应用体系框架模型,采用遥感应用基础设施中 SDIKWa 遥感信息流、IDSH 数据工程和 ATRL 技术成熟度等多个视角,对高分卫星应用体系建设全过程涉及的标准逐一列清、分析,构建了由通用类、信息数据类、共享服务类、软硬件设备类、系统工程管理类、专业应用类和综合应用类 7 个大类组成的遥感信息产品与服务标准体系框架。其中信息数据类、共享服务类、软硬件设备类、系统工程管理类标准相互关联,并依赖通用类标准;专业应用类标准以上述 5 类标准为基础;综合应用类标准是以上述 6 类为基础面向综合应用的标准。

(1)通用类标准是适用范围广、具有通用性条款的基础标准,可直接应用,也可作为编制其他标准的基础。术语和参考模型类标准属于通用类标准。

(2)信息数据类标准是从数据产品的角度,根据数据信息的分类规则及特点,规定卫星遥感数据产品生产涉及的相关标准。包括卫星遥感数据集的内容、分类、数据字典、元数据、数据目录、数据组织参考模型、通用数据产品(按照载荷分类或者处理级别分类)和卫星系列数据产品等标准。

(3)共享服务类标准是为构建遥感卫星应用的共享和服务平台,提供系列应用产品,促进应用的行业或领域共享所涉及的标准。包括服务、信息交换、分发与提供、可视化与表达、公共平台等标准类。

(4)软硬件设备类标准是指遥感数据生产加工、存储维护和服务等方面的仪器设备和计算机软硬件环境的技术要求。

(5)系统工程管理类是支持遥感数据处理、产品加工、服务应用和存储过程中的管理标准。例如,安全/产权、质量管理、测试与检测、技术文档存储和归档等标准。

(6)专业应用类标准是以上述 5 类标准为基础,面向专业应用的遥感卫星应用信息标准。

(7)综合应用类标准是以上述 6 类标准为基础,面向专业领域和重大专项的遥感卫星应用标准。

综合考虑高分卫星遥感应用标准体系建设的完整性、系统性和可操作性策略，按照信息的语义抽象程度，将高分卫星遥感应用标准体系框架分为三类：基础标准、专用标准和实用标准（图4.3）。

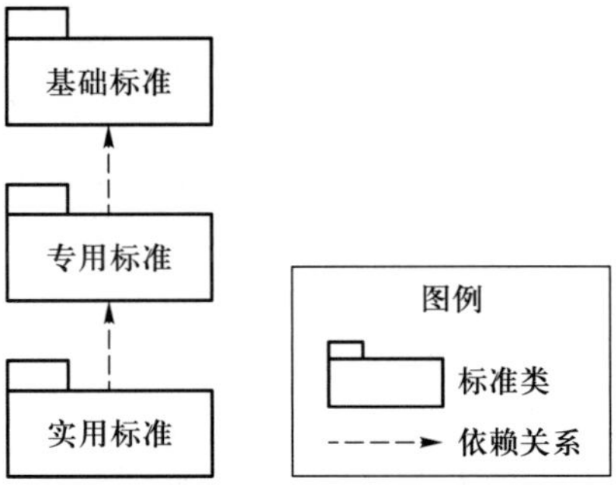

图4.3 卫星遥感应用产品和服务标准体系层次关系

（1）基础标准：是指在标准体系中具有广泛适用范围和通用性条款的标准，是标准体系中其他标准的基础，可直接应用，也可作为编制其他标准的基础。例如，参考模型、元数据标准等标准可归为基础标准。

（2）专用标准：是指在标准体系中针对某一特定应用方面、具有一定通用性条款的标准，可直接应用，也可作为编制专用标准的依据。例如，遥感卫星数据产品分类分级规则、初级数据产品、3-5级数据产品、目标特性类产品标准以及卫星遥感信息服务标准、卫星遥感数据格式和格式转换标准、卫星遥感数据交换接口协议与服务模式标准等信息服务标准均属于专用标准。

（3）实用标准：是标准体系中针对某一适用范围的、具有专用性条款的标准，可直接应用，是针对某个目标、某一类信息实现某种操作的标准。例如，卫星系列产品标准、信息安全系列规范、设施条件类标准、标准验证测试技术规范等涉及专题应用产品、信息服务和工程类的标准均归为实用标准。

针对高分专项各应用行业和部门间数据产品格式、数据产品体系、质量评价等标准规范不统一的问题，高分应用标准体系设计制定了跨行业、跨部门的专项顶层应用共性技术标准规范，实现与各应用行业标准的协调和衔接，形成应用系统各示范项目的质量管理与评价机制。主要从术语、数据产品分级分类、数据产品格式、数据产品体系和质量评价五大方面规划应用系统的先行标准。

4.2.2 几何与辐射校正、定位

1）影像数据几何精校正技术

针对高分数据高空间、高时相、高光谱、大数据量的特点，充分结合高分传感器成像模型特点，解决影像的快速定位、地形因素畸变校正等精校正关键问题，确保高精度几何定位。高分影像几何精校正技术按照载荷特点主要分为以下4种技术：① 线阵成像载荷影像几何精校正技术；②面阵成像载荷影像几何精校正技术；③宽覆盖影像几何精校正技术；④SAR影像几何精校正技术。

几何精校正的关键在于参数模型的设置、控制点的选择和重采样方法等。几何精校正必须要有足够的控制点，从目前的发展来看，控制点多且容易选取的区域，利用参考图目视选取控制点的方式成为主流。对于高分数据，需要以分辨率更高的影像或者地图为

校正基本底图,可以达到几何精校正的目的。但是由于高分卫星每天接收的数据量很大,寻找控制点是一项费时费力的大工程。因此有必要研究新的解译交互方式,辅助人工准确快速地获取地面控制点,虽然ENVI软件有预测控制点的功能,但是误差较大。有学者提出通过建立地面控制点数据库,利用最小二乘法、灰度相关法等匹配方法,进行自动几何校正,该方法在工程上得到了一定应用,但未大范围推广。

对于地面控制点少(无)的沙漠、海洋、境外地区,几何精校正相对较难。目前的校正方法有以下几种:利用星载高精度差分GPS进行高精度定位;利用同轨道的其他影像进行控制点插值;利用几何粗校正影像与数字高程模型(digital elevation model,DEM)之间的坐标偏移量进行校正;利用终端销售(point of sales,POS)数据解算外方位元素并建立方程,实现几何校正等等。这些方法处于探索阶段,因此对于无控制点的几何精校正技术还需进一步研究。

2)影像数据高精度辐射校正技术

针对高分光学载荷的特点,解决不同大气条件、不同背景环境、多尺度下,地表反射率高精度反演技术:①不同大气环境下的大气校正技术;②不同时相、不同数据源地表反射率归一化技术;③不同环境下离水辐射率高精度反演技术;④高大气噪声条件下(薄云、雾、霾等)地表反射率反演技术;⑤高亮度及阴影目标地表反射率反演技术。

辐射畸变通常由大气、复杂地表引起。目前常用的大气校正方法主要有统计学方法和辐射传输模型法(赵英时等,2003)。统计学方法是指野外实地波谱测量获得的无大气影响的辐射值与卫星同步观测结果进行回归计算,以确定校正量。该方法在简单大气校正中应用广泛,并实现了自动化。例如,ENVI软件中基于统计学模型的方法有平场域法、对数残差法、内部平均法、经验线性法。辐射传输模型法是指测量大气参数,按理论公式求得大气干扰辐射量,该方法适用于精细定量研究。基于辐射传输模型的大气校正方法发展得较为成熟,常见的模型有MODTRAN模型、LOWTRAN模型、ATCOR模型、6S模型等,基于简化辐射传输模型的校正方法有暗目标法。这些模型已经实现软件化,例如,MODTRAN模型和6S模型具有各自独立的应用软件,并且版本不断升级。ENVI软件中基于辐射传输模型的大气校正方法的模块有Flaash、Dark Subtract等。但是并不是所有的方法都是万能的,如Flaash和6S的适用光谱范围是可见光—近红外波段。对于红外波段,特别是高光谱的热红外波段高精度辐射校正,自动校正软件较少,目前多用MODTRAN软件或研究者自行编程实现。

由于地形的影响,像元接收到的有效光照可能有很大差别,即使是相同的地物,不同的坡度或坡向将显示不同的亮度值。相反,不同类型的地物有可能有着相似的亮度值,因此需要进行地表辐射校正。目前常见的方法是通过建立数字高程模型来解决复杂地形的辐射校正。

3)超光谱、偏振信号订正技术

针对高分超光谱、偏振载荷的特点,研究消除吸收峰、漂移、填埋影响以及多角度偏振中的信号订正技术,提升参数定量反演精度:①痕量气体特征谱线高精度探测信号纠正技术;②地表多角度偏振反射率订正技术。

4)光学地表热辐射高精度反演技术

针对高分红外载荷的特点,解决不同大气条件、不同背景环境、多尺度下,地表热辐射高精度反演技术。

地表热辐射反演过程中,热辐射方向性尤为重要,目前大多辐射传输模型是基于地表均匀分布建立的,并不能适合复杂地表条件下辐射传输计算,需要建立立体模型,满足复杂地表热辐射的需求。

5)基于复杂地形条件的高分 SAR 数据后向散射系数精校正技术

针对高分 SAR 载荷的特点,解决不同背景条件后向散射系数高精度反演技术:①SAR 数据陆表环境后向散射精校正技术;②SAR 数据海洋环境后向散射精校正技术;③复杂地形双视向 SAR 图像信息补偿技术。

SAR 的辐射精校正是通过建立辐射误差模型,估算模型参数,最终得到精确的平均后向散射系数。

4.2.3 发现、识别、变化检测与分类

1)面向对象的高分数据高精度分类技术

针对高分数据高空间、高时相、高光谱、大数据量的特点,解决地表覆盖分类技术,形成高精度分类方法模型:①面向对象的高空间数据地表精细分类技术;②面向对象的高时相数据地表精细分类技术;③面向对象的 SAR 数据地表精细分类技术;④面向对象的高光谱数据地表精细分类技术。

面向对象的遥感信息提取方法综合考虑光谱统计特征、形状、大小、纹理、相邻关系等一系列因素,能够得到较高精度的图像分类结果。同时通过对遥感影像的分割技术使影像的最小单元不再是单个的像素,而是一个个对象,后续的影像分析和处理也都基于此对象进行。目前面向对象的分类方法已经被广泛用于各种类型遥感影像分类中,如中、低、高分辨率影像,雷达影像等。高分辨率遥感影像具有丰富的空间特征,欲提高分类精度,可以从最佳尺度选择、影像分割等各个环节提高技术进度。现有的面向对象分类的研究大多是在已有软件的基础上进行的,基本上处于应用上的创新阶段,需要提出新的方法以拓宽面向对象分类思想的应用范围。

2)基于高分影像的地物目标精细识别技术

针对高分数据高空间分辨率的特点,解决地物目标通用精细识别技术,面向应用需求,实现典型地物目标的精确识别提取:①高空间分辨率光学卫星影像地物目标识别技

术;②高时相中低分辨率光学卫星影像地物目标识别技术;③高时相分辨率光学卫星影像地物目标识别技术;④高分 SAR 卫星影像地物目标识别技术;⑤高光谱分辨率光学影像地物目标识别技术。

遥感目标识别的本质是将遥感影像中感兴趣的目标提取或识别出来。高空间分辨率遥感影像,影像细节丰富,形状信息和空间拓扑关系更为明确,更适合利用面向对象的影像分析技术进行目标提取。与传统的图像处理与分析方法相比,面向对象图像分析的基本处理单元不是单个的像素,而是影像分割后提取的影像对象。它的最大特点是基于图像对象可生成大量的地物新信息,相对于单个像素,均质的图像对象提供了除光谱特征外,还有形状、纹理、拓扑、上下文和尺度相关特征等语义信息。利用这些信息,可使地物目标分类识别更加详细、准确。目标识别解译技术包括目标结构信息自动提取技术、目标光谱信息快速解译技术和雷达辐射特征快速解译技术。利用国内外现有同类卫星数据和现场样本数据,面向典型人工建筑、重点工程设施、矿山开采信息、海洋航道目标、应急救援目标等目标识别与解释应用,建立高分卫星数据的目标样本库,研究目标结构信息自动提取、光谱信息判译、雷达辐射特征解译、基于专家系统和人工智能的识别判定等技术,开发面向对象的多源数据综合识别与解译软件,通过典型应用验证算法识别精度。

3)基于高分影像的高精度变化检测技术

针对高分数据高空间、高时相、高光谱、大数据量的特点,解决高精度变化检测技术,提高变化检测的自动化水平:①针对高空间分辨率光学载荷的面向对象的变化检测技术;②针对高时相分辨率载荷的面向对象的变化检测技术;③针对高分 SAR 载荷的面向对象的变化检测技术;④针对高光谱载荷的面向对象的变化检测技术。

图像变化检测技术主要依赖于辐射值或者局部纹理的变化。这些变化可能是由于地表覆盖的真实变化引起的,或者是由照射角、大气条件、传感器精度、地面湿度等条件变化引起的。变化检测的基本前提是相对于由一些随机因素引起的变化,由对象本身变化引起的辐射值或局部纹理的变化是可分的。

4)基于多源高分影像的地表高程信息快速提取技术

针对高分多源载荷成像特点,针对宽覆盖重叠区域条件下地表高程信息快速生成瓶颈问题,解决多源数据重叠区成像的 DEM 信息快速提取技术,降低地表高程信息应用技术门槛。

4.2.4 物理、化学与生物学特性

1)基于高分光学影像的地表参数高精度定量反演技术

针对高分光学载荷的特点,解决植被覆盖度、叶面积指数等陆表参数高精度反演技

术:①面向多种载荷、多光谱的双向反射分布函数(bidirectional reflectance distribution function,BRDF)、植被覆盖度、叶面积指数反演技术研究;②面向高光谱分辨率载荷的BRDF、植被覆盖度、叶面积指数反演技术研究。BRDF物理模型通常非常复杂,很难反演,一般要利用先验知识固定其中一些参数来反演其余参数。经过20多年的研究,取得了长足的发展。目前应用较多的是一些参数化模型,如Minnaert函数、Lommel-Seelinger函数、Walthall函数、Staylor-Suttles函数以及核函数等。BRDF是描述地表方向反射特性的函数,模型的建立需要多角度数据的支持,而对于较高分辨率卫星影像来说,基本上对地表是垂直的,很难获取多角度数据,因此要研究一种适合高分辨卫星数据提取BRDF的方法。

植被覆盖度是刻画地表面植被数量的一个重要参数,也是认知生态系统变化的重要指标。目前量测植被覆盖度常用的模型有植被指数模型、亚像元模型、混合光谱模型和光谱梯度差模型,这四种模型具有不同程度的局限性,这与遥感数据密切相关,例如,高光谱数据能够进一步消除地表反射率和大气散射等影响,可以将多个植被指数用于线性混合模型,较好地实现定量化反演植被覆盖度。因此要针对不同的载荷,选择合适的反演方法。

叶面积指数是一个重要的植被结构参数。目前常用的遥感反演方法主要是经验反演法,即通过建立植被指数与叶面积指数的统计关系来反演叶面积指数。但经验反演法所依据的物理模型过于简单,统计关系缺乏普适性,反演误差较大。而模型反演是基于植被-土壤波谱特性及非各向同性辐射传输模型的叶面积指数反演方法,模型更接近现实,但模型所需参数较多,为了使未知数小于独立方程数所需引入的先验知识有时也难以满足,从而阻碍了模型反演的推广应用,因此研究适用于高分卫星的叶面积指数反演方法至关重要。

2)基于高分SAR影像的地表参数高精度定量反演技术

针对高分SAR载荷的特点,解决土壤含水量、海面风场等参数高精度反演技术:①土壤含水量高分SAR影像反演技术研究;②海面风速、风向等风场参数反演技术;土壤含水量及其时空变化,是气候和水文模型中最重要的影响因子。利用SAR数据反演土壤含水量已成为国际潮流方法,反演模型包括Kirchhoff模型、小扰动模型、积分方程模型、经验模型和半经验模型等。

近年来,人们利用SAR反演高精度的海面风场参数,取得了显著的成果。反演方法包括CMOD4、CMOD-IFR2、CMOD5、方位截断法、神经网络法以及完全基于理论模型的反演方法。目前,国内学者在反演理论和反演方法上基本沿用国外的方法,在借鉴国外理论和方法的基础上,研发高分SAR反演海面参数的技术。

3)高分数据地表温度高精度反演技术

针对高分热红外载荷的特点,解决不同大气条件、不同背景环境、多尺度下,地表与海面温度高精度反演技术:①高分红外影像陆表温度反演技术;②高分红外影像海面温度反演技术。

利用遥感数据进行地表温度反演可以追溯到 TIROS2 卫星，截至目前，温度反演算法主要包括单通道法、多通道法（分裂窗算法）、多角度法以及多通道与多角度相结合的方法。总之，反演方法和理论较成熟，针对高分热红外载荷，研究不同地面环境的温度反演技术，提高反演精度。

4）基于高分光学影像的水体参量高精度定量反演技术

针对高分载荷成像的特点，解决内陆、海洋水体基本参量高精度反演技术：①高分载荷遥感数据内陆水体水色等基本参量反演技术；②高分载荷遥感数据海洋水色等基本参量反演技术。

对陆地水体的遥感研究，自 70 年代到现在，从单纯的水域识别发展到对水质参数进行遥感监测、制图和预测，形成了很多提取水色要素的模型和算法，包括经验法、半经验法以及分析法。我国对太湖、巢湖、长江等湖泊、河流的重要水区形成业务化监测，监测水体中叶绿素、悬浮物、有机物等参数变化。

目前，海洋一类水体（外海水体）监测较为简单，二类水体位于近岸、河口，与人类关系最密切，且水质复杂、光学特性不稳定，反演二类水体需要更多的光谱信息。二类水体的水色反演方法包括经验公式法、模型算法、代数法、非线性最优化法、主成分分析法、神经网络法，但这些算法并不通用于我国各大海域，为保证反演精度达到解决实际问题的要求，仍需研究更好的反演模型。

5）高分云检测、云覆盖参数反演技术

针对高分载荷特点，研发云检测云覆盖参数反演算法：①多光谱云检测云覆盖反演技术；②高光谱云检测云覆盖反演技术；③高时相多载荷云检测云覆盖反演技术。

目前，用卫星进行云检测的方法有统计法（直方图法、聚类分析、统计估计、模式识别等）、阈值法与其他算法（数学形态法、小波分析法、人工神经网络法和变分方法等）结合的方法。我国幅员辽阔，南北温度差异大，研究云检测反演技术时需针对不同区域，探索合适的方法。

6）高分气溶胶参数反演技术

针对高分载荷特点，研发气溶胶参数反演算法：①多光谱气溶胶光学厚度及颗粒物浓度反演技术；②偏振气溶胶光学厚度、粒子分布参数及颗粒物浓度反演技术；③多载荷联合气溶胶光学厚度反演技术。

卫星遥感反演气溶胶的研究始于 20 世纪 70 年代，主要反演方法包括基于暗目标的单通道和多通道方法、基于空间对比度的空间结构法、多角度法和偏正法四大类。气溶胶受地理环境影响较大，应选取合适的方法反演城市、沿海、海洋等上空的气溶胶光学厚度。

4.2.5 多源信息融合与归一化处理

1)多尺度、多时相、异源高分数据融合技术

针对高分光学、SAR等多种载荷,实现不同载荷数据间的融合,提升高分载荷的综合应用能力:①全色与多光谱载荷数据融合技术;②光学与SAR数据融合技术。

2)大区域高分数据快速自动镶嵌技术

针对高分光学、SAR等多种载荷,以及航空载荷数据在区域拼接与制图要求,研究快速镶嵌技术,实现高分信息产品的有效展示:①图像快速匹配技术;②图像快速镶嵌技术;③图像快速匀色技术。

3)高分共性信息产品归一化、同化技术

针对高分信息产品标准生产要求,解决信息产品精度稳定、标准、完整、连续、时间序列一致性,实现产品规整:①多源数据综合应用技术;②多种处理方法应用技术;③产品标准化处理技术与技术流程。

4.2.6 试验、检测与评价

1)高分数据天空地一体化协同观测关键技术

针对高分系统多平台多载荷特点,结合地面观测数据,实现天空地观测数据协同观测与综合应用:①多时相、多尺度观测数据集获取方法;②天空地多源数据协同处理技术。

2)高分共性信息产品真实性检验技术

针对高分共性信息产品,解决共性信息产品真实性检验技术,确保高分信息产品精度:①地面真值获取技术;②多源样本数据时空尺度转化技术;③产品真实性验证技术。

3)标准化信息产品测试技术

(1)研究目标:针对高分系统各项载荷研制的标准化信息产品规格、指标参数、应用性能,制定仿真测试与真实性检验技术方法,开发测试软件,提供测试工具。

(2)研究内容:根据应用系统构建的产品指标体系,建立标准样本实测数据集和仿真测试数据集,开发模块化、流程化仿真测试软件系统,用于不同类型产品、不同生产线测试和质量控制方法制定。

(3)技术指标:针对可见光、高光谱、红外、微波4类探测手段形成的地球物理参数反

演产品、时序网格产品、专题信息产品、增值服务产品 4 类产品系列进行标准化软件系统测试。

4）地面实验及大区域范围真值获取技术

（1）研究目标：针对全国重点区域的大气、陆地、水体物理、化学、生物等共性基础参数，建设面向不同气候、不同地表类型的遥感应用实验场，完善野外实验站的遥感设备装配，设计和开展符合高分数据特点和应用需求的各种遥感综合实验，研究各种参数的真值获取技术，为高分系统的区域应用示范项目提供各种本底数据。

（2）研究内容：①完善已有的各类专业实验场，并配备遥感设备，增加陆地应用实验场、城市应用实验场、海洋应用实验场。②构建各种完善的本底数据库。③研究各实验场之间的协调与资源优化配置机制。④突破卫星、航空平台综合任务规划管理技术。

（3）技术指标：①构建以北京为中心的陆地应用实验场，拟以怀来实验场为基地；构建以黄淮海地区为基础的陆地应用实验场，以西北生态环境区为基础的陆地应用实验场。②构建以北京为中心的京津冀城市群应用实验场；在长三角经济发达区建立以城市应用场为主的应用实验场。③构建北部湾海洋应用场。④完善各示范区应用实验场本底数据测量与收集，建立各种应用场的本底数据库。⑤完成遥感应用实验场的协调与资源优化配置，使遥感应用实验场能真正支撑国家各应用行业的遥感应用，其技术支撑力量达到国际水平。

5）真实性检验全过程质量检测技术

（1）研究目标：完善国家已有及计划建立的海洋、光学、红外、微波辐射参量与几何测量场，充分发挥各定标场的特色，结合已有定标场的数据库，形成高分应用综合实验场数据库网和共享机制，促进我国遥感基本参量真实性检验。

（2）研究内容：①从网络化共享等方面完善定标场，使其数据库网络能满足已有与将要发射的天基、临近空间与空基的各类传感器的业务化定标要求，提高定标精度。②充分依托目前气象、环境、生物等监测台站提供的保障条件，针对典型地区（地理位置经纬度、自然生态、地质条件、气候带等）的各种专项参数（例如植被指数、气溶胶光学厚度、地表反射率、水温等），在高分系统支持下配备多种类型的遥感观察设备，进行高空间密度、高精度、高重复性的定标和真实性检验研究。③针对高分数据和产品特点，建设目前不具备检验能力的新型遥感反演产品的真实性检验场网（如大气产品检验场、陆地产品检验场与水体产品检验场等），包括不同类型与不同空间尺度的人工、自然覆盖物的目标识别检验场。④针对从高分数据反演得到的各种几何产品、目标识别产品、大气产品、地表生物物理参数与生物化学参数、水体产品等，研发真实性检验技术。

（3）技术指标：①完成真实性实验场的协调与资源优化配置，建立真实性检验场网数据库，以满足生态环境监测、农业资源调查、水资源综合利用等各应用示范及生物物理量参量反演精度检验等目的要求。②形成对大气产品（如气溶胶、水汽含量、大气廓线等）、陆地产品（如叶面积指数、土地利用分类等）、水体产品（如内陆水体含沙量、叶绿素等产品与海洋光学、红外、微波等产品）等的检验能力。③形成支撑高分天基、临近空间与空基传感器各种目标识别产品精度的检验能力。

6）高分应用效能与指标技术

（1）研究目标：结合行业、区域综合、大众化应用，或利用建立的外场实验环境，对高分对地观测系统的数据获取、处理、服务、应用能力及效能等多个环节进行评估，对应用关键技术性能指标进行分析。

（2）研究内容：高分应用效能与指标的主要任务是结合实际应用，或利用建立的外场实验环境，对高分系统的效能进行评估，进行分辨率、目标定位精度等关键技术性能指标的分析。主要建设内容包括：①应用质量分析分系统，完成高分系统应用质量和效益的分析工作，为综合效能评估提供数据支持，包括目标检测和识别能力分析软件、测绘能力分析软件、图像质量综合分析软件等；②支持应用能力分析分系统，完成典型应用背景条件下，高分对地观测系统对民用支持能力的分析和验证，主要包括工作模式分析与验证、工作流程分析与验证、应用模式分析与验证、时效性分析、直接支持应用能力分析与验证等；③综合效能评估，主要是建立对地观测系统性能与最终需求效能之间的关系模型，研究综合评价方法和评估体系，综合评估高分系统支持各方面应用需求的效能，为发展具备更好支持需求的对地观测系统提供技术参考，主要包括应用效能评估模型库、综合效能分析与评价软件等；④指标体系研究分系统，主要是针对效能评估结果，研究各种不同性能指标情况下系统效能，分析制约系统效能的技术问题，综合不同类型手段发展需求，进行指标体系分析仿真，得到满足应用需要的指标体系。主要包括系统性能综合分析软件、系统效能需求分析软件、指标体系仿真分析软件等。

（3）技术指标：形成对高分系统近百个载荷数据的应用技术支撑，以及区域综合状态、服务行业能力的综合评价。

4.2.7 仿真分析

（1）研究目标：确保高分仿真数据在上天前服务用户测试应用系统，上天后在轨测试与运行阶段进行数据产品分析，支撑后续的载荷研制和应用优化。

（2）研究内容：按照数据"5性"的数据产品与全链路处理系统仿真，面向典型应用的流程化仿真、应用系统效能仿真分析等。

（3）技术指标：形成我国自主知识产权的仿真软件和平台，制作高分卫星载荷后期数据。

4.2.8 高效处理与云平台

具有自主知识产权，基于云平台与计算机、网络等新技术发展，针对海量遥感数据规模化、高精度、高效数据组织、信息存储、处理、网络化协同、共享等实际应用需求，解决用户在以上关键环节的处理手段问题,形成可靠和可扩展的软件工具,提供解决方案。包括:①基于云平台的海量高分信息产品组织、检索、存储与管理技术;②基于云平台的海量高分遥感数据快速处理技术;③基于云平台的高分数据协同与空间分析技术;④基于云平台和 SOA 架构的海量高分数据共享与发布技术。

遥感影像数据量的爆炸式增长及遥感应用对数据处理的巨量需求,促进了遥感影像高性能处理方法和技术的发展。遥感影像高性能处理目前采用的主要技术有以并行数据处理为基础的高性能集群处理技术和以大规模分布式处理为基础的网格计算技术。云计算的崛起为海量数据的处理提供了新的方案,其可扩展性、海量存储以及高吞吐量使其很适合用来做高效数据处理。

1)高分辅助支撑多源数据与知识库技术

(1)研究目标:构建超大规模的、全球尺度的、涉及自然、社会和技术等多个领域的、网络化的、集成的数据库系统,建立数据共享机制,设置分级权限管理和访问功能,开发高效的数据共享服务平台,达到实时更新和发布的能力。

(2)研究内容:①研发支持定量化遥感信息提取的数据库,包括目标特性库、典型地物波谱库、典型海洋水体波谱库、知识库、大气廓线库、遥感模型库、算法库、大气辐射传输模型库等。②研发支持非定量化高分数据应用的数据库,包括典型地物纹理/图斑数据库,典型目标多尺度模板库等。③研发基础地理要素本底数据库,包括 DEM 数据库、自然地理要素(河流、湖泊、山脉等)数据库、社会经济地理要素(行政区划、道路交通、矿产资源等)数据库。④研发行业数据库,包括行业各部门需要的观测数据(如气象观测台站网的数据、海洋观测台站网的数据等)和统计数据(如农业部门的统计数据等)。⑤研发实验场数据库,用来存储、加工国家实验场中得到的数据。⑥实现多源数据相互操作与快速调用,保持多源数据与知识库的更新。

(3)技术指标:联通并完善行业部门、科研单位已有的 20 余个数据库和数据系统,形成可支持应急应用的能力。

2)高分载荷数据处理、信息综合提取及专题应用产品生产技术

(1)研究目标:针对高分系统设计的近百个载荷,建立数据处理和算法研发体系,突破从数据到信息转化过程中实现信息提取的关键技术,实现基于高分数据的定量反演和智能信息提取,形成共性专题应用产品生产技术,降低遥感应用门槛,为行业、区域和大众等应用提供有用、好用的技术支持。

(2)研究内容:①针对高分载荷的共性技术难点展开研发(如快速智能化处理),并通过各类遥感实验,提高多源数据协同解决问题的能力。②建设高分系统天基、临近空间、空基各种可见光/近红外、红外、微波及其他新型传感器遥感信息机理研究实验室,在传感器特性分析与机理研究支撑下,构建高分观测系统各类传感器的正向模型和高分图像模拟仿真系统。③突破高分新型传感器的参数定量反演算法,高分多源数据协同反演技术和信息融合技术等关键技术,形成各种传感器数据产品反演生产的软件系统。④突破基

于网格的智能化快速信息提取技术、影像高精度地理编码服务技术、高可靠并行多源遥感数据快速处理技术，并形成网格环境下的软件系统，实现对地物特征智能化的变化检测、目标识别、地表分类、群判读与数据库自动更新。⑤研究建立多源数据（天基、临近空间、空基、原地观测数据）联合反演地表参数的技术方案和多源信息融合系统，发挥高分系统多星网络互补的优势，整合数据资源，提高数据利用效率，深化应用潜力，提高应用水平。

（3）技术指标：实现20余个基本参数及10多种跨行业基本专题应用产品的真值获取，开发不少于100种数据信息产品的算法和30种遥感信息提取关键技术，解决高空间分辨率、高光谱和超高光谱分辨率、甚高分辨率红外光谱仪、空间多角度偏振测量仪、SAR、静止轨道高时间分辨率卫星等数据处理技术与信息产品反演算法研究。

3）高分支撑信息集成与共享、网格化支撑技术

（1）研究目标：研究以高分数据为核心的海量多源遥感数据、多源相关地理本底辅助数据及其社会经济等多源异构数据间的关联、融合集成技术；在网格技术的支撑下，建设高分集成数据库、信息自动交换系统、分发系统和信息共享服务平台。

（2）研究内容：①研究共享政策，形成合理、可行的共享保障机制，建立相关的模式、协议和接口；②研究以高分数据为核心的多源、多时相数据融合方法，构建面向问题（对象）的多源数据组合搭配方案库，加强高分数据在更广泛国民经济和社会事务领域的渗透和应用，形成为国家重大问题、行业需求和大众日常生活提供多样化“一站式”分发服务的模型、方法和机制；③研究基于高分遥感数据的数据同化技术，结合动力约束对观测数据进行深入的动态分析，突破四维同化技术，实现对大尺度水循环、碳循环、海洋动力、大气运动等的有效分析与模拟；④突破空间信息网格技术，包括分布式数据网格、协同服务、并行处理和分布式计算等技术。

（3）技术指标：构建若干大型的决策级融合系统，覆盖陆面、大气和海洋的业务化运行性示范系统，若干多种遥感数据的服务节点、通用遥感计算服务节点和专业遥感计算服务节点、综合信息集成与共享节点、系统管理节点等，形成面向数据集成的大型虚拟现实系统和对普通网络用户发布的高分数据空间漫游系统。

4）行业应用业务流程标准化与评估技术

（1）研究目标：针对各主要行业的主要应用业务，解决高分信息服务的瓶颈技术，实现规范化、标准化的各项业务处理。

（2）研究内容：针对各专业，在高分遥感信息服务下制定各自的生产作业规范，并整合业务流程，对形成的成果开展多层次推广及效果检验。

（3）技术指标：促成解决各行业实际业务需求的高分遥感信息产品和服务模式。

5）区域性多领域应用协同中多源信息整合及业务流程构建技术

（1）研究目标：针对主体功能区划中划分的不同区域，尤其发达与落后区域、大中小不同城市、边疆重点区域等，围绕结合地方特色和业务需求建立高分应用示范，突破关键技术。

(2)研究内容:研究结合地方业务的互动式模型调度与计算技术,动态构建可定制、可视化的应用模型,并基于工作流形成智能化模型,提供切实的综合分析、系统构建与高分信息服务。星载、机载、临近空间飞艇数据获取手段的综合应用。

(3)技术指标:结合国家重大需求和区域需要,实现多领域应用的协同,推动5~20个部门联合开展区域应用示范,并共享形成的信息与知识。

6)基于地球空间框架的多源数据集成管理与快速可视化技术

(1)研究目标:针对广泛服务,构建基于地球空间框架的多源高分数据集成化的数字区域技术体系。

(2)研究内容:研究多源、多尺度、时序数据库集成技术;开放式模型库的组织与管理技术;高效数据录入、转换、更新和多参数查询技术。

(3)技术指标:实现TB级海量多源空间信息的集成管理,秒级快速检索,具备从全球、全国到地区的多尺度三维虚拟可视化能力。

7)基于数字地理框架的区域、行业的信息共享关键技术

(1)研究目标:构建不同规模的综合应用系统,形成共性的数据流技术与标准。

(2)研究内容:构建面向区域区划、监测、分析的可视化场景;实现高效数据录入、转换、更新和多参数查询;形成基于网络的区域信息的发布;推动高分数据和产品与重点区域主要应用结合,构建业务化运行系统。

(3)技术指标:形成完善的基于数字地理框架的区域和行业应用理论和方法,构建若干实用系统。

8)关键技术软件化、中间件、插件技术及市场推广

(1)研究目标:实现高分应用共性技术的软件化。

(2)研究内容:加强高分专业处理模块设计;形成中间件系统;建设应用数据库和二次开发软件库。

(3)技术指标:形成由大气校正软件、图像配准软件、通用图像处理软件、任务安排与轨道模拟软件、地面仿真软件等组成的软件系统,具备与国外开展竞争的能力。

9)基于网络的海量高分数据快速传输和产品显示、发布、存储、处理与大规模并发访问技术

(1)研究目标:确保高分数据和信息产品的有效发布、快速传输、网上处理。

(2)研究内容:形成多源多尺度海量空间信息集成框架标准与规范,研究多维海量球面数据模型与数据组织,突破多源海量空间信息资源管理、信息发现与快速检索技术、多源海量空间信息快速可视化表现与分析技术、网上数据处理技术与服务。

(3)技术指标:形成我国自主知识产权的大众网络化服务软件。

4.3 应用系统共性关键技术要求设计

应用系统共性关键技术是分类别的,不同的关键技术在与遥感器关系、复杂度与研究周期长短、技术起点与成熟度、要求程度、支持手段条件、受众多寡等各有不同。在开展研发过程中,要按照这些特点进行课题组团,建立课题群,满足应用需要,适应卫星及整个系统的研发节奏,这样不仅利于项目管理,而且可以更好地保障技术研发的顺利开展。

4.3.1 共性关键技术要求设计

1)指标设立与评价要求

建立指标体系是构建信息流与技术流的核心关键,也是建立相应软硬件的前提条件。指标体系充分体现了人们对系统的认识与掌握程度,同时也体现了人们对系统的期望与要求。同时,也要看到,指标设立要符合实际情况,可以按照ATRL的方式不断迭代。从这个角度看,指标体系是个"脚手架",能有力支撑高分应用的科研与工程开发。

围绕标准、算法、系统等技术均需要建立指标体系并通过实践进行检验、分析、评价与优化。高分应用系统是通过共性技术研发与服务系统中的各子系统按照ATRL不断提升的顺序完成的,包括通过实验场与数据库子系统中的实验验证平台、仿真平台开展检验,通过高分共性信息产品研发子系统的共性技术测试平台进行功能与性能测试,通过信息集成共享与服务子系统的共性技术集成与互联网测试平台进行更大规模的分析评价。同时,更是通过应用示范分系统中的各个行业、区域应用示范系统进行应用性评价。

结合前述研究,共性关键技术的设计和研制是围绕应用系统产品研发、生产、存储和共享服务的技术流程的,实现实用化、定量化、可移植的共性关键技术,其核心是围绕共性产品的各项任务需求,满足其提出的技术指标构成的指标体系。因此共性关键技术的指标设立和评价要求与3-5级目标共性产品紧密相关,从指标体系方面,两者是统一和可以互相支持的。

2)样例

表4.1是针对3-5级目标共性产品指标要求的一个样例。这个指标要求是指导共性关键技术研发要围绕产品开展,做到提升产品精度、提高产品应用效能,而具体指标在整个过程中是不断优化调整的,事实上在后续的工作中均进行了调整。

表 4.1 目标共性产品的技术指标要求

分级	分类	信息产品		技术指标
3 级	光学	精校正图像产品		平原地区误差优于 1 个像元
		正射影像产品		平原地区误差优于 1 个像元,山区误差优于 3 个像元
		地表反射率		反演精度优于 90%
	SAR	后向散射系数		在 SAR 系统精确内外定标的基础上,SAR 图像辐射校正精度优于 2dB
		无控制点区基于精轨参数的地理编码图像产品		在 C/X 波段 SAR 卫星定位精度达到国际同类卫星精度的条件下,产品定位精度优于 50 m
		DEM 精校正地理编码图像产品		中高分辨率卫星几何定标星下点定位探测精度、图像几何畸变优于 1 个像元
	融合	多光谱和高空间分辨率影像融合产品		影像配准精度优于高空间分辨率 1 个像元
		高光谱和高空间分辨率影像融合产品		影像配准精度优于高空间分辨率 1 个像元
		SAR 和高空间分辨率融合产品		影像配准精度优于高空间分辨率 1 个像元
		升降轨融合 SAR 影像图		影像配准精度优于 1 个像元
4 级	陆地	DEM		平面精度 1 m,高程精度 1 m
		地表辐射参量	陆地比辐射率	绝对误差小于 0.02
			地表净辐射	反演精度优于 75%
			离水反射率	反演精度 85%
		温度参量	地表亮温	绝对误差小于 2 K
			水表温度	绝对误差小于 1 K
			冻土温度	绝对误差小于 2 K
		土壤参量	土壤水分含量	反演精度优于 70%
		植被参量	植被指数	反演精度优于 80%
			植被覆盖度	反演精度优于 75%
			叶面积指数	反演精度优于 75%
			光合有效辐射系数	反演精度优于 70%
			叶绿素含量	反演精度优于 70%
		水体参量	叶绿素浓度	反演精度 70%
			水体悬浮物浓度	反演精度 70%
			水体黄色物质浓度	反演精度 70%
			水体透明度	反演精度 70%
		矿物参量	矿物光谱吸收指数	反演精度 85%
		冰雪参量	冰川表层反射率	反演精度 80%

续表

分级	分类	信息产品		技术指标
4级	海洋	海洋水色	归一化离水辐亮度	相对误差 10%
			Kd490	相对误差 20%
			黄色物质含量	相对误差 40%
			叶绿色 a-浓度	相对误差 35%
			悬浮泥沙浓度	相对误差 25%
			总悬浮物浓度	相对误差 25%
		海表温度		产品精度优于±0.5 K,空间分辨率 500 m
		海面风场		风速优于±2 m/s,空间分辨率 500 m
	大气	大气温湿分布	大气温度	反演误差小于 2.5 K
			大气湿度	反演误差小于 25%
			大气可降水量	反演误差小于 20%
		大气运动	多通道大气风场	大气目风速优于±8 m/s,风向优于 25°,空间分辨率 200 m
		云参数	云检测	反演误差小于 15%
			云分类	反演误差小于 15%
			云相态	反演误差小于 15%
			云量	反演误差小于 15%
			云顶温度	反演误差小于 1.2 K
			云光学厚度	相对误差小于 20%
		粒子和气体成分	温室气体(CO_2,CH_4)	CO_2反演误差小于 1.0%,CH_4反演误差小于 5.0%
			痕量气体(NO_2,SO_2,O_3,CO)含量	NO_2精度优于 20%,SO_2精度优于 20%,O_3精度优于 8%,CO 精度优于 25%
			气溶胶光学厚度	反演误差小于 20%
			气溶胶类型	反演误差小于 40%
			粒径范围	反演误差小于 30%
5级	陆地	影像图产品	标准分幅、分区正射影像图	平原地区误差优于 1 个像元,山区误差优于 3 个像元
		地表覆盖分类图	粗分类、精细分类	分类精度 85%~95%
		生态系统生产力产品	生物量估算图	反演精度优于 60%
			净初级生产力	反演精度优于 75%
			净生态系统生产力	反演精度 75%
			碳氮通量	反演精度 75%

续表

分级	分类	信息产品		技术指标
5级	陆地	地表能量平衡产品	潜热通量	反演精度 75%
			感热通量	反演精度 75%
			土壤热通量	反演精度 75%
			地表蒸散量	反演精度 70%
			表观热惯量	反演精度 75%
		作物产品	作物分类	反演精度 85%
			旱情指数	反演精度 85%
			作物净初级生产力	反演精度 75%
		水体产品	藻类和水草分布产品	反演精度优于 70%
			水华分布产品	反演精度优于 90%
			水体营养状态指数分布产品	反演精度优于 70%
		冰雪产品	积雪覆盖	反演精度优于 70%
			冰川面积与厚度	反演精度优于 70%
	海洋	海洋初级生产力		反演精度优于 70%
		溢油监测产品	溢油范围、边缘线、油膜量、漂移态势	反演精度优于 80%
		海冰监测产品	海冰覆盖范围、外缘线、密集度、冰厚、冰温、冰类型	冰外缘线识别精度优于 95%;海冰密集度反演精度优于 90%;冰厚小于 8 cm
		赤潮监测产品	赤潮范围、中心点位置、边缘线、漂移态势	识别精度优于 75%;识别面积优于 0.5 km^2
		浒苔监测产品	浒苔范围、中心点位置、边缘线、漂移态势	识别精度优于 75%
		浅海地形		探测精度 0.3 m,最大探测水深小于 30 m,空间分辨率优于 50 m
	大气	台风/局地强风暴监测产品		大气目风速优于±8 m/s,风向优于 25°,空间分辨率 200 m
		中国区域温室气体时空分布图		反演误差小于 2.5 K
		中国区域痕量气体时空分布图		NO_2 精度优于 20%,SO_2 精度优于 20%,O_3 精度优于 8%,CO 精度优于 25%
		中国区域气溶胶时空分布图		反演误差小于 40%
		云发展阶段/趋势分析产品		反演误差小于 15%
		降水估计		反演误差小于 25%

4.3.2 阶段与安排要求设计

1)按照 ATRL 的主要技术阶段设计

按照 ATRL 的主要技术部署如图 4.4 所示。标准规范类成果既是设计出来的,更是实践总结出来的。针对这类研究需要的时间跨度最长,从项目开始,直到项目结束。在项目的整个生命期间,全方位考察标准的模型构建、参数设置以及这种条件下的表现情况。同时,要在利益相关方中寻求共识,成为应用者愿意遵守的标准与规范。这个过程也可明晰地表示出其成熟程度。

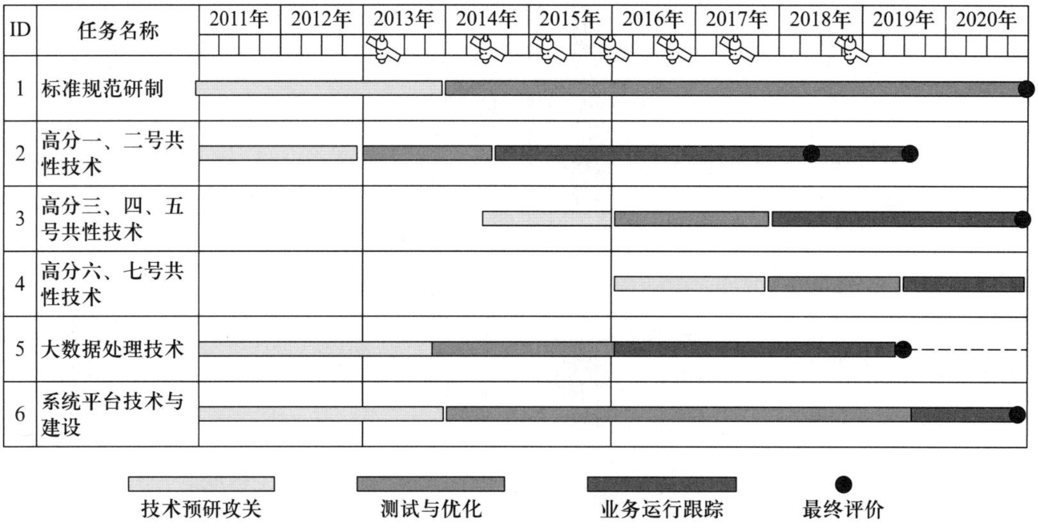

图 4.4 按照 ATRL 的主要技术部署

对于信息提取与产品生产技术,一般要与卫星研发进展相匹配,在卫星上天前、卫星在轨应用测试与评价期间、卫星长期运行服务期间进行技术迭代,提升应用技术与产品的 ATRL,有效服务应用。其中,针对载荷的关键技术研发部署(图 4.5):

(1)卫星发射前,基于仿真数据和产品,开展针对性共性关键技术研发与工具研制,完成支撑系统建设;

(2)卫星在轨测试期间,基于真实 0-2 级数据及产品,开展综合应用试验,进行技术优化,开展技术系统优化、培训和试运行;

(3)卫星正式运行期间,基于正式应用产品,进行技术完善,具备业务运行能力;

(4)卫星退役后,开展全过程综合验证,进行技术效能评价。

对于涉及数据工程的技术紧密结合社会化信息技术,随着时间变化较大,需要连续投入,不断提高改进。

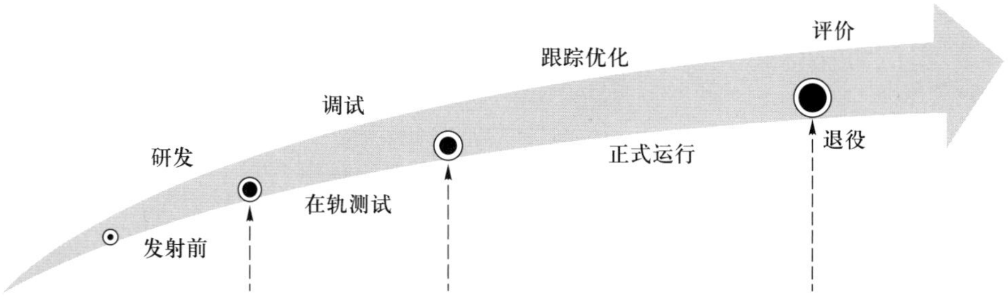

图 4.5 针对载荷的关键技术指南计划

2）三个时期

共性关键技术指南的安排主要依据高分专项工程总体进展，与卫星和载荷研发进度匹配，满足应用示范的系统建设要求和技术服务需求，因此总体上按照研制总要求划分为三大阶段（图 4.6）。

图 4.6 总体时间计划安排

第一阶段为先期攻关：①完成应用系统总体设计；②针对高分一号和二号卫星数据，攻克共性关键技术；③形成行业和区域应用示范原型系统、共性技术集成与共享服务系统原型；④初步具备高分一号和二号卫星数据应用示范技术能力。

第二阶段为一期建设：①编制应用技术规范和标准；②攻克高分三号至五号卫星和有关航空载荷数据应用共性关键技术；③开展行业和区域应用示范原型系统和共性技术集成于共享服务系统一期建设；④针对高分一号至五号等卫星和有关航空载荷数据，开展典型示范应用。

第三阶段为二期建设：①完善标准规范体系；②攻克高分六号、七号卫星和有关航空载荷数据应用共性关键技术；③开展行业和区域应用示范原型系统和共性技术集成于共享服务系统二期建设；④针对高分一号至七号等卫星和航空载荷数据，开展典型示范应用。

4.4 基于遥感地理时空数据智方体的数据工程[①]与新型系统

网络化航天遥感地面应用系统模型是针对地面应用体系设计,尤其是共性技术体系设计提出的系统实现模型,是基于遥感地理时空数据智方体(Geo Raster Intelligent Data Cube, GRID Cube;简称智方体)模型实现的。高分卫星载荷数据是典型的遥感地理时空数据,通过构建 GRID Cube 结构,利用需求驱动信息、信息驱动数据、数据驱动软硬件的方式,构建高分多源遥感数据产品组织和处理的标准化、规模化、自动化、智能化系统,结合互联网思想和网络化架构组合成 SPID 结构的应用体系,服务多类型应用。

4.4.1 面向网络服务的地理时空数据智方体

1)原理与说明

我国现已初步具备多源卫星对地观测技术体系,在"互联网+天基系统"蓬勃发展的当下,如何充分利用该体系,将技术潜力转化为业务服务能力,成为遥感观测技术发展所面临的巨大机遇与挑战。遥感地理时空数据是通过"探测绘"手段得到的观测对象参数信息,这些信息具有地理时空特性,在一定的地理学尺度上形成时空分布。遥感地理时空数据智方体(GRID Cube)是一种地理时空栅格大数据的组织模型,以高分标准"小数据"块形式,存储智能遥感处理所需的数据、信息和规则,是一种高效的空间信息网络化服务载体。

GRID Cube 是智方体概念模型针对地理时空栅格大数据进行实例化的一种逻辑模型。地理时空数据因其数据形态特点和需求应用特点,对实现智能化数据组织具有天然的优势和需求前景。地理时空数据是人类日常活动数据特别是在地理信息领域中的最常用数据类型,具有很强的时间特征和空间特征。地理时空数据的变化过程随着自然演变和人类活动存在一定的规律性。地理时空数据对地理实体和现象的描述具有明确的意义,是一种有义数据。因此,在数据形态方面,地理时空数据之间在时间、空间、语义、过程等方面具有非常稳定的天然关系,非常适合智方体数据组织模型的信息关联构建、自我学习和数据模拟。在数据应用需求方面,遥感地理时空数据具有非常强的时效性要求,而地理时空数据受人为观测采集技术条件和成本约束,不同的数据采集频率存在较大的差异,很多地理时空数据在时间上存在数据不连续、数据短缺等特征。例如,社会统计数据的更新频率是以年为单位、重点地物的变更调查以月为单位、卫星影像的重返周期以天为单位、交通物流信息的更新以小时为单位、移动通信信息的更新以分秒为单位等。低频更新数据

---

① 数据工程是指面向不同计算机平台和应用环境。采用信息系统设计、开发和评价的工程化技术和方法,以工程化作为基本出发点的数据处理、分析和应用方法与技术。

的空间粒度和数据粒度要大于高频更新数据,这为基于高频更新数据模拟低频更新数据提供了可行性的基础,因此基于智方体数据组织模型的 GRID Cube 具备对短缺数据的模拟能力,在地理信息应用领域具有很好的需求前景。

GRID Cube 的构建思想是在智方体数据组织概念模型的基础上,充分结合遥感地理时空数据特性和大数据组织需求,对遥感地理时空栅格大数据在数据质量精度、空间尺度、数据定义、数据规格等方面进行合理的清洗、整理和降维,使混沌无序的多源异构地理时空栅格大数据变得透明有序。通过在数据组织上着重突出地理时空信息间内在关联特征,包括时序关联特征、空间关联特征、属性语义关联特征、演变过程关联特征等,强化潜在信息的发现和模拟能力,提升数据的整体利用率。

遥感地理时空数据的基本特征和内在关联特征为 GRID Cube 的构建提供了理论基础。

(1)遥感地理时空数据的空间区域特征和唯一性特征表明同一时间、同一空间尺度下的地理时空数据在相同的空间区域上的信息和关联地物具有唯一性,这为多源异构地理时空数据的整合提供了理论支持。

(2)遥感地理时空数据的粒子性特征和点面二相尺度特征表明,空间信息可以通过多尺度的离散单元来表达真实世界,相同地物实体和现象在不同空间尺度下的数据信息具有不同的特征和含义。不同空间、时间、尺度等维度方向的粒子信息聚合形成的空间信息形态,可以突出不同空间信息特征,适用于不同的应用,为地理时空栅格大数据在空间尺度上的规格化和分布式并行处理提供了理论支持。

(3)遥感地理时空栅格信息的内在关联特征表明,空间地物的演变是符合自然客观规律的,这些规律和内在联系,为地理时空栅格大数据基于时序、空间、语义关联和演变过程关系等关联特征进行大数据挖掘提供了理论支持。

GRID Cube 的构建原理是在地理时空栅格大数据化背景下,将遥感地理时空数据进行规格化组织,通过统一的数据定义将多源异构的无序数据进行归一化处理。以空间地理位置为基准,将数据在空间尺度上进行规格化处理;以各个空间尺度上的基准空间单元对地理时空数据进行离散化组织,在基准空间位置上的各类信息,被按时间轴串成信息立方体,同一类型的信息共享一个空间属性维度,多维度属性信息以关联强度作为初始赋权参考;以同维度时间最近值作为初始预测值;以已知数据作为样本训练检测值,构建深度学习模型,实现数据立方体的连续化模拟和趋势预测。

2)数据有序化组织

GRID Cube 数据组织将地理时空栅格大数据从混沌、无序的复杂高维状态组织成透明、有序的规格化信息,是地理时空栅格大数据实现高效利用和综合应用的基础。如图 4.7 所示,GRID Cube 数据组织主要从尺度维、信息维和时态维三个方面对地理时空栅格大数据进行有序化组织和大数据降维。

(1)尺度维度有序化。遥感地理时空数据的空间尺度包括两个方面:一方面是数据的空间分辨率尺度,另一方面是数据的空间覆盖尺度。

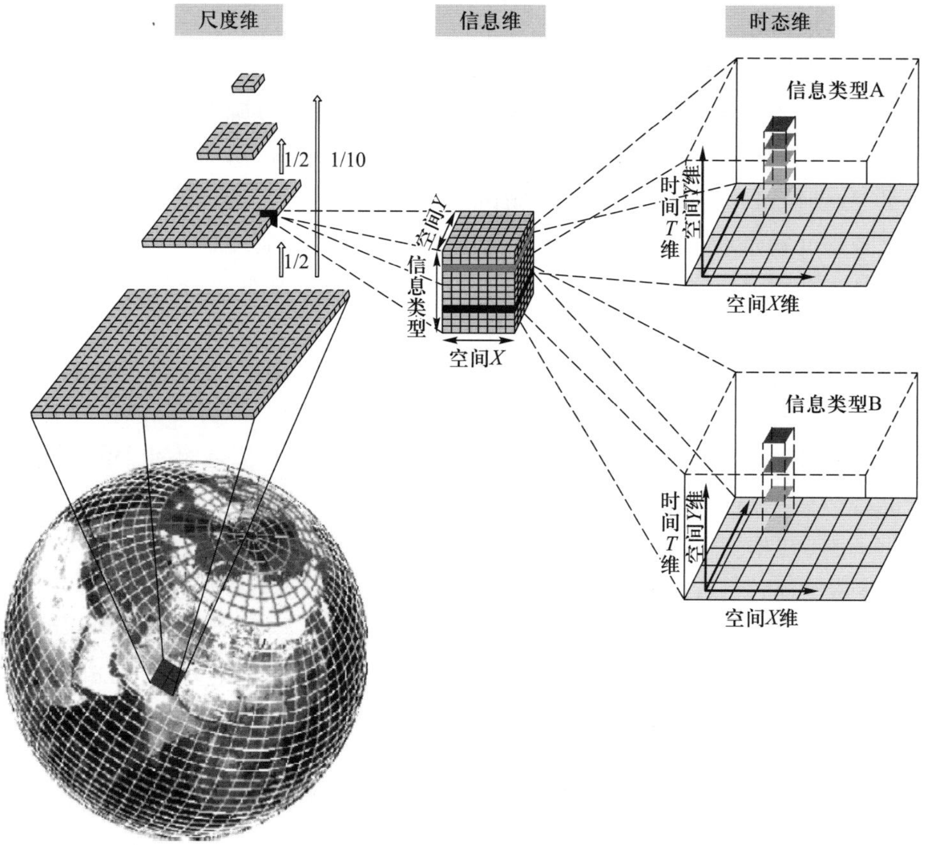

图 4.7 GRID Cube 数据组织

从客观的角度上看,数据的空间分辨率尺度具有无限种可能,目前作为地理时空数据主要信息源的遥感数据从厘米级的航空数据到公里级的卫星数据在各个分辨率级别上都存在多种不同的分辨率尺度数据源。由于空间地物信息的点面二相尺度特征,相同空间范围内不同空间分辨率尺度下的空间信息表达了不同的含义,因此实现统一空间分辨率尺度,是地理时空栅格大数据综合应用的基础。GRID Cube 数据组织模型根据地理时空数据的应用目的不同,将空间分辨率划分成多个应用分辨率尺度级别,将各尺度级别附近的其他空间分辨率数据进行尺度归一化处理,从而提升各个应用分辨率尺度上的数据可用率。

遥感地理时空数据的空间覆盖尺度是指数据的空间覆盖范围不统一,由于遥感器拍摄时的高度、纬度、姿态角度等不同,使得获取的栅格数据的覆盖范围不尽相同,同时由于多源数据的产品规格存在差异,使地理时空数据产品的空间覆盖尺度也不一致。空间覆盖尺度的不一致对地理时空栅格大数据的应用造成了影响,如多种复杂的空间计算方式降低了空间检索效率和便捷性等。

此外,遥感数据从采集数据效率的角度确定的景幅宽大小并不适用于实际应用,造成了实际应用中数据包含了大量的目标区域外的无效数据,降低了数据的处理效率。由于空间信息具有粒子性特征,空间信息具备离散化和重聚化的特性,因此 GRID Cube 数据组织模型根据应用目的的不同,在各种应用分辨率尺度级别下进行了空间覆盖尺度的有序化,将各种数据空间覆盖尺度统一到该应用分辨率尺度级别下适合的大小,从而提升各个应用分辨率尺度上的数据处理效率。

(2)信息维度有序化。地理时空栅格大数据的一大特点是多源异构性,不同来源的数据具备了不同的定义和规格,限制了地理时空栅格大数据的综合应用。地理时空栅格信息产品定义的不统一,造成了数据识别的复杂性,主要包括产品级别的定义、产品信息类型定义、产品信息的值义单位、产品命名规范、产品元数据描述、产品的空间覆盖范围等;地理时空数据规格的不统一,造成了数据读写的复杂性,包括数据格式、数值类型、头文件内容等。

GRID Cube 信息维度有序化的目的是将信息面向对象化组织。通过将各种信息的含义进行统一定义,对同义信息进行规格化处理和归类,作为空间地物的属性信息进行面向对象方式进行组织,不仅可以有助于对空间地物的综合认识,提升多源地理时空栅格信息的综合利用率,更有助于发现地物属性信息间的潜在价值。

(3)时态维度有序化。时态性是地理时空数据的基本特性,空间地物在不同的时刻具有不同的状态信息,大多数地理信息数据的在时间方向的演变具有明显的规律。对地理时空栅格大数据在时态维度上的有序化组织,可以有助于发现和利用地物信息的时态变化规律,从而提升信息的利用价值。

GRID Cube 时态维度有序化通过将同一空间地物上的同义属性信息按时间顺序化组织,可以快速地实现信息的变化检测;获取信息时态变化曲线、信息时态模拟插值;进行时态变化趋势分析等。同时,通过对比同一空间地物上不同属性信息在时态上同步变化特征,可以有助于发现属性信息间在演变过程中的影响规律,从而提升发现潜在信息的能力(顾行发等,2018)。

4.4.2 基于 GRID Cube 的 SDIKWa 闭环流程结构模型

SDIKWa 是地球信号信息、遥感数据信息、遥感信息/观测地球信息、知识/决策智慧、行动再到地球信号信息的循环相连的闭环,这是航天遥感信息流的形状,是目前航天遥感应用的主要表现形式。基于 SDIKWa 流程深入描述航天遥感地面应用系统软件功能和性能,确定处理系统设计的约束和软件同其他系统元素的接口细节,定义软件的其他有效性需求,借助当前系统的逻辑模型导出目标系统逻辑模型,解决目标系统“做什么”的问题,明确输入什么类型的遥感数据、生产什么类型的遥感信息、通过什么方式形成具有现实意义的知识和决策,最后如何传导到实际行动中实现信息价值。

航天遥感地面应用系统设计通常有两种类型:一种是自上而下,针对卫星传感器类型分析其可能的应用方向和类型,确定用户并设计地面应用系统;另一种是自下而上,根据用户的业务需求,从遥感信息产品确定卫星传感器类型和指标,而后设计地面应用系统。两种方式对应的是 SDIKWa 闭环传递方向的不同,前者是 S>D>I>K/W>a,表现为数据导向技术需求分析；后者是 a>K/W>I>D>S，表现为应用导向任务需求分析。

1）数据工程导向的构建模式

主要适用于在确定遥感数据源的情况下，设计特定领域的地面应用系统。例如，针对特定遥感卫星或传感器建设的地面应用系统。数据导向需求分析主要包括信息产品需求确定、业务需求确定、应用模式需求确定等几个方面的内容。

（1）信息产品需求确定。调研指定类型传感器所能提取的信息产品种类，分析在目标领域中的遥感信息产品应用能力，包括传统可用遥感信息产品类型、可研发的面向业务的综合信息产品，确定应用系统最终信息产品，统筹各环节的中间产品，从而明确需要研发的产品算法模块，以及信息生产系统的功能和流程。

（2）业务需求确定。根据信息产品的品种、规格、质量、规模、时效性“5 性”，调研分析现有业务，明确或设计业务内容，进而确定用户对象及其功能权限、业务规范和系统性能要求等。

（3）应用模式需求确定。根据确定的业务需求，结合实际条件，明确应用系统交互模式和架构需求，如中心 Web 方式、桌面工作台方式、移动终端方式等，以及功能界面形式等。

2）应用导向的构建模式

应用导向需求分析主要适用于针对特定应用需求，遴选特定卫星遥感数据设计遥感地面应用系统。相比数据导向需求分析，应用导向需求分析不限于卫星传感器，更适用于遥感卫星资源充沛的条件下的多星综合应用的系统设计模式。应用导向需求分析主要包括业务需求分析、信息产品需求分析、遥感卫星数据产品遴选、信息产品需求确定、业务需求确定和应用模式需求确定等几方面的内容：

（1）业务需求分析。针对目标应用，进行业务需求分析，初步确定业务内容形式、用户对象及其功能权限、业务规范、系统性能要求，以及应用系统交互模式和架构需求。

（2）信息产品需求分析。针对业务需求，进行业务信息产品需求分析，包括信息品种需求、信息规格需求、信息质量需求、信息规模需求，以及信息时效性需求。

（3）遥感卫星数据产品遴选。针对信息产品的品种、规格、质量、规模和时效性“5 性”需求，综合分析可选遥感卫星数据类型和获取能力，进行相关信息产品可提取能力和生产能力分析评价，从可行、可靠、经济等多方面选择并确定遥感卫星数据组合。

（4）信息产品需求确定。根据遴选的遥感卫星组合能力，考虑到存在需求无法完全满足或需求品质可提升等情况，优化或调整信息产品需求，确定应用系统最终信息产品，统筹各环节的中间产品，从而明确需要研发的产品算法模块，以及信息生产系统的功能、流程，以及性能要求。

（5）业务需求确定。根据最终确定的信息产品品种、规格、质量、规模、时效性“5 性”，优化调整业务需求，确定用户对象及其功能权限、业务规范、系统性能要求等。

（6）应用模式需求确定。根据确定的业务需求，结合实际条件，优化调整确应用模式需求，确定应用系统交互模式和架构需求，如中心 Web 方式、桌面工作台方式、移动终端方式等，以及功能界面形式等。

4.4.3 基于 SPID 云服务架构的遥感应用系统

1) 遥感应用系统 SPID 总体架构设计

遥感应用系统 SPID(Software, Platform, Infrastructure & Data)架构基于互联网云服务理念,将遥感应用系统抽象为软件(S)、平台(P)、基础设施(I)和数据(D)四种结构对象与服务要素。

(1) S 服务:提供遥感专题应用服务,如仿真应用系统、手机终端、城市环境监测系统、作物长势监测系统、大气环境监测系统等专题业务系统。通过该服务能够降低遥感应用门槛,推动遥感应用推广。

(2) P 服务:提供遥感应用共性信息与技术平台服务,包括基于平台的遥感影像及其共性产品的生产、处理和共享等服务。遥感应用系统服务平台采用面向弱耦合化的插件式系统构建技术,实现了工具和系统的灵活配置、动态扩展和便捷升级,避免了重复建设,有利于应用的深入开展和有序进行。

(3) I 服务:提供硬件基础环境服务。遥感应用系统是一个大数据系统,依赖于海量存储、高性能计算等高要求硬件基础设施,I 服务可以通过提供虚拟化硬件基础设施服务为远程遥感应用提供支持。

(4) D 服务:提供卫星影像数据、信息产品及其相关辅助数据等的数据信息服务。

遥感应用系统 SPID 架构(图 4.8)是遥感应用系统采用 SPID 基础架构理念,基于特定需求进行架构设定与改进。其中,S 所包括的专题应用系统、信息可视化系统、空间信息分析系统、移动终端 APP 等负责收集用户需求,定制数据获取规划,向平台 P 提交信息技术

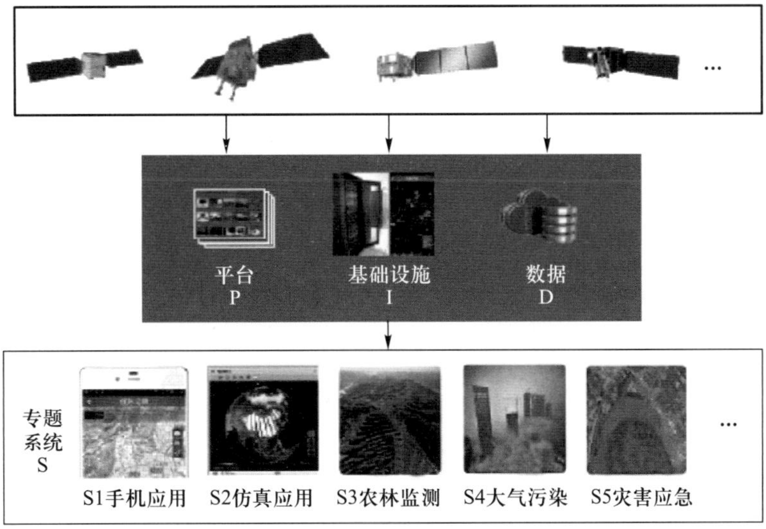

图 4.8 遥感应用系统 SPID 架构示意图

需求,获得平台的共性信息产品,生产用户需求的决策信息产品。P 所包括的网络化服务系统、3-5 级产品生产系统和运行管控系统,负责数据处理、共性信息产品生产并提供工具、产品及虚拟硬件资源接口服务。基础设施 I 所包括的虚拟化系统和硬件设施,负责为数据库系统和平台提供计算与存储资源。数据 D 主要为分散其中的数据库系统,负责存储数据产品、信息产品,以及其他辅助数据。

一个基于 SPID 云服务架构的典型遥感应用系统示例如图 4.9 所示,系统面向政府、行业部门、商业企业和大众等类型用户,通过各类专题应用系统提供 SaaS(software-as-a-service)服务,专题应用系统收集用户信息需求,在共性技术处理与服务平台的 PaaS(platform-as-a-service)服务支持下获得共性信息产品,结合专题辅助数据信息完成专题信息产品制作,最终为用户提供可支持决策的专题信息,同时,通过共性技术处理与服务平台还可以为用户提供共性信息产品与技术产品共享等 PaaS 服务,并在虚拟化技术的支撑下为用户提供计算资源、存储资源、软件工具等软硬件基础设施的 IaaS(infrustructure-as-a-service)服务,在数据库系统和卫星数据供应商的支持下对外提供数据产品的 DaaS(data-as-a-service)服务。

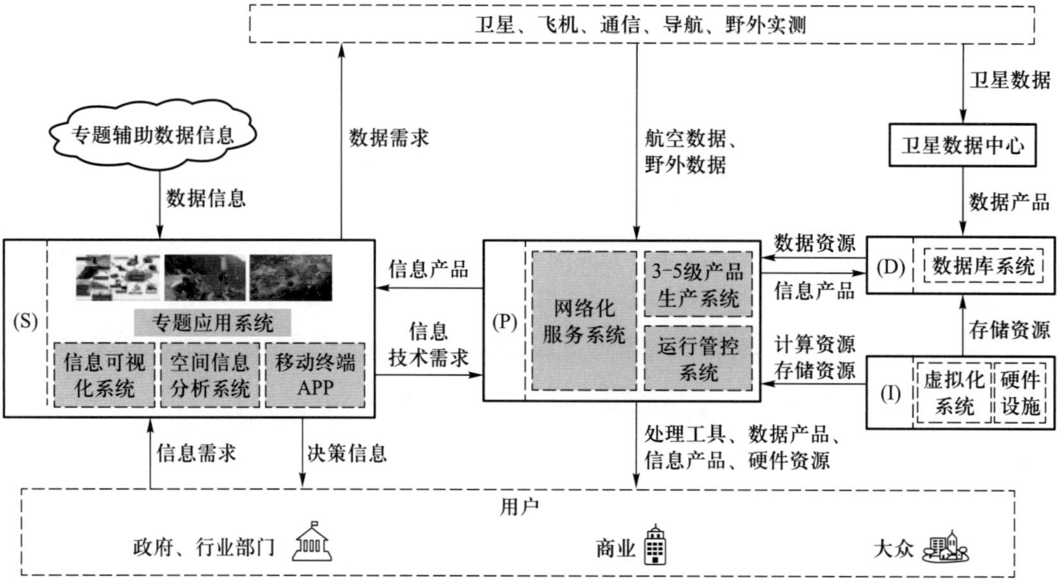

图 4.9 遥感应用系统 SPID 基础系统架构图

2)面向多类型遥感应用的存算一体化框架设计

综合考虑面向遥感应用大数据类型繁多、计算需求各异的特点和遥感应用对高性能的迫切需求,设计横向分布式—纵向 CPU-GPU 协同并行的立体加速框架,以充分发挥分布式环境下各节点的计算能力。同时,需要研发多目标优化的自适应复杂地学计算任务调度方法,从而实现按需计算的全局硬件资源分配及计算任务调度策略。

传统的分布式计算都仅仅利用节点的普通计算能力，这对于节点的硬件资源无疑是一个巨大的浪费，为充分发挥各节点的计算能力，横向分布式—纵向 CPU-GPU 协同并行的立体加速框架考虑到 GPU 显存读取数据的速度远远高于硬盘的读取速度，为了充分发挥 GPU 的计算能力，解决读取瓶颈，引入内存文件系统，将处理的数据放置在内存中，有效地提高了数据读写的输入和输出(I/O)，充分满足了 GPU 显存的读写需求。同时，由于遥感数据处理并行化程度高，非常适合具有多处理单元的 GPU 进行并行计算。

针对多元多态时空大数据不同的处理需求，设计能综合消息传递、映射-规约、内存计算、实时计算、流式计算等计算架构优势的多目标优化的自适应复杂遥感任务调度方法，并对多范式高性能计算模型、多层次调度系统、时空关联分析与地理知识发现、复杂遥感流程、流程建模工具等关键理论和方法进行研究。

时空大数据包含栅格、矢量、网络、拓扑、三维、点云和时空流等不同格式的数据，具有数据量大和多源异构等特点；而时空大数据的处理又有离线计算、迭代计算、交互式计算和流式计算需求；同时还要具备上万级用户的并发访问，具有高并发的特点。总之，时空大数据计算具有数据密集、计算密集和高并发相互叠加的特征，而集群、多核和 GPU 等任何单一计算资源均难以满足其性能需求。因而，多目标优化的自适应复杂遥感任务调度方法构建成为面向多类型遥感应用的存算一体化框架能够发挥作用的关键问题之一。

多目标优化的自适应复杂遥感任务调度方法是针对时空大数据的计算特点，将消息传递、映射-规约、内存计算、实时计算、流式计算等各种计算范式框架运行在它之上，根据时空大数据的计算需求匹配性能最好的计算范式，实现框架的资源统一管理和优化配置，使他们共享一个集群，而不是“一个框架一个集群”，从而大大降低运维成本和硬件成本。

多目标优化的自适应复杂遥感任务调度方法中两个关键的问题是如何对多范式计算模型的资源进行调度，以及如何调度多种计算模型构建的遥感流程。

(1)多目标优化遥感任务调度。高性能时空大数据计算不仅需要充分利用硬件架构的计算能力，还要对存储资源、计算资源等进行综合调度，使得数据负载、计算负载等在一定条件下达到综合平衡。计算、存储等资源在很多情况下是相互制约的因素，容易顾此失彼。多目标优化遥感任务调度分为计算范式的选择、节点间和节点内计算资源调度。客户端提交计算、导入数据等均可以触发相应的处理请求，即给计算引擎发送各种计算请求，计算引擎根据计算任务的性质将其置入相应的计算任务队列，系统中存在一个轮询器，不断地查询任务队列，判断是否有就绪的计算任务。符合就绪的计算任务的计算资源可能有多个，选择哪些计算资源是计算任务调度的关键问题。为便于计算资源的管理，将采用跨节点资源抽象和虚拟化。该方法以期限约束、安全性约束、可靠性约束、计算资源约束等建立计算资源服务质量模型，提出一种服务质量(quality of service，QoS)综合评估策略，通过 QoS 综合评估选择符合要求的候选遥感资源，然后以最小化成本和最小化作业完成原则来选择计算资源参与该任务。

(2)高性能遥感流程。在实际的遥感应用中，往往需要大量资源的共享和协同计算，而且应用的逻辑流程也越来越复杂，涉及多个具有时间和空间约束的步骤、资源和过程。高性能遥感工作流能方便地构建、执行、管理和监控遥感应用，使遥感应用自动实施并高效执行。工作流模型是对工作流程的抽象表示，是进行工作流管理的基础。高性能遥感工作流过程模型采用扩展的有向无环图作为表达手段，利用有向图建模方法将遥感应用直观地描述成遥感工作流，具有较强的通用性和可理解性；模型的形式化描述弥补有向图缺乏形式化描述和精确定义的不足。在面向服务的遥感工作流资源模型中，层次化的资源和资源访问机制可实现过程模型中遥感工作流和遥感资源的分离，执行时任务和资源的动态映射则可增强遥感工作流的灵活性和动态适应性。

3）兼容 OGC 标准的五层十五级高分数据可视化设计

该设计主要构建一套跨平台的、可供其他程序调用的、支持高分数据的可视化展示组件以及为其提供高分可视化数据支撑的、兼容地理空间信息联盟标准的数据统一发布服务。

高分数据发布服务具有跨平台性，支撑 B/S、C/S、移动客户端等多种客户端对高分可视化数据的访问需求。可视化服务支持发布高分地图要素服务、高分栅格数据服务、高分要素数据服务、高分三维数据服务、高分规格化数据服务等。

高分数据可视化展示平台是构建了一套基于高分可视化数据发布服务的二维/三维展示组件。该组件提供了对高分可视化数据的二维/三维浏览和交互等操作，并提供调用接口，方便供 C#，Java 等主流开发语言调用，应用于 B/S、C/S、移动客户端等多种客户端平台中。主要解决的关键问题如下：①面向大规模访问的高分可视化数据快速检索；②基于流传输的高分可视化数据快速传输；③高分可视化数据客户端缓存；④高分可视化数据快速加载展示。

4）面向模型无缝嵌入的空间信息产品灵活生产设计

（1）可扩展的插件式遥感工具箱设计。随着海量遥感数据越来越多元化、应用需求的日益旺盛，基于传统的软件架构体系设计的遥感处理应用系统虽然具有平台结构紧凑、模块分工明确等优点，但面临着扩展性不够和灵活性不足的问题，经常发生“牵一发而动全身”的现象，增加了系统成本，严重浪费系统资源，降低了系统可维护性。为适应这些情况和不断衍生出的新问题，遥感应用系统需要具有结构清晰简洁、可扩展性强、支持复用、易于维护和功能模块间可良好协作等高性能架构。插件技术是一种基于组件技术的软件体系结构。在基于插件的系统框架下，软件系统共分为系统框架和功能插件两个部分，系统框架与功能插件之间能够相互通信。在系统框架不变的情况下，通过修改插件或增减插件可以调整应用程序的功能。插件式应用框架是解决传统遥感应用系统扩展性和灵活性问题的一种有效技术途径。

根据遥感应用系统的应用目的，将遥感应用系统分为遥感应用处理系统和遥感应用分析系统。遥感应用处理系统负责遥感数据的预处理、定量化反演等；遥感应用分析系统负责信息的综合分析与提取、制图简报等功能。在遥感应用处理系统和遥感应用分析系统的两个平台框架下，具体的处理模块以插件式遥感工具箱的形式进行挂载，主要分为平台工具箱和业务工具箱。平台工具箱主要面向平台运行和升级扩展，如硬件资源管理与调度工具、软件资源管理与调度工具、数据资源管理与调度工具、通信资源管理与调度工具以及权限资源管理等。业务工具箱主要是遥感信息提取的各类生产处理工具,通过将遥感处理过程的标准化定义和插件式封装,形成各种独立的工具,包括辐射传输工具、几何工具、重采样工具、基础影像处理工具、定量反演工具、分类工具、空间分析工具、可视化工具和数据仿真工具等。随着需求的增加,各类工具箱的工具可以按需进行扩展,这种架构模式使遥感应用系统具有易维护、可扩展性强的特点,延长了系统的生命周期。

(2)面向动态流程管理的遥感应用类语言驱动设计。插件式遥感工具箱为遥感应用系统的可扩展性和灵活性打下了良好的架构基础,但并未解决遥感信息处理的驱动问题。遥感信息的处理流程本身就是一个复杂的过程,是由多种算法模型按一定处理过程组合形成的,而这种组合式流程需要系统根据用户需求具备灵活定制并驱动生产的能力,要具备这种能力需要有效地整合硬件、软件、数据等各种资源,从数据的组织、管理、存储、处理、传输、分析、可视化、共享、发布和安全十个环节中全部或部分环节的有机重组。常规的系统设计模式,很难适应多变的遥感信息处理流程的组织管理,因此研制一种动态的遥感信息处理流程的组织管理语言,实现快速流程定制、资源协调和系统重构就显得非常必要。

遥感应用类语言是一种对遥感应用系统构建模板的描述性语言,是一种基于解释性的语言实现的,通过这种语言可以实现系统的定制化服务,数据信息处理流程的按需重组以及关键工作场景的记录与再现功能,是为系统构建用户和进行遥感产品的快速测试与开发提供支持的语言。

(3)可定制的处理流程可视化设计。遥感应用系统中的遥感图像生产算法具有种类繁多并且依赖关系强的特点。为了满足遥感应用系统高性能计算的需求以及算法灵活定制的需求,系统采用了处理流程可视化定制技术。这种技术是基于工作流架构驱动,以已有算法工具为基础,通过可视化工作流定制的方式灵活组建成新算法的过程。采用这种技术,可以高效地实现自定义算法的无缝集成,实现对算法工具的高效管理和利用。

处理流程可视化定制技术是面向遥感综合应用信息系统的重要组成模块,它可以实现:①功能函数化。用于实现该技术的各项功能以函数的形态展现出来,实现对各种功能的良好封装,这不仅使得代码的重用性增强,而且在技术开发过程中不必关心某功能的具体实现,使得系统的安全性大幅度提高。②算法组件化。算法的组件化可以帮助用户快速实现3-5级目标共性信息产品的开发,节约算法编写的工作量,提高工作效率,保证算法正确率,降低算法实现风险,有效利用现有资源,节约算法开发成本。③流程可视化。友好的可视化界面设计使得用户操作简单,易于理解,在组织上具有更好的可扩展性,体现了可视化编程的优越性,并且使用可视化的操作界面,有立即可见的效果,可以向用户直观地展现所定制的算法的过程和各个算法之间的依赖运行关系,方便用户提早发现运行错误并及时修改。④集成无缝化。算法集成紧凑,是将多个遥感图像算法进行无缝拼接,从而得到较高生产效率的图像生产算法,无缝化的特点使得算法内部关系高内聚低耦合,算法结构更加合理可靠。

5)面向海量多源异构空间数据的一站式整编设计

针对传统的海量多源异构遥感应用数据,需要建立面向系统应用的数据规范体系,实现文本规范的结构化管理,以及按照结构化、标准化进行整编和检验,以支持多类型的遥感应用。在完善的数据整编标准的基础上,对各类型遥感应用数据进行标准处理,包括数据精度、格式、元数据、投影、分幅、完整性、空间位置处理以及多尺度转换,实现多源异构数据的有效整编,并对数据进行质量检查,保证同属性数据的一致性与可用性。

数据的整编需要依据标准规范,传统的标准规范大都是文本资料,如何使文本的标准规范实现结构化,以便于标准规范的查询更新可视化,是本技术研究的重点。因此需要数据字典编制及要素编目,满足信息库标准体系关于数据字典以及要素类信息采集的需求,完成信息库数据字典编制以及要素编目,实现数据字典以及要素类信息的规范化和自动化采集,方便数据库的设计和维护,保证数据库以及要素类整合改造的一致性和协调性,从而有效地支持标准化建设和管理。

数据字典的管理包括生成、编辑、导出数据字典和生成要素编目四部分。生成要素编目是指采集完数据字典项后,同时将要素编目和数据字典共有的数据项提取出来,生成一个不完整的要素编目。要素编目的管理包括生成、编辑和导出要素编目。将要素类型组织成为要素目录,以提供给地理数据的用户。既为以前未编目的要素类型建立目录,也可按本标准规定修订现有要素目录,适用于以数字形式表示的要素类型的编目。

数据的标准化处理包含了元数据的提取更新、数据格式标准化、空间坐标转换、快视图提取、数据完整性检验和尺度转换处理等技术,需要分模块进行关键技术的研发。

质量的控制需要分别对栅格数据、矢量数据和文本数据从元数据质量控制、数据质量控制以及遥感应用产品质量控制三个方面进行关键技术的研究。在数据质量控制部分,针对矢量数据,采用图形检查法进行质量检查,将空间数据和属性数据通过制图方式表达出来,使用与原始图一致的比例尺和注记、符号等绘制到透明图上,将图与原始图叠加比较。针对栅格数据,采用直方图匹配用于检测栅格图像的像元值分布。针对文本数据,对文本属性进行提取,与原属性逐个对比比较。产品质量控制则依据产品的等级划分,依据不同等级的标准进行产品质量的控制。

4.4.4 基于 COGON 的网络服务框架

1)遥感应用系统网络环境分析

COGON(cloud over grid on net)网络框架思想是将有序的网格生产与灵活、无序的云服务通过互联网相连,形成一种生产与服务的和谐结构。在设计中,融入了 SOA、内容分发网络(content delivery network,CDN)等系统结构,将系统服务标准化,因此该架构能够根据网格的发展方向及粗细程度,灵活地发展为边缘计算、雾计算结构。

遥感应用系统涉及的网络类型复杂多样,遥感数据又具有大数据特征,传统通过专线方式解决大部门之间遥感分发共享的方式难以进行效仿和推广,因此设计一种合理的网络架构来适应遥感应用系统复杂网络环境和大数据传输需求是十分有必要的。GOGON是按照不同层次需求有效地将数据网络、应用网格及云服务结构统筹起来的系统体系架构,构建泛在的遥感应用服务网络架构,以适应不同类型的应用需求。

总结这种架构的特点,可以概括为两个适应:①适应国家、区域、大众等多种类型的广泛应用,在不同的应用层面建立相适应的共享结构;②适应行业、区域等不同类型用户参与服务的自主化、内部组织的有序性、服务平台的网络化相结合的组织结构。

2)COGON 网络服务框架设计

COGON 框架是由云概念和网格计算的原理产生的一种适用于集成共享与服务原型系统的分布式服务交互模型,是一种基于互联网的服务交付和使用模式,是指通过网络以按需、易扩展的方式获得所需服务。其实现原理是将大量用网络连接起来的计算资源统一管理和调度,构成一个资源池向用户提供按需服务。

按应用对象和两个适应,COGON 网络框架将网络划分为两个层次:面向大众云服务的云(Cloud)网络和面向行业用户的网格(Grid)网络(图 4.10)。面向大众云服务的云网络依托互联网为大众、商业企业等类型用户提供共享服务平台和交换资源。面向行业用

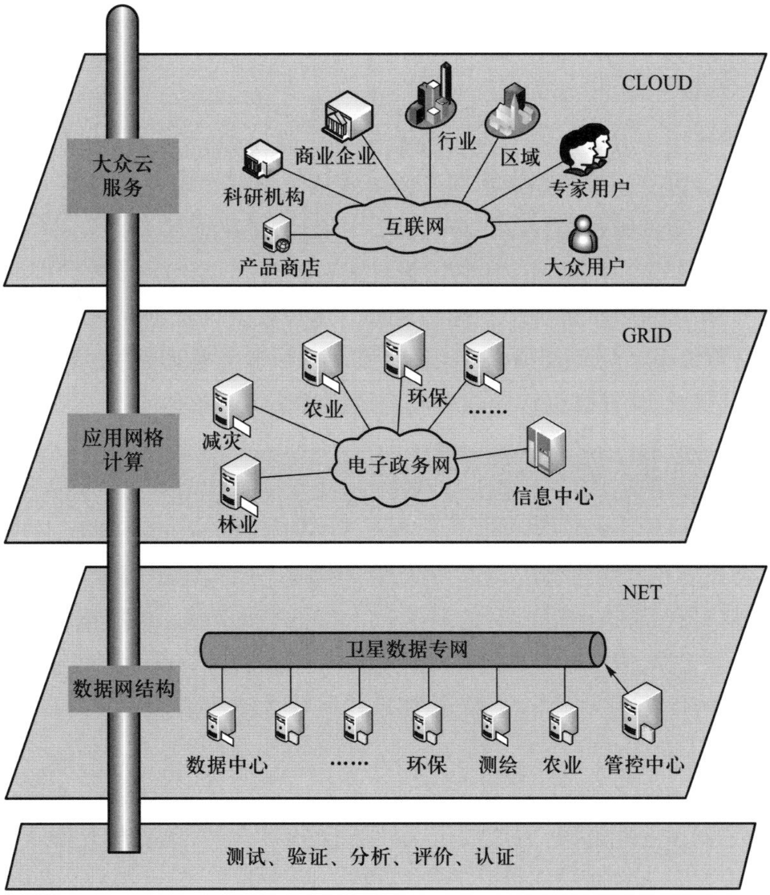

图 4.10 COGON 网络框架图

户的网格网络依托电子政务网为行业和各方面专家提供初级数据、遥感应用算法、数据、模块服务及相应基础设施服务。以下为一个基于 COGON 的网络架构案例。

(1)互联网。互联网服务是遥感数据的公益化、商业化和大众化服务的基本网络服务类型,由于现实中互联网按其服务商和用户类型划分具有多种类型,如普通互联网、教育网、移动互联网等,在遥感应用中需要考虑不同网络、不同受众进行服务优化和定制。

(2)专网。遥感数据因其数据量大传输压力大,通常大规模遥感数据的分发,主要采用在传输终端网络中搭建专线方式实现,专线服务适用在行业、区域与地面系统之间,通过专线服务可以构建由多个单位参加的网格系统,统筹数据资源、算法资源与计算资源,开展有序生产。

4.4.5 基于 GRID Cube 的系统应用服务模式

高分专项用户类型多、技术水平不一,针对行业用户、区域用户、科教用户、大众用户等不同用户群体,分别设计了遥感应用系统的网络化服务、桌面端应用和移动终端应用等应用服务模式。

1)数据网络服务模式设计

遥感数据网络服务方式还停留在初级数据的分发阶段,常见的数据网络服务平台是依据用户检索条件以景为单位推送数据。这种遥感数据网络服务平台类型适合大数据用户订购数据或分发数据为目的,不适应于遥感应用导向的平台服务需求。

GRID Cube 数据是面向遥感应用需求设计的数据格式,GRID Cube 数据网络服务模式按不同应用空间尺度对数据进行了合理的切分。用户在查询数据时可以根据瓦片数据的品种类型、规格等级、空间分布、满幅度、云量和时间等多维要素,通过单次全覆盖检索功能和多时序辅助筛选,快速查询和获取面向应用的最优组合数据。

2)数据桌面应用模式设计

遥感数据桌面应用主要是指以遥感数据作为主要数据对象,在桌面客户端下进行数据的处理、综合分析和可视化等应用。传统遥感数据应用是基于以景为单元或多景镶嵌的影像数据或信息产品,前期需要对数据进行大量的处理工作,包括挑选、校正、融合、镶嵌、匀色和裁剪等工作,完成前期工作后,由于是一幅大影像数据,因此,数据应用处理时对运行桌面应用的计算机要求非常高,通常需要采用大内存、高性能 GPU 的专业图形工作站。

而基于 GRID Cube 数据的桌面应用模式,采用 GRID Cube 的规格化数据,不仅可以简化大量的前期数据预处理过程,通过提供瓦片数据分布查询、单时相全覆盖加载、多时序辅助筛选可以快速完成数据最优组合的挑选过程,基于瓦片式"小数据"可以极大地调动系统并行处理能力,加速对数据的加载、处理和可视化过程,同时基于"小数据"的处理便于内存的及时释放,极大地降低了内存占用要求。

3）数据移动终端应用模式设计

遥感影像数据作为基础空间信息在移动终端中的应用已较为常见，传统方式是将原始影像数据进行处理生产后，进行切片建立金字塔缓存，通过 Web 地图服务在移动终端上进行可视化。这种方式在数据发布阶段才对数据进行切分和优化，数据的生产处理阶段与发布阶段格式并不一致，这对发布的效率产生了极大影响，特别是针对将来多源卫星综合应用情况，由于卫星数据源的增多，数据更新十分频繁，信息产品种类非常多源，移动端的数据需求时效性要求越来越高，传统的技术模式产生了应用瓶颈，传统预生产、静态缓存的模式难以适应遥感大数据服务。

而基于 GRID Cube 数据的移动终端应用模式，以用户需求为驱动，原始数据在录入的过程进行了规格化处理，剔除了大量的无用数据，同时规格化后的 GRID Cube 数据可以直接支持移动终端应用，使得数据格式在处理生产阶段与发布阶段的数据相一致，可以支持处理、生产、发布的无缝衔接，避免了传统遥感数据发布多次裁切、重采样等问题，服务平台在收到用户信息请求后可以立即对目标瓦片进行生产并推送到终端，有效地解决了效率问题。

第5章

卫星遥感专题应用技术体系设计

技术要便于应用,其核心是“适配”,要符合人的要求与习惯,既好用,又容易用,还能带来效益;同时要与观测对象相适应,能有效获得其遥感信息的潜力。这些对遥感技术的要求充分反映到卫星遥感专题应用技术研发中。卫星遥感专题应用技术(以下简称专题应用技术)的体系设计是衔接共性关键技术体系和卫星应用需求的必要环节,也体现卫星遥感应用增量和价值的重要部分。

5.1 专题应用技术认识

5.1.1 专题应用技术概念

1)定义

专题应用技术,是指通过综合遥感获取的目标特性信息及领域专业信息基础上,能按照人的要求在一定范围发挥应用作用的遥感应用技术。专题应用技术紧贴具体应用要求,具有一定的独特性,如农业遥感技术、林业遥感技术等。这是遥感技术在应用中最先表现出的状态,是遥感应用的核心作用体现。

2)内容

人类发展和利用遥感技术的最终目的是认识与改造世界。专题应用是指获得观测对象的状态及变化信息与知识,支持对人们实践活动中关切问题的回答,如对关注对象现象与机理的探索,支持人之间关系的状态与变化等。这些方面的内容在现代社会涉及了有关机理、道理、人、事、成本等方面“why”“who”“which”“how much”(“3W1H”)等问题,并直接支持决策,指导行动。这就要求专题应用中要充分利用遥感获得的有关观测对象时间、位置、几何、物理、化学、生物学及社会学参数的"3W1H",即观测对象的"when & where""what""how"。同时,还要按照任务要去融合人对关注对象的各种知识积累。

专题应用技术涉及遥感信息链的各个环节,同时也包括数据链、软硬件工具链和价值链,其状态和变化趋势受到观测对象与使用者需求的直接影响,领域一般也是按照观测对象和使用者这两个因素进行划分的。行业遥感是最明显的例子,如农业遥感关心的是农业领域的观测对象,如农田、作物、灌溉、产量与病虫害等,林业遥感关心的是树种、蓄积量、生物量与林火等,这就导致所需要的遥感应用技术存在差异。但这也不是完全割裂的,如农林业均关心病虫害和降雨等,尽管时间、位置、品种和程度等各有差异。

专题应用技术可以理解为按照某种专题设立的技术方法集,如按照国家战略的南南合作、支持国际合作的地球变化、大众科普教育、企业遥感应用等。通过设立这些专题,可以更加有效地聚集技术,发挥遥感作用。行业从这个角度也可以被认为是专题。同样地,区域遥感应用也是一种专题应用,通过对一定行政范围内的遥感信息获取,综合服务于地方建设。由于区域具有综合性,这就涉及农业、林业、环保、减灾、国土和矿产等多个行业,综合性需求凸显出来。

3)作用

开展专题应用技术研究是发挥遥感作用的基础,通过发展行业遥感、区域遥感及各类主题性遥感,可以有效支持行业遥感、区域遥感、产业遥感、商业遥感等专题遥感的发展。

通过遥感在某一领域的具体实践,可以有效提升对遥感应用认识,支持各领域对遥感应用的研究,开展遥感行业学、遥感区域学的研究。

多个领域的遥感发展,可以从总体上促进带动整个遥感行业的发展,提升人们对遥感行业的整体认识。

行业遥感通过分析新型遥感器应用技术发展规律,对新型遥感载荷应用技术发展状态与变化进行分阶段标准化设置,形成以信息产品集为核心的新型遥感器应用技术发展程度评价技术,并重点讨论卫星发射前新型遥感器应用技术研发特点,为卫星制造系统与发射服务系统、地面应用制造与服务系统能力的提升提供方向和评判依据。

5.1.2 专题应用技术分类

专题应用技术涉及的产品链复杂、形式多样,但在前述设计基础上,可以清楚地梳理为数据产品、有关这个领域的目标信息产品,以及专题应用产品等部分。按照上述划分,将各类技术有效集成形成整体能力的技术以及按照专题开展的分析评价技术也是属于专题应用技术。因此,本书将专题应用技术分为标准技术、专题应用信息产品技术、系统集成技术和评价检测技术 4 种。

1)标准技术

各行业、区域专题信息生产与服务涉及本领域的观测对象特性要求、信息应用特点,以及具有自身特点的规章、规程,这就需要在一定实践基础上,根据已经积累的经验,在形成一定范围的共识基础上建立本领域标准,规范本领域的遥感信息应用。

2)专题应用信息产品技术

专题应用中的信息与知识获取很多情况下是不能单独靠遥感技术完成的,需要结合多方面的信息。因此,基于多源信息融合的信息提取是这类型产品的特点,充分体现出不同行业所固有的专属特征。

3)系统集成技术

技术系统是整个信息链的承载形式,通过多个技术环节有序连接,是共性技术、专题技术、关键技术和“非”关键技术的综合,保障信息稳定、可靠、保质保量地传输与转化。在这些技术环节的搭接构建中,既要体现现代社会信息化的最新成果与应用形式,也要充分体现出人的需求,以及政策、标准、设施条件等环境要求。

4)评价检测技术

人在一定的时间、环境和条件下构建的工具系统状态是有一定范围的,技术的时空域是对人在一定认知和需求情况的反映,而这种认知与需求是不完备的,具有局限性并不断变化。无论是要求还是要求的实现程度,均要放到实践的天平上加以称量。“能不能用、好不好用、用没用好、值不值得用”等问题的回答需要充分利用 CVVAR 质量保证体系对技术系统进行质量检测、用 ATRL 和满意度模型对技术系统进行状态评价。

5.1.3 专题应用技术设计

通过农业、减灾、国土、环境保护、住建、交通、水利、卫生、统计、林业、地震、气象、海洋、测绘及科学院等部门对各自专题应用技术的需求分析和对高分卫星载荷应用潜能要求的挖掘,包括并不限于以下所列专题应用关键技术示例(表 5.1)。一方面,通过进一步梳理,可以将这些关键技术与高分卫星建立对应关系,满足高分应用要求。另一方面,明确领域技术研发的流程和环节,也有利于对共性关键技术的集成应用,提高研发效率。

表 5.1 专题应用技术示例

应用领域	技术名称
农业应用	高分多载荷协同在农作物种植面积监测中的应用技术
	多源高分数据农作物长势参数反演同化技术
	多极化雷达数据的土壤水分反演与区域同化技术
	基于多源数据的农业干旱监测与评估技术

续表

应用领域	技术名称
农业应用	基于同化的作物产量模拟时空扩展技术
	高分雷达数据农作物面积识别技术
	基于线性光谱混合模型和植被指数方法相结合的草原退化(沙化)信息提取技术
	基于光谱特征的作物健康诊断指标(氮素、叶绿素、水分状况)反演技术
减灾应用	高分数据减灾应用评价技术研究
	面向减灾应用的高分数据快速处理技术
	灾害损失实物量评估技术研究
	多主体灾情协同研判技术
	高精度灾害预警关键技术
国土应用	土地利用遥感图像快速制图技术
	土地利用要素快速分类与变化检测技术
	地块边界控制和面向对象的土地利用专题信息提取技术
	高分雷达数据新增建设用地快速监测技术
	高分高光谱数据土地类型精细识别技术
	基于高分数据的地质矿产资源信息提取与野外查验准实时耦合技术
	高光谱矿物精细分类和制图技术
	岩体和隐伏岩体探测技术
环保应用	燃煤电厂大气污染遥感监测关键技术
	温室气体遥感监测关键技术
	重点城市群空气质量遥感监测关键技术
	全天候动态水华/赤潮与溢油遥感监测关键技术
	重点水污染源排放遥感监测关键技术
	饮用水源地遥感监测评价关键技术
	国家级自然保护区遥感监测关键技术
	城市生态环境遥感监测关键技术
	矿山资源开发环境破坏遥感监测关键技术
	农村生态环境遥感监测关键技术
	生物多样性生态服务功能区遥感监测关键技术
主体功能区应用	主体功能监测要素遥感高精度提取技术
	主体功能区高分遥感参数与非遥感参数复合应用技术
	主体功能区监测要素动态变化分析技术

续表

应用领域	技术名称
城建应用	基于高分数据和规划专题数据的城乡建设目标检测技术
	基于高分遥感数据的景区资源精细提取和管理技术
	基于高分遥感数据的建筑物快速批量识别和建库技术
	基于高分遥感数据的城市建筑热环境信息提取技术
	基于高分遥感数据的城市绿地精细提取技术
	基于高分遥感数据的城市精细化管理空间信息承载应用技术
交通应用	基于高分遥感影像的交通基础信息提取与更新技术关键技术
	基于高分遥感影像的灾害因子信息提取和特征参数反演关键技术
	基于高分遥感的航道监测及船舶运营管理技术关键技术
	基于多源多尺度的交通时空数据整合关键技术
	基于高分交通应用的分布式信息交换与共享技术
水利应用	基于高分遥感数据的水资源监测信息提取技术
	高分遥感与传统地面监测数据和中低分辨率遥感数据同化技术
	基于高分遥感数据的水文水资源模型建模与改造技术
	基于高分遥感的重点防洪工程提取技术
	山洪灾害风险识别与区划技术
	微波土壤水分反演技术
	抗旱设施及水源遥感调查技术
	干旱风险区划技术
	干旱趋势分析及预警技术
	旱情遥感监测模型适用性
	水旱灾害监测与快速评估信息服务
	基于高分遥感数据土壤侵蚀定量监测技术
	基于高分遥感的水土保持监测与评价技术
	多源高分遥感信息挖掘与信息提取知识库构建技术
	基于高分遥感影像的水利基础空间要素变化监测与信息提取技术
卫生应用	传染病疫情相关环境信息的高分提取技术
	污染区健康相关环境信息的高分提取技术
	突发公共卫生应急相关环境信息的高分提取技术
	高分传染病疫情遥感评估技术

续表

应用领域	技术名称
卫生应用	高分污染区健康风险遥感评估技术
	高分突发公共卫生应急遥感监测与评估技术
统计应用	基于高分数据的主要粮食作物空间统计调查技术
	基于高分数据的精准空间统计单元划分、动态转换与更新技术
	基于高分数据的农作物种植面积对地抽样调查技术
	基于投资项目特征的类型识别及动态变化监测技术
	基于高分数据的碳汇统计技术
林业应用	基于高分光学遥感数据的森林参数提取关键技术
	基于高分激光雷达数据的森林结构参数信息提取关键技术
	基于高分合成孔径雷达数据的森林资源信息提取关键技术
	基于高分卫星遥感数据的森林资源连续清查应用关键技术
	基于多源高分数据的森林资源规划设计调查关键技术
	基于高分数据的湿地类型信息提取技术
	高分湿地植被信息提取技术
	基于高分数据的湿地变化评价技术
	荒漠化土地稀疏植被信息提取技术
	荒漠化和沙化土地类型遥感识别技术
	土地沙化信息遥感提取技术
	荒漠化和土地沙化遥感综合评价技术
	基于高分数据的林业生态工程地块识别技术
	基于高分数据的工程区森林分布变化提取技术
	基于高分数据的天然林保护工程区森林质量变化评价技术
	基于高分光学卫星数据的森林火灾火场现状特征提取技术
	森林火灾灾后评估技术
	基于高分光学卫星数据的森林病虫害危害区提取技术
	基于高分光学卫星数据的森林病虫害危害立木识别技术
地球系统科学	地球表层系统大气、水、地球物理以及生物要素提取关键技术
	地球表层系统要素关联信息的时空分布分析及提取关键技术
地震应用	高分地震构造信息定量提取技术
	高分地震监测技术
	地震应急救援与灾害损失评估应用技术

续表

应用领域	技术名称
气象应用	高光谱大气成分(CO_2、O_3、NO_2)高精度反演技术
	对流云跟踪与外推技术
	典型冰川及背景积雪自动识别技术
	双通道长波红外陆表温度反演技术
	高分辨率资料同化应用技术
海洋应用	基于国产高分数据的岸线判绘技术
	针对海洋水质遥感应用的高分资料融合关键技术
	高时效鲐鱼渔情分析速报关键技术
	红树林种群精确识别技术
	赤潮高光谱监测与优势藻种匹配技术
	海岛海岸带典型地物 C-SAR 信息提取技术
	基于遥感数据的筏式养殖用海信息识别算法研究
	SAR 与光学遥感数据融合海冰监测技术
	高分辨率 SAR 图像上海面油膜的自动检测与识别技术
	SAR 海上船只监测技术和极区航行海冰 SAR 信息提取技术
测绘应用	高分辨率遥感影像高精度地理编码服务技术
	高分一、高分二星测绘应用关键技术
	高分七星立体测图关键技术
	无人机测绘应用、平流层飞艇测绘应用技术
	高分航空航天测图精度检校技术
	多源遥感影像的大区域无缝协同测图技术
	SAR、InSAR 遥感测绘的关键技术

5.2 专题应用信息产品设计

专题应用可以分为行业、领域、区域应用三个组成部分。

5.2.1 行业信息产品设计

专题行业信息产品的范围涵盖了农业、防灾减灾、国土资源、环境保护、城市精细化管理、综合交通、水利水电、疾病预防控制、统计、林业、气象、海洋、测绘、公共安全、地球表层系统科学研究等多个领域方向。具体将行业任务性需求转化成信息产品的说明可参见《面向应用的航天遥感科学论证理论、方法与技术》(顾行发等,2018),在高分专项中要考察与示范性研究的任务性需求如下所述。

(1)农业:农作物估产、农业资源监测、农业灾害监测、农业政策和工程建设效果评价、草地生产力监测等;

(2)防灾减灾:灾害损失实物量评估、高精度灾害监测、高分数据减灾应用评价等;

(3)国土资源:土地利用、矿产资源开发、地质灾害调查与监测等,包括土地利用动态监测产品、土地利用变更调查产品、矿产资源遥感勘查产品、矿产资源开发现状调查与监测产品和地质灾害调查与监测产品等;

(4)环境保护:环境空气监测与评价、水环境监测与评价、生态环境监测与评价、环境应急处置和环境监察执法等;

(5)城市精细化管理:城乡规划监测评价、小城镇可持续发展监测评价、世界自然遗产及风景名胜区资源与环境监测评价、建筑节能和绿色建筑监测评估、城市园林绿化监测评价、城镇减排监测评估产品等;

(6)综合交通:交通路网规划与可行性分析、交通道路勘察设计、交通路网监控与应急、机场规划建设与环境监测、航运及环境监测、交通公众出行服务、交通营运与物流监管等;

(7)水利水电:水资源监测、评价与管理,水旱灾应用,水土保持,水利基础设施等;

(8)疾病预防控制:重大传染病疫情评估、污染区健康风险评估、灾区突发公共卫生应急评估等;

(9)统计:农作物种植面积遥感监测、重大国情国力(人口、经济、投资)统计、碳汇等;

(10)林业:森林资源调查、湿地资源监测、荒漠化监测、林业生态工程监测、森林灾害监测等;

(11)地球表层系统科学研究:地球物理与生物物理要素产品、地球化学与生物化学要素产品、地表辐射平衡产品、物质与能量循环仿真分析产品、新能源与清洁能源区域分布产品、典型环境变化应急监测、成因分析与演变预测等;

(12)地震监测与应急:地震构造调查、地震监测、地震应急与灾害损失评估等;

(13)气象:高分天气监测、大气成分等;

(14)海洋:海岛海岸带环境资源、海洋灾害、海洋权益维护、海域使用、近岸水质与海洋渔业信息监测等;

(15)能源:新型和清洁能源的调查、规划和利用监测等;

(16)测绘:测绘遥感影像、数字地形、测绘增值等。

5.2.2 领域综合信息产品设计

领域是指围绕某一个主题思想、要求、方式、内容、作用的活动范围。本书中的领域性专题应用特指跨部门、行业与区域的主题性应用,如基于空间经济学的区域社会经济活动、遥感产业与商业化服务、国际合作等。

以领域综合信息产品为例，涵盖了主体功能区、电子政务地理空间基础信息等方向，主要构建在共性产品与行业专题应用产品集的基础上。包括国家主体功能区高分遥感监测、国家主体功能区规划评价与辅助决策评估、省级主体功能区规划评价与辅助决策评估等，以及全球粮食安全动态监测、石油资源可供性动态监测、区域规划实施动态监测、重大自然灾害灾后规划实施动态监测和城乡公共服务资源监测等。

5.2.3 区域综合信息产品设计

区域信息产品以首都圈和新疆两个先期启动的区域应用示范为典型案例，范围涵盖了首都圈“全要素”指标综合应用、首都圈政府公共事务管理“一张图”、首都圈政府间协同发展，以及新疆内陆生态环境全要素遥感产品，新疆基础地理与生态要素产品，新疆森林、草地、跨境河流水资源、积雪等，是行业与主题信息产品集的综合。在区域应用中，同时注重高分遥感产业化发展，服务企业和大众的应用产品也被设计出来。

5.3 行业/区域应用示范系统任务设计

开展新型遥感器应用技术研究涉及两个方面内容：一方面是人与自然、人造事物、特别是与人的关系，要对应用所涉及的观测对象、技术、应用目的与价值有所认识与把握；另一方面则是技术体系内部各要素间的关系。

1）行业/区域应用总体设计与标准规范制定

在已有行业遥感与区域遥感基础上，制定行业与区域应用示范总体规划，按照卫星特征制定包括数据处理与专题应用的产品体系。

2）行业/区域应用信息产品技术研究

针对高分辨率卫星探测指标特点开展专题应用产品研发。专题信息产品要明确专题信息产品的规格、名称、精度、适用范围、考核与验证方式等指标，可满足常规和应急工作模式要求，满足行业示范基本需求。

3）行业/区域应用示范系统集成与生产

建立应用示范概念系统与系统原型、应用示范系统、具有一定生产能力的应用示范系统，汇集已有各类型数据并进行产品生产。在应用示范系统不断成熟过程中，逐步加大规模，加入提高国产化率要求，形成以自主标准、数据、算法、工具为核心的技术系统。同时，逐步提升现代互联网技术、云服务、大数据等新型技术的利用水平。

应用示范技术系统要明确系统运行环境与平台框架及与其他系统的接口关系；明确系统相关功能、性能要求与规模指标，具有高分专题应用产品生产、检验、存储、示范应用

和服务的能力,功能组成要求如下:

(1)具有数据接入产品产出全流程的技术能力,具有系统结构图、功能图、流程图和部署图,明确分工,与已有业务运行系统结合的部分需标明;

(2)具有任务规划、审核和评估等能力,建立任务管控与运行管理相关系统或功能;

(3)具有示范区观测数据和信息产品存储与管理服务能力,建立数据库系统,具有数据管理、存储、服务等功能,技术指标需与示范区面积、处理存储量和成果产出的需求相匹配;

(4)具有数据基础处理、信息产品处理、专题解译、综合分析和制图等全流程能力,建立相关处理系统,重要技术指标要求需与卫星数据获取能力、产品数量及示范区应用需求相匹配;

(5)结合已有的检查验证条件基础,提出产品验证保障条件需求;

(6)具有网络化信息共享能力;

(7)软硬件环境建设达到开展高分应用业务化示范程度。

4)行业/区域应用示范与评价

采用实证的方式对高分卫星服务行业与区域应用的程度、技术成熟度和用户满意度进行评价。为使使用者能充分了解卫星数据特性,建立机制使其能参与卫星上天前的应用技术开发、卫星上天后的数据在轨测试和卫星运行期间的应用综合评价。应用示范区选择具有行业应用代表性、典型性位置(包括行政区域、经纬度、面积)、示范内容、示范频次等内容,进行检查与考核。

第 6 章

基础版应用示范系统的工程设计

高分专项启动和建设初期,应用研究主要是面向单星的全过程的研究,构建了完整、有序、渐进的应用技术集。未来获取和接收的遥感影像将是海量的多星数据,面向海量数据的影像处理和影像信息服务等工作对应用服务系统提出了更高的要求。传统的系统架构,如单一应用架构、垂直应用架构、分布式服务架构,无法满足海量遥感数据处理与服务的要求。

在实时通信网络平台的基础上,通过智能终端与用户系统建立链接,在用户现有系统的基础上实现对其数据资源、软件资源、平台环境资源和基础设施资源的标准化技术服务,从而构建了互联互通的应用系统和通用、标准化、自联自通的应用示范系统网络。设计了面向遥感应用服务的 SOA 架构,基于共性技术、专题技术、互联网技术,发展面向应用的多星业务化的技术综合与集成技术,形成基础、标准、通用、可扩展的应用示范系统,为具有不同发展阶段和需求的用户提供多种高分应用系统构建模型,为各类型专题应用示范系统提供基本要求与原型示范。

6.1 互联互通的应用系统

6.1.1 基于 SOA 架构的网络化遥感应用系统架构

1) SOA 架构与遥感应用系统

SOA 架构作为一种面向服务的体系结构,是一个组件模型,它将应用程序的不同功能单元(称为服务)通过这些服务之间定义良好的接口和契约联系起来,如图 6.1 所示。接口是采用中立的方式进行定义的,它独立于实现服务的硬件平台、操作系统和编程语言,这使得构建在这种系统中的服务可以以一种统一和通用的方式进行交互。

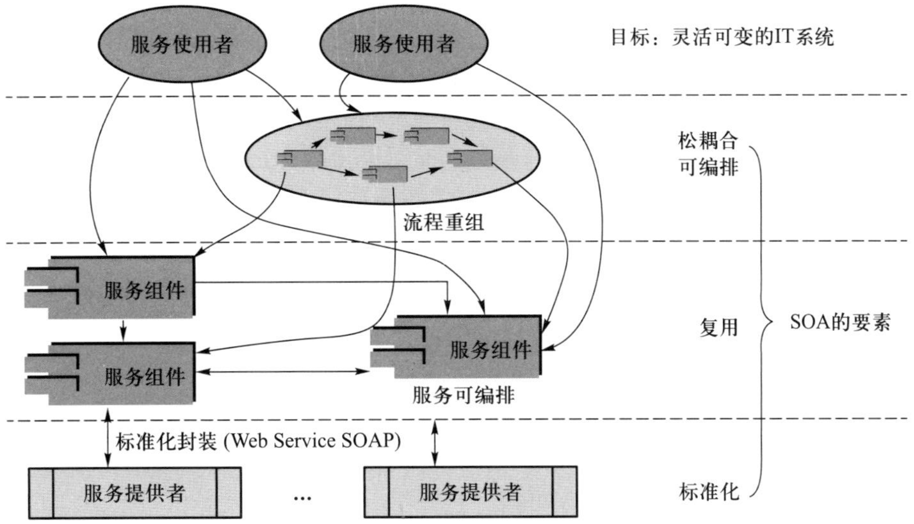

图 6.1　SOA 体系结构图

这种具有中立接口定义(没有强制绑定到特定的实现上)的特征称为服务之间的松耦合。松耦合系统的好处有两点:一是它的灵活性;二是当组成整个应用系统的每个服务的内部结构和实现发生改变时,它能够继续存在。与松耦合对应的是紧耦合,紧耦合意味着应用系统的不同组件之间的接口与其功能和结构是紧密相连的,因而当需要对部分或整个应用程序进行某种形式的更改时,它们就显得非常脆弱,容易出现“牵一发而动全身”的情况,不利于系统的独立和稳定。SOA 架构通过对服务的封装,对业务逻辑与网络连接、数据转换等进行完全解耦,其演变过程如图 6.2 所示。

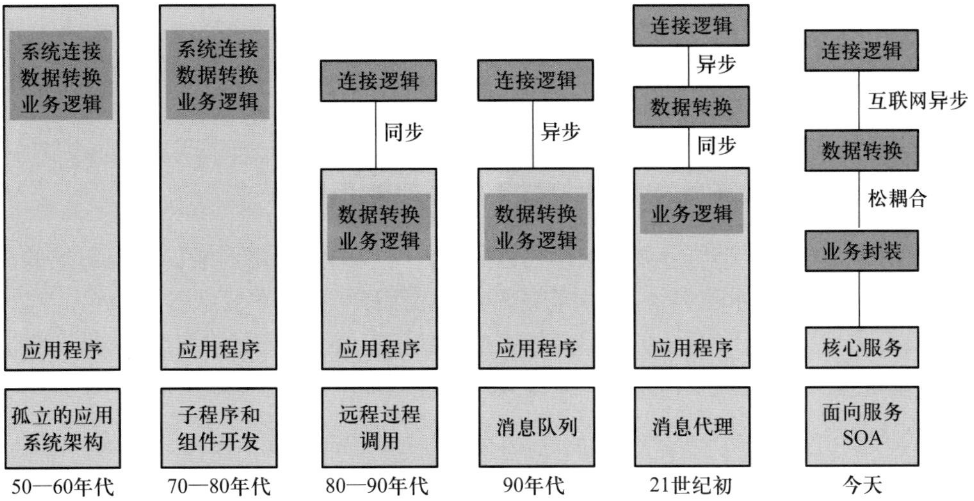

图 6.2　SOA 架构演变过程图

遥感应用系统业务对系统服务的松耦合特性有迫切的需求,因为应用系统常常要根据业务需要进行灵活的优化,以适应不断变化的环境,如政策、业务级别、业务重点、合作伙伴关系、行业地位以及其他与业务有关的因素都会改变业务需要,甚至会影响业务的性质。这就要根据业务需要提供按需(on demand)业务,即能够灵活地适应环境变化的业务。在按需业务中,一旦需求有变化,遥感应用系统就可以灵活地对完成或执行任务的方式进行必要的更改。SOA 的松耦合架构特性天然地适用于遥感应用系统中心服务、业务定制的需求,面向遥感应用服务的 SOA 架构如图 6.3 所示,在行业、区域中心系统中,设计"智能终端",部署智能服务终端系统,实现了面向遥感应用服务的 SOA 架构。

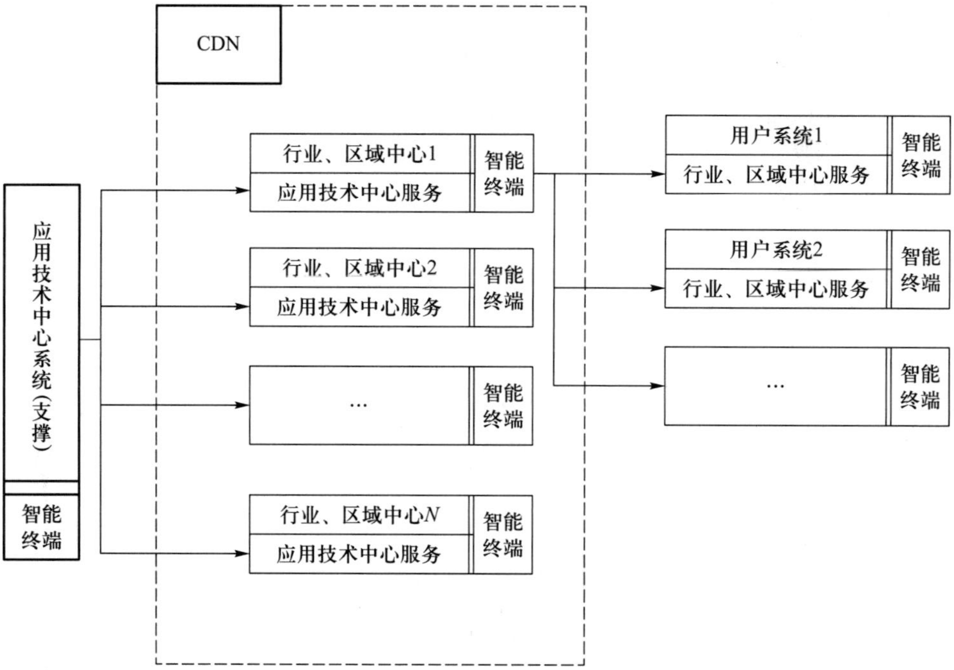

图 6.3　面向遥感应用服务的 SOA 架构图

2)基于技术同构圈环境的遥感共享服务 SOA 架构设计

共性技术集成与共享服务系统架构在由高分专网和虚拟专用网络(VPN)组成的高分网格上,面向多个行业示范系统、地面系统和各类型用户,提供多模式技术服务。高分网格上的高分应用系统各个组成部分具有相同的系统运行环境、数据组织结构、模型算法规范、接口规范等,以上构成了高分应用系统技术同构圈环境。技术同构圈与 SOA 服务示意图如图 6.4 所示。

通过 SOA 架构设计,共性技术集成与功能相关服务系统可将应用程序的不同功能单元(称为服务)通过这些服务之间定义好的接口和契约联系起来,根据需求通过网络对松耦合的粗粒度应用组件进行分布式部署、组合和使用。

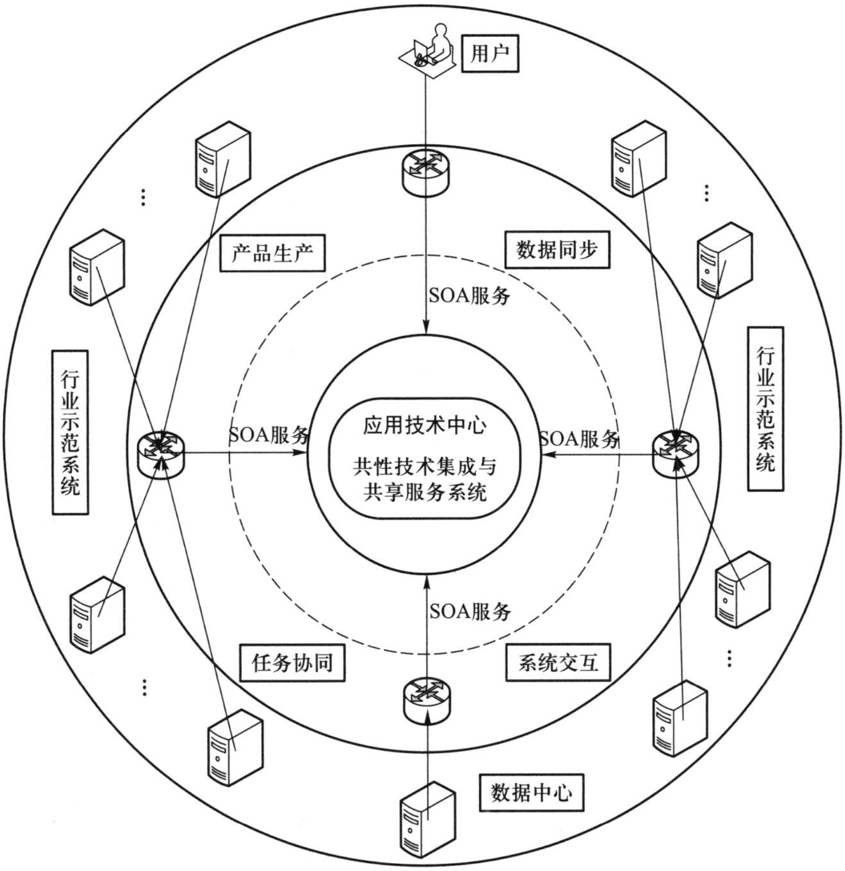

图 6.4 技术同构圈与 SOA 服务示意图

在面向服务的体系架构中,遥感共享服务系统以接口规范作为集成点将原有的系统进行封装,将系统间的消息通信、数据传输、任务协同、产品生产等都通过服务对外提供,从而实现系统的透明性,能够以松散耦合的方式公开业务服务,并且最大限度地降低了系统架构和系统实现发生改变所带来的影响。通过对异构系统(如用户的遥感应用系统)定义一致的服务接口,隔离了异构系统集成的复杂性,提高了重用性,降低了开发和维护的成本。SOA 建设思路如图 6.5 所示。

3)多源数据同构与异构环境一体化技术

在行业中心系统中,除了智能服务终端系统外、还存在行业原有应用系统以及行业应用示范系统。由于功能要求和系统开发时间不同,智能服务终端系统、行业原有应用系统和行业应用示范系统之间存在以下两点问题。

(1)支持的数据不一致。不同行业对传感器,分辨率等需求不同,所以不同行业的数据来源不一,格式多样。

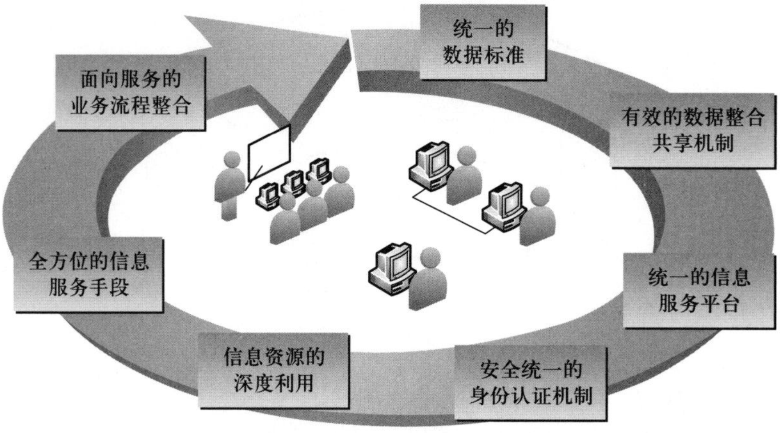

图 6.5 SOA 建设思路示意图

(2)运行环境多样。不同行业的原有应用系统和行业应用示范系统往往采用不同的软件运行环境和技术框架。

以上两点造成不同行业之间很难进行数据交互和协同计算,为了解决上述问题,就需要研究多源数据同构与异构环境一体化技术,打通智能服务终端系统、行业原有应用系统与行业应用示范系统之间的数据、消息通道,实现应用系统数据资源以及计算资源的共享。

多源数据同构技术利用数据标准化组织结构研究成果,将不同行业中不同来源、格式、传感器、分辨率的遥感数据进行标准化处理,使这些数据能够被行业应用系统中的各种模型算法进行处理。多源数据的同构化处理可以根据数据处理量的规模采用通过智能服务终端系统的边缘计算方式处理或基于云端的中心数据处理服务方式进行在线处理。

异构环境一体化技术消除不同系统之间消息通信的障碍,例如,使用网络服务(Web service)技术,无论它们所使用的语言、平台或内部协议是什么,都可以相互交换数据,这为多个组织之间业务流程的集成提供了一个通用机制。通过一套协议来实现分布式应用程序的创建,处理多源数据,沟通不同平台、不同编程语言和不同组件模型中的不同类型系统,这样就可屏蔽不同软件平台之间的差异,实现智能服务终端系统、行业原有应用系统和行业应用示范系统之间消息无缝对接。

综上,多源数据同构与异构环境一体化技术可以实现智能服务终端系统、行业原有应用系统和行业应用示范系统间的一体化任务调度、数据传递和处理,提高异构系统的可集成性、可用性和可扩展性。同时,平衡对旧系统的投资,降低开发成本,缩短组织流程并降低风险。多源数据同构与异构环境一体化技术示意图如图 6.6 所示。

4)基于虚拟化云工作台的高分信息快速处理服务技术

为了攻克基于虚拟化云工作台的高分信息快速处理服务技术,必须解决如下的技术

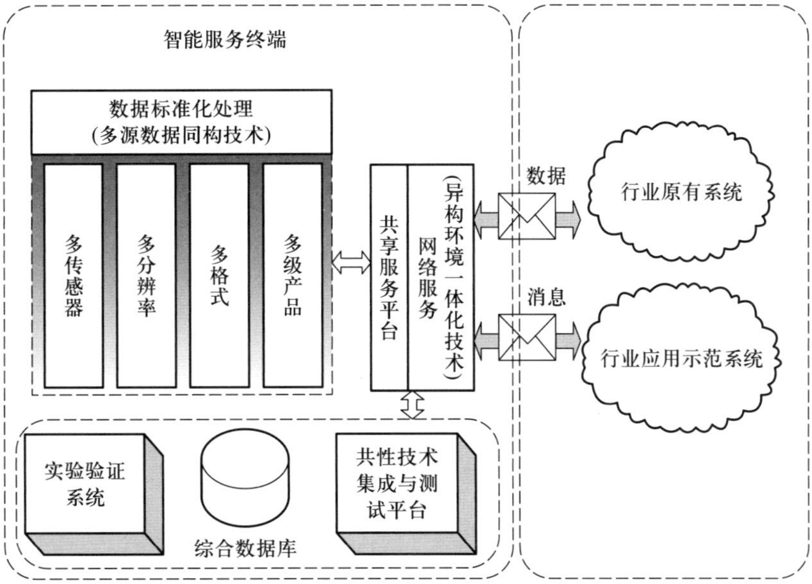

图 6.6 多源数据同构与异构环境一体化技术示意图

基础。

(1)分布文件系统的 Windows 客户端技术。分布式开源存储系统是一种兼备容灾性、高可靠性、部署维护方便等特性的分布式数据存储技术。由于其简单易用,在全球范围内拥有大批使用者。当前遥感云服务平台的用户群绝大多数用的是当下主流的 Microsoft Windows 桌面操作系统,但 Windows 操作系统不能以用户透明的方式挂载分布式文件系统,Windows 上没有 Unix\Linux 之类的用户空间文件系统(Filesystem in User Space, FUSE),因此,必须在 Windows 上运行一套类似 FUSE 功能的用户态文件系统。

通过 Dokan 库(Dokan Library),开发者可以非常方便地创建自己的文件系统而不需要编写设备驱动程序。Dokan 库是在 Windows 下工作的,类似于 Linux 下的 FUSE。

基于 Dokan 提供的类 FUSE 环境下,还需要开发一套能在 Windows 下运行的挂载模块。这个挂载模块完成包括对分布式存储系统主控节点的 socket 通信挂载、文件系统指令操作请求命令发送等功能。例如,当用户通过 Windows 资源管理器请求在分布式文件系统挂载点中进行读写操作,操作请求将发送到 Dokan 文件系统驱动程序,然后驱动程序将调用文件系统应用程序提供的回调函数例程。函数例程的处理结果作为用户请求的响应返回给 Windows 资源浏览器。如此一来,用户就能通过此技术对分布式文件系统进行透明操作(图 6.7)。

(2)虚拟计算资源实时级高可用性。基于虚拟化云工作台的高分信息快速处理服务技术要求能够达到零单点故障和硬件故障零影响效果。其虚拟机在实现普通云平台弹性扩展、自由伸缩、高硬件使用效率、低能源使用等特征外,特别注重虚拟机的高可用性和高可靠性。

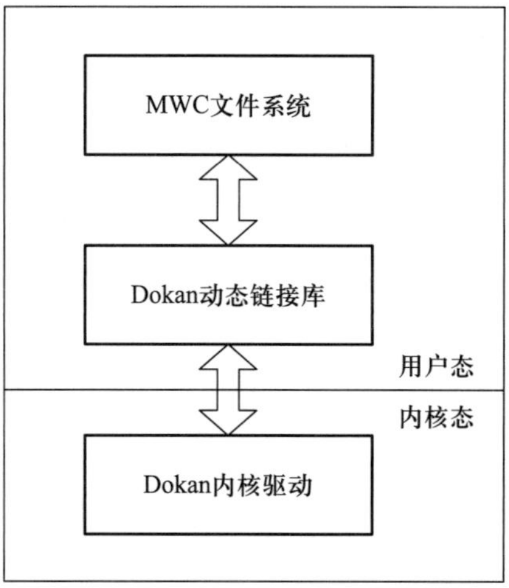

图6.7 分布文件系统的Windows客户端技术示意图

实时级高可用设计理念为冗余备份设计，运行的高可用虚拟机在云平台另一物理节点内存中存有一份实时的内存复制，并由平台管理节点统一管控。但是对用户透明，也就是说用户使用高可用虚拟机和普通物理机、普通虚拟机完全一样，感受不到平台实时复制的存在和影响。当用户虚拟机或者此虚拟机所在的物理机出现故障时，平台管理节点将检测到此异常信息，管理节点确认此虚拟机或对应物理机"心跳信息"终止后，立即启用另一物理机内存备份，响应用户请求。在此过程中系统完全使用冗余备份设计方案，所以能够实时响应，真正实现无缝迁移。

5）用户动态分析与服务聚焦技术

用户服务聚焦组件在服务平台的全生命周期内，汇集平台相关的用户、数据、应用和服务等多个维度的生命信息，聚合形成高分应用共享服务平台生命大数据；以领域本体、粒度分析、知识挖掘为核心，挖掘用户需求，从平台生命大数据中发掘用户本身和用户的数据、技术、服务使用行为的频繁模式；以频繁模式为基础，从中发现用户、数据、技术、服务的焦点，指导优化共享服务平台的应用服务能力，实现数据与服务的个性化推送。用户服务聚焦组件的技术解决方案如下：

（1）用户需求模型管理。针对共享服务平台的任务需求分析所涉及要素的复杂性所带来的建模困难，模块采取层次化方案，按照"需求—数据—服务"三层次进行模型构建。对于来自不同行业和领域的应用任务需求，首先进行基于本体的需求形式化表达，建立应用需求形式化模型；在此基础上，立足对地观测数据需求要素，建立数据需求模型；最后通过任务解构与重构，获取对高分应用需求的服务，即建立应用需求模型。对于传统的用户需求，可采用网络服务的本体语言（ontology web language-service，OWL-S）直接表达其服务语义；而对于遥感信息的处理较为复杂，主要表现在三方面：①服务种类繁多，使其功能语义较为复杂。②高分信息共享平台服务接口具有多态性和不确定性,具有复杂的信息语义。③高分数据的处理在内部可以采用不同的处理算法和流程,造成了用户服务信息描述的复杂性。针对遥感信息处理的复杂性,需要借助信息语义表达模型来进行描述。

采用领域本体技术,综合领域本体描述语义网络服务描述语言(web service description language,WSDL)、OWL-S、网络服务建模本体(web service modeling ontology,WSMO)的特点,结合遥感信息处理的领域特点和遥感信息处理服务描述内容,对 OWL-S 服务语义描述模型进行扩展,形成基于领域本体的高分共享服务平台需求本体描述模型(图 6.8),实现对用户、数据、服务和目标的本体信息描述,包括用户语义、功能语义、分类语义、质量语义、安全语义、目标语义等方面。

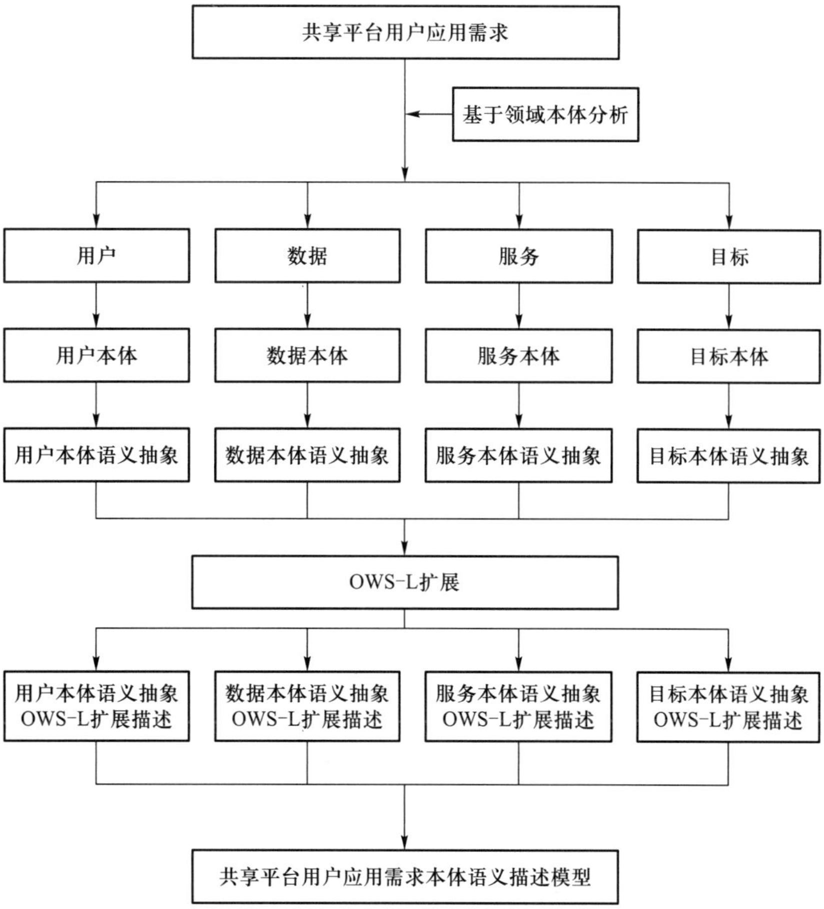

图 6.8 基于领域本体的共享信息平台用户应用需求模型

(2)用户服务链分析。针对共享服务平台的用户使用情况,以数据和服务功能为出发点,分析不同层次的用户对共享服务平台使用频次,对高分数据的请求范围、大小、数据使用频次和数据产品内容等信息,针对共享服务平台在数据、功能、算法和服务上复杂多样性的特点,研究基于本体的共享信息服务处理分类体系,研究用户服务链的描述、存储和管理方法,研究服务链的粒度化分析方法,研究服务链质量评估和甄别方法,建立为后续需求焦点发现和聚焦服务技术提供服务的用户需求信息库。

(3)用户需求焦点发现。用户需求焦点发现模块采用知识挖掘方法,通过对用户需求数据进行数据收集、数据清理、数据集成和数据规约四个处理过程,形成供知识挖掘方法进行处理的数据集合,并在此基础上,通过采用决策树、粗集、神经网络算法等技术进行模式搜索和知识评价,获取用户信息中对于共享服务平台服务功能和高分系统数据要求的显式和隐式需求,寻找用户需求焦点(图6.9)。

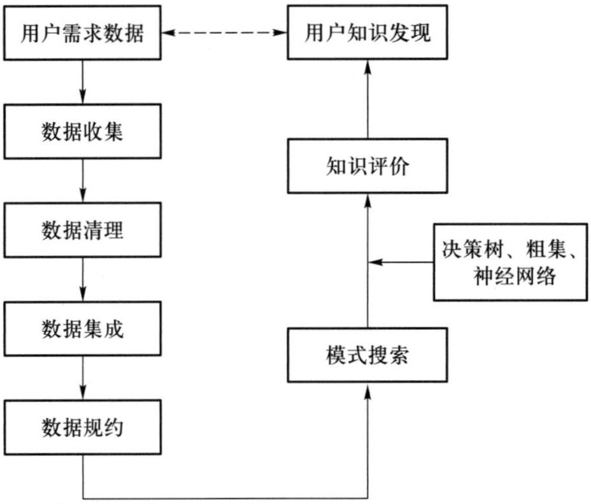

图6.9 基于知识挖掘方法的用户知识发现

(4)资源动态响应与聚焦服务。资源动态响应与聚焦服务模块在用户需求的领域本体描述模型的基础上,通过目标驱动和分层次的方式,将服务链的组合问题分解到两个层次进行,如图6.10所示。

首先,根据用户任务需求,通过基于语义匹配的服务组合推理得到抽象的服务链;其次,在抽象服务链的基础上选择优化指标,进行服务链的优化与服务资源的配置,并将配置结果交给服务链质量评价体系进行质量评价;然后,根据评价结果调整用户数据服务链行为,实现服务的重新分解与聚合,选择响应时间更快的候选服务替换现有服务,使数据请求任务和服务更均衡的分配到各个服务节点等方式,减少资源竞争的冲突;最后,依据用户常用的数据类型和隐含的使用模式,为其主动推送相应的(功能)服务,实现聚焦服务。

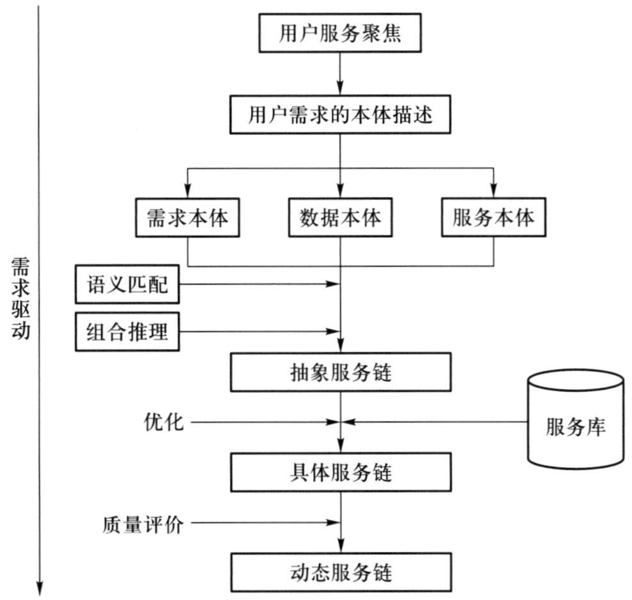

图 6.10 基于需求驱动的聚焦服务流程图

6.1.2 行业/区域应用系统的边缘服务系统①

依靠部署在各行业/区域的边缘服务器,通过应用技术中心分系统的负载均衡、内容分发、调度等功能,使用户就近获取所需内容,降低网络拥塞,提高用户访问响应速度和命中率。

1)云服务下的行业/区域应用系统

云服务指可以拿来作为服务提供使用的云计算产品,包括云主机、云空间、云开发、云测试和综合类产品等。云服务类型一般可分为三个层面,即基础设施即服务(infrastructure-as-a-service,IaaS)、平台即服务(platform-as-a-service,PaaS)和软件即服务(software-as-a-service,SaaS),这三个层次组成了云计算技术层面的整体架构,这其中包含了一些虚拟化的技术和应用、自动化的部署以及分布式计算等技术,这种技术架构的优势就是可以对外表现出非常优秀的并行计算能力以及大规模的伸缩性和灵活性等特点。

遥感云服务是基于云计算技术,整合各种遥感信息和技术资源,将遥感数据、信息产

① 指基于边缘计算技术实现在现有条件下,有效提升网络服务能力的应用数据和信息服务系统。高分遥感应用中,边缘服务系统通过构建多个节点,结合云服务平台,实现遥感数据快速共享分发、在线计算以及海量数据分析,尤其适用于应用技术中心系统为主节点、多个行业部门节点联通形成的技术系统中。

品、应用软件、计算及存储资源作为公共服务设施,通过网络为用户提供一站式的空间信息云服务。遥感数据、信息产品作为遥感应用中的重要资源,相较于一般云服务类型,遥感云服务还有一种数据即服务(data-as-a-service,DaaS)类型。因此,遥感云服务可以概括为软件(S)、平台(P)、设施(I)、数据(D)四种类型,即SPID。

云服务下的遥感行业/区域应用系统,需要从SPID四个层次去适应和设计,除了传统SPI层次的云计算改造外,D层面的还需克服传统数据格式和管理方式在面临多源、多类型、数据量大、应用面广、网络化等环境下存在的不足。

依据五层十五级组织模型,对原始数据进行多分辨率分层和在各层上进行分块,同时还满足不同载荷类型带来的数据存储应用需求,包括多光谱、高光谱、红外、微波等,以及不同遥感数据产品的标准化组织存储,在解决上述技术问题后,仍需要在可视化、分析与发布技术方面开展进一步研究。

在可视化方面,重点研发支持标准化数据组织模型的数据显示技术及数据缓存技术,解决标准化数据在多平台(移动终端、PC、浏览器、客户端等)、多模式(2D/3D)情况下快速加载和显示的问题。

在数据分析方面,研发相应分析与系统模块,解决用户对标准化数据分析的需求。

在数据发布方面,根据标准化数据组织结构的特点,研究标准化数据发布技术及接口规范,支撑标准化数据显示和分析。标准化数据组织结构应用示意图如图6.11所示。

图6.11 标准化数据组织结构应用示意图

2)面向高分应用的CDN技术

遥感应用是一种数据密集型应用,数据网络分发业务多,带宽资源消耗大,海量数据的网络传输已成为遥感云服务的一大瓶颈。同时,遥感数据是一种时空数据,遥感数据的需求和时间、空间有着密切的联系。例如,邻近空间的用户对邻近空间的遥感数据更感兴趣、更新时相的遥感数据比过时的遥感数据更受欢迎、热点事件相关的时空遥感数据也易成为时下访问热点。因此,面向高分应用的内容分发网络(content delivery network ,CDN)技术针对遥感数据时空热点访问特性,建立具有时空特性的CDN内容节点,可以有效提高遥感数据网络服务的效率。

针对高分云服务环境上有可能影响数据传输的各种环节,设计CDN内容交付网络的应对方案(图6.12)。CDN对系统内容的处理,主要在于利用缓存技术将静态内容快速分

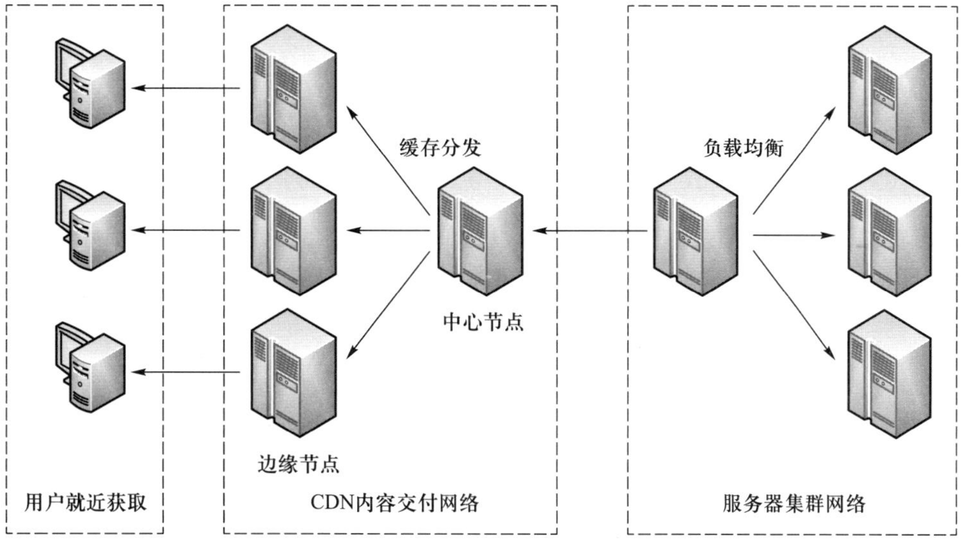

图 6.12 CDN 内容交付网络

发至边缘节点,通过让用户就近取得所需内容的方式,缓解高分云服务环境网络拥挤的状况,提高用户访问服务资源的响应速度,同时也减轻服务网络自身系统的性能压力。

6.1.3 应用系统通用技术架构

应用系统是集国内外卫星数据获取与管理、遥感卫星数据产品生产、专题遥感监测应用、决策支持与技术培训于一体的业务化运行服务系统。基于全链路“4 流”顶层设计、“SDIKWa” 闭环信息流模型、“SQP”标准化定量产品体系设计、“COGON”网络工程构架模型、“SPID”应用服务架构格局、“IDSH”软硬件系统部署等总体设计思路完成应用系统的总体架构设计。通过对多个行业和区域用户应用系统的流程和架构分析可以发现,都可以基于前述的 SOA 架构和边缘计算模式实现,因此提出应用系统通用技术架构的设计。

应用系统通用技术架构由以下几部分组成:1 个互联互通云服务系统;1 个共性产品服务系统(包括综合数据库、数据运行管理、产品生产、产品测试评价);*N* 个专题应用系统[包括气象预报监测、灾害防控、林业与牧业监测、农业监控、水利监控、火灾监控、海岸线(边境)监控、领空监控、浮游植物和/或硫磺泛滥监控、污染(原油泄漏)监测、非法捕鱼和海洋空间规划、土地规划、领空勘测/测绘、矿产资源勘测和城乡发展规划地图等];1 个决策支持和技术培训系统。

1)全链路“4 流”顶层设计

基于卫星应用需求,设定全链路的信息流、技术流、物质流和价值流“4 流”的顶层设计,涵盖系统构建、运行、发展、能力建设各个环节。按照应用的需求进行观测目标数据的获取和信息转化,开展系统设计、研发、制造与运行,形成具有可量化的产品属性,完成结构化、指标化和标准化处理的产品生产。在其他各类信息支持下,将状态知识转变为事态知识,上升到智慧层次以支撑决策,进而在应用领域里发挥作用。

2)"SDIKWa" 闭环信息流模型

系统体系结构建立的核心是信息的配置及其流程设计,应用系统采用 SDIKWa 信息流模型描述信息从数据到决策的运动过程。SDIKWa 模型把航天遥感信息的传递过程作为一个闭环系统,该系统中包括了信息源、信息源特征的获得、信息流的形成以及信息的应用,可形成数据获取、产生、加工、处理、分析和应用等子系统,使系统和子系统内的运转构成连续封闭的回路且使系统活动维持在一个平衡点上。

3)标准化定量产品体系设计

围绕以信息流为核心的航天遥感应用特征,以产品的应用方向和不同用户的产品应用需求为原则,通过对地物目标的定位、定性和定量分析,按照数据级(0-2 级)、目标特性级(3-5 级)和专题信息级别(6 级)进行划分,便于广大用户根据不同的应用需求选择合适的数据产品,易于理解与掌握。

在遥感数据信息产品体系中,从关注对象的本体信息到加工处理后为应用服务的信息,遥感数据信息产品具有品种、规格、质量、规模和时效性五大属性,通过对这些属性的准确描述,可以明确产品的定位和作用。采用"五层十五级"空间数据标准化模型定义产品规格(顾行发等,2018)。

4)面向共享的 COGON 网络工程构架模型

为满足多种类型应用的需求,多层次网络化结构建设十分必要,设计的面向共享的 COGON 体系结构是按照不同层次对计算能力需求及计算能力空间布局,有效地将数据网络、应用网格及云服务结构统筹起来的系统设施架构。COGON 体系结构具有能够适应互联互通与不同规模有序计算的需求,在不同的应用层面建立相适应的共享结构等特点。

5)面向云服务的 SPID "云-端" 信息处理与云服务架构模型

为支撑信息流的有序化与结构化构建,综合行业应用需求,满足监测、监控、规划等集成计算需求,设计建立"SPID"格局,SPID"云-端"信息处理与服务架构模型。具体地说,即多个服务(S),一套平台、基础设施与数据集(一套 PID)。其中,S 服务表示专题应用系统;P 服务表示平台服务,提供遥感影像处理的工具、系统;I 服务表示硬件基础环境服务;D 服务表示卫星影像数据和信息产品服务。

利用 SPID 构架开展应用示范系统统筹建设,开展全方位服务。在基础设施(I)框架下,利用接收到的各类卫星数据和多源遥感信息(D),构建涵盖应用核心产品系统和共性产品服务系统的技术大平台(P),建设涵盖气象预报监测、灾害防控、林业与牧业监测、农业监控、水利监控等领域的专题应用示范系统与决策支持和技术培训系统,开展千差万别、各具特点的专题应用服务(S)。

6)遥感工程的软硬件系统部署(IDSH)

遥感系统工程从需求出发,通过“分析—综合—设计—试验—验证—评价”的反复迭代过程,开发出一个满足使用要求、整体性能优化的软硬件一体化系统,将无形的信息与有形的数据、软件、硬件和服务进行连接。整个实施过程是以数据为中心的,信息流所形成的流空间是遥感数据的重要载体,信息是在不同的数据结构中,通过信息流可以将数据转化为信息产品。产品流的每个部分都具有一个功能,具体包括数据接收功能、数据处理功能等。为了更加明确体现内部组织关系,更加清晰地理清内部逻辑关系,做到规范各自功能使之条理化,可以使用具有多个功能的系统结构图。进一步对系统进行约束的是部署图,部署图描述的是系统运行时的结构,展示了硬件的配置及其软件如何部署到网络结构中。

因此,综合全链路“4 流”、SDIKWa 闭环、标准化定量产品体系设计、COGON 网络架构、SPID 服务架构、IDSH 软硬件一体化部署等设计思想,将应用系统设计中的各类功能进行合理粒度划分,开发出独立插件,以插件灵活组合搭建工作流的方式进行各类产品的生产,研制应用系统支撑数据库,流通与共享数据资源,并具备开放性接口,允许其他单位、个人在相关部门的授权下进行工具插件、数据的提供与安装,最终形成面向全球的开放性遥感应用系统。应用系统开发研制、交付使用的各个过程管理,采用应用技术成熟度对发展状态进行量化检验与评价。所谓技术成熟度,是指技术相对于某个具体系统或项目而言所处的发展状态,它反映了对预期目标的满足程度。应用系统建设交付时将达到 7 级技术成熟度的水平,即产品种类、质量、规格、时效性、规模达到指标要求,完成系统模块集成、业务系统研发并通过测试达到稳定运行状态。

系统交付后将组织系统硬件部署人员、系统开发人员和产品研制人员等,分批次向系统应用方进行培训,完成从部署、操作、应用到算法原理的知识转移。经过一段时间的系统培训、应用、迭代改进与更新发展,应用系统将达到较高 ATRL 的水平,即实现长期稳定业务化运行,需求满足得到验证,达到信息产品优化以及业务常态化。

6.2 通用、标准化、自联自通的基础版行业/区域应用示范系统

6.2.1 设计思路与接口

1)设计思路

根据国家战略层面、重点应用行业、重大工程、国内外热点区域、产业化推广对高分应用能力与技术保障条件的要求,结合目前遥感应用现状与高分应用技术的发展趋势,形成高分应用示范系统的设计思路:

(1)一体化对接。重视天空地一体化对接、应用示范系统与共性技术研发与服务系统

对接,以及科学目标与工程目标、产业化目标对接,形成天空地一体化系统的综合应用,使我国应用卫星与卫星应用有效对接,每种数据资源可服务不同领域,每项应用可利用多种卫星资源。在应用中强调业务应用与高分产品的对接、应用领域内各部分的对接、应用领域间的对接、科研与业务运行的对接、军民间的对接、国内与国际各类计划的对接。注重信息化与政府执政能力提升,与工农业发展的集成,体现信息化的带动性。系统建设体现出各类任务的有机集成,按照工程方式加以实现。针对数据流程各个环节的特点,建设示范系统,充分体现天地一体化的指导思想。

(2)采用网格架构设计。目前已有的行业应用系统往往自成体系,与其他系统互融互通存在壁垒,在系统建设上重复性严重,难以形成行业共享机制。基于上述问题,应用示范系统的建设尽量采用应用技术支撑分系统提供的应用公共基础平台,系统模块的设计参考应用技术支撑分系统网格集成体系设计。行业应用示范系统与应用技术支撑分系统间建立通用接口,提升整体性,便于成果的共享共用。各分系统既可独立运行,又可灵活集成,从而实现互联互通。

(3)充分利用共性技术研发与服务系统的资源。示范系统建设应将标准产品和专题应用产品的生产过程有效分离,通过共性技术研发与服务系统分发共享的运行机制,应用示范系统可直接使用共性技术研发与服务系统提供的3-5级共性产品生产线、插件或模型技术以及相关产品的验证方法等资源,用户可以根据自身的需求将其集成到业务化应用系统,有效减轻应用示范系统的建设负担。因此,应用示范的建设重心在于研究各行业/区域示范系统与共性技术与服务系统的产品输送和共享互通机制,以利用共性技术研发与服务系统提供的资源,结合行业目前已有的系统和产品库,实现各行业领域的高分专题应用产品生产、应用和服务链路,以加强自主信息源的空间产业化发展。

(4)需求牵引导向。重视国家战略需求,支持行业遥感应用系统升级改造,服务区域经济发展需求,满足重大突发事件应急监测与信息服务需求。体现高分应用的普及性及实用性,做好与各领域应用的接口,支持行业应用系统能力升级,业务生产各类应用产品,提高高分专题信息规模化提取与应用水平。通过国家与用户共同投入,支持国家战略综合应用、对各领域业务的信息服务和区域综合应用,体现信息化对国家经济建设的促进作用,提高政府管理效能,提升执政水平。

(5)促进产业发展。建立空间信息市场商业模式,打通产业链,吸引社会化投资,扶持遥感应用企业规模化发展。突破高分数据和技术市场应用中的技术瓶颈,建立产业化基地,形成高分信息服务企业集群,使空间信息产业成为国民经济新的强劲增长点。

2)外部接口

应用示范系统与外部系统的接口主要包括两个方面:与高分系统的接口、与行业部门现有系统的接口。

(1)与高分系统的接口。应用示范系统与高分系统的接口主要由三部分构成:与高分重大专项工程中心的接口、与高分地面系统的接口、与高分共性技术研发与服务系统的接口。接口关系如图6.13所示。

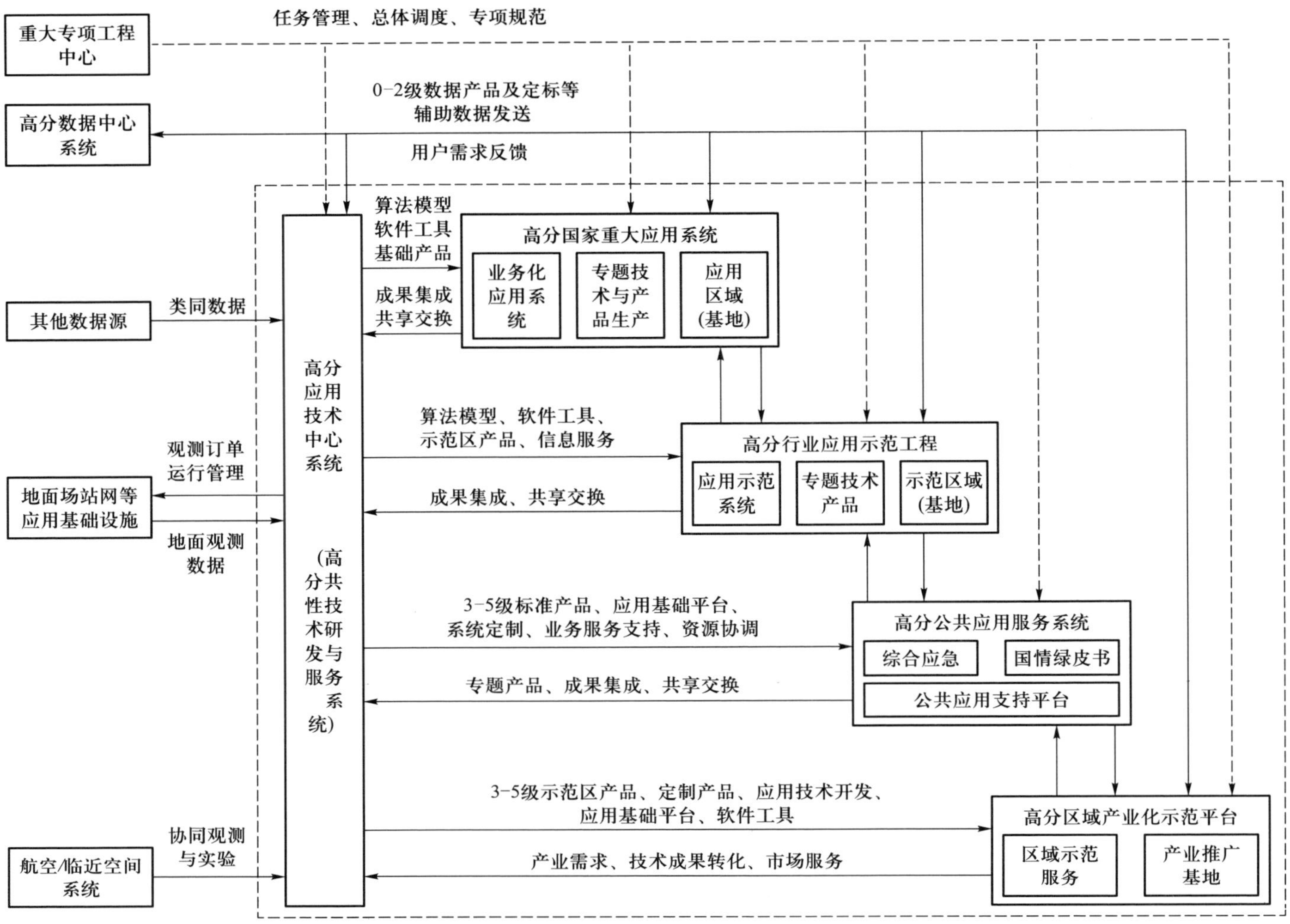

图 6.13 高分系统与应用示范系统接口图

• 与重大专项工程中心的接口：应用示范系统与重大专项工程中心存在单向接口关系。重大专项工程中心向应用示范工程建设提供任务管理、总体进度、专项规范等指导性文件和材料，通过项目管理软件实施整体进度控制，从而保证示范工程能够顺利进行，任务能够按时按质按量完成。

• 与高分地面系统的接口：应用示范系统与高分地面系统存在双向接口关系。高分地面系统主要向应用示范系统提供0-2级数据产品以及定标等辅助数据。应用示范系统主要向地面系统提供用户需求的反馈信息，支持地面系统基于用户信息得到质量检验等方面的报告文件。数据请求和用户需求反馈信息均通过高分网格实现，应用示范系统向高分地面系统发送数据订单请求和用户需求反馈信息，通过高分网格实现数据请求审核及数据与信息的传送。

• 与高分共性技术研发与服务系统的接口：应用示范系统和共性技术研发与服务系统，即高分应用技术中心分系统具有密不可分的关联，它们之间存在双向接口关系。对接规范要考虑各层次系统接口、技术产品提供、专题成果集成等多方面需求，以明确划定共性技术研发与服务系统和各示范系统的界线，实现两系统间分工协作。

共性技术研发与服务系统主要向应用示范系统提供共性关键技术，包括3-5级目标共性信息产品生产原型及产品校验方法、应用公共基础平台、相关的产品检验方法等。示范系统服务节点由20多个行业/区域示范单位的网格节点组成，通过高分办管理节点的授权，访问和使用高分共性技术研发与服务系统信息共享与服务网格中的各种数据、算法、计算、存储与应用服务资源，可基于用户需求定制流程与功能，实现共性技术研发与服务系统节点与各应用示范系统的无缝对接。

应用示范系统主要向共性技术研发与服务系统提供行业专题应用产品、专题应用产品检验样本、实测数据以及其他辅助信息等。在高分专项办公室统筹管理下，通过高分共性技术研发与服务系统主节点与各示范应用分节点、承研单位分节点互联互通，贯彻高分应用管理政策、标准规范、协同共享机制，形成集成共享运行环境，实现数据资源、信息资源、技术资源、设备利用、信息服务的共享与管理。

高分共性技术研发与服务系统与应用示范系统间接口互通的数据产品平台等见表6.1。

表6.1 高分共性技术研发与服务系统与应用示范系统间接口互通内容

共性技术研发与服务系统向应用示范系统		应用示范系统向共性技术研发与服务系统	
3-5级标准信息产品生产线	包括各级产品的共性关键技术软件插件、卫星载荷信息产品技术系统软件、生产作业流程、质量控制规范、软硬件环境配置方案、标准测试数据集，便于用户根据自身应用需求集成到业务化应用系统，形成从高分数据到专题应用产品的一体化生产线	行业专题应用产品	包括各行业/区域示范系统生产的6级专题应用产品，以及根据用户订单加工的定制产品、集成的跨行业示范系统的专题信息产品等

续表

共性技术研发与服务系统向应用示范系统		应用示范系统向共性技术研发与服务系统	
3－5 级产品检验与评价软件	将 3－5 级产品真实性检验软件集成到用户的产品检验系统中	专题应用产品检验样本	用户通过集成共享网络申请所需的标准化样本数据，结合示范系统检验功能，形成 3－6 级信息产品生产、检验、评价的生产作业过程
信息共享基础平台	为高分应用提供标准的基础性框架、协同共享环境、信息处理和应用支持工具	实测数据	基于高分示范系统建设项目中设定的示范区域进行实地采样和调研，获得经过校验后的实测数据，纳入行业应用专题数据库，输送到共性技术研发与服务系统
其他辅助信息	如共性技术研发与服务系统建设中制定的法律法规文件、系统规范文件等	其他辅助信息	如行业示范系统建设中制定的法律法规文件、系统规范文件等

（2）与行业部门现有系统的接口。高分应用示范系统与行业部门现有系统存在接口，两者是相互支持、相互补充的关系。接口关系如图 6. 14 所示。

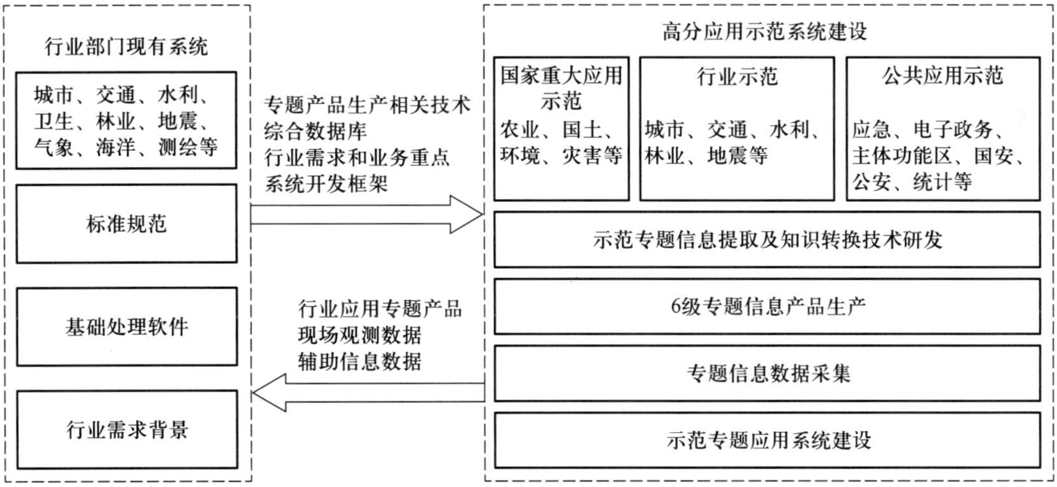

图 6. 14 行业部门已有系统与高分应用示范系统接口图

行业部门现有系统向高分应用示范系统提供专题应用产品生产相关技术、综合数据库、行业需求和业务重点、系统开发框架等内容。高分应用示范系统向行业部门现有系统提供行业应用专题应用产品、现场观测数据和辅助信息数据。

3)内部接口

(1)应用示范系统接口关系。应用示范系统的内部接口主要体现在行业应用示范系统与区域产业化示范系统间的接口(图6.15)。区域产业化示范系统与行业应用示范系统的接口关系:区域应用是行业应用以及国家重大示范系统的综合承载,区域产业化示范系统是具有宏观决策或全局调度能力的系统,集成了行业应用示范系统的专题应用产品及生产技术、系统开发技术等相关成果,形成产业联盟共享平台,促进自主信息源进入行业和企业。区域产业化示范系统要在数据采集、产品生产、专题服务、决策支持等不同层次上成为重大示范系统的发展与补充,以形成功能完善的大应用方向,集中各行业优势资源,服务国家重大应用需求。

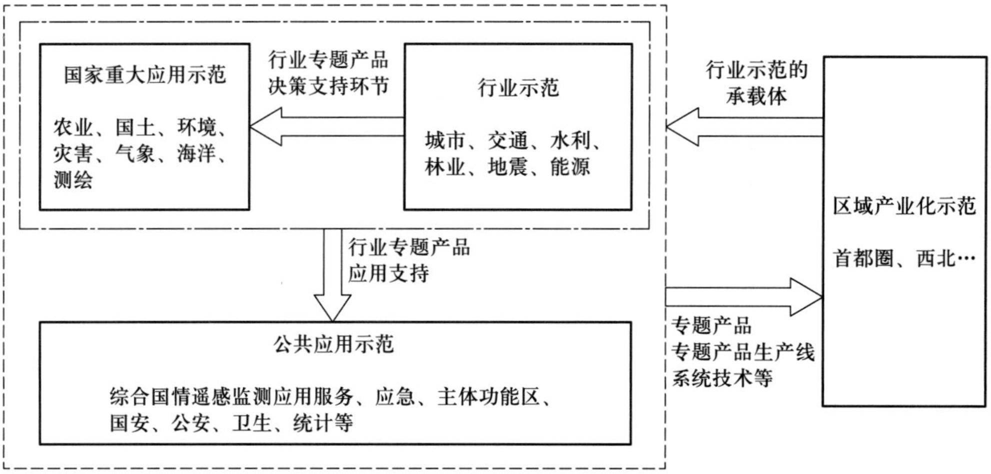

图6.15 应用示范系统内部接口图

(2)应用示范系统接口方式。各行业示范系统通过电子政务外网的审核机制和流程实现行业和部门间的产品输送;同时,行业、公共应用系统通过共性技术研发与服务系统共享网络实现与区域产业化示范系统的产品输送,产业推广承研单位节点通过高分专项办公室管理节点的授权,获取行业区域示范节点中相关的信息资源。

应用示范系统建设的主要共性问题是集成多源异构的空间数据,围绕这一问题的关键技术包括高分空间数据与产品的标准化、规模化处理与数据集成共享技术,网络化与海量数据分布式存储技术等;在硬件环境上,主要考虑高速网格节点的架设技术。除此以外,从示范系统生产的产品角度出发,涉及产品精度验证技术;从系统建设角度出发,涉及系统框架设计与开发相关技术。下面重点介绍高分空间数据与产品的标准化、规模化处理与数据集成共享技术,网络化与海量数据分布式存储技术和应用示范系统技术框架。

6.2.2 高分遥感数据与产品的标准化、规模化处理及数据集成共享

高分应用示范系统的多源异构数据除了支持系统日常的业务需求,还需要与共性技术研发与服务系统的综合数据库系统集成,形成行业和区域间共享格局。多源异构空间数据集成是对数据形式特征(如格式、单位、分辨率、精度等)和内部特征(如属性、内容等)做全部或部分的调整、转化、合成、分解等操作,旨在提供数据分布式高效利用和共享的数据深加工范式,是解决网络环境下空间数据交换、传输和共享、数据互操作的有效方法。其中,建立数据产品的标准规范体系是数据集成的主线。研究思路是,在产品标准化、规模化处理前,首先设计不同高分辨率遥感数据和产品的整合改造、加工技术路线,开展流程设计和验证;同时研究矢量、栅格图像一体化建模和集成管理和共享服务技术;在上述两项研究成果基础上,通过大型数据库管理平台实现面向示范应用需求的高分辨率遥感数据产品的可视化管理和自动更新。其总体技术路线如图 6.16 所示。

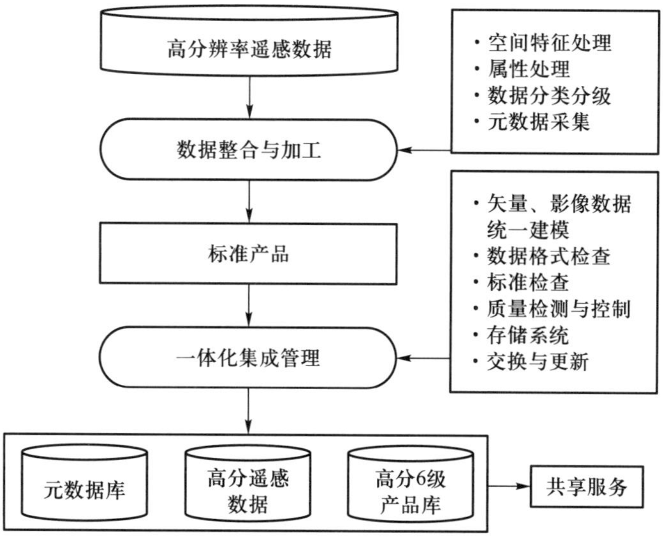

图 6.16 地理空间基础信息库高分数据更新与集成共享技术路线

1) 高分辨率遥感数据整合与加工

高分辨率遥感数据的整合加工是按照统一的时空框架、统一的信息分类编码体系、统一的数据交换平台、统一的信息资源目录体系、统一的面向对象数据组织的"五个统一"的要求,采用现代管理方法和手段(主要是质量管理、时间管理、成本管理),对现有或采集的数据进行标准化、规范化的数据整合改造,然后再做入库处理。通过数据库的建立,用户可以方便地进行多种方式的查询和检索,可便捷地浏览入库数据的图像,在带宽允许的情况下,可以很容易地下载所需的遥感数据或产品。数据生产过程中的产品加工、质量检验

以及数据库建设遵守产品加工、制作、检验和数据库建设的相应规范。

根据不同高分辨率遥感数据产品特点和数据结构特征,高分辨率遥感数据整合与加工的技术流程主要可以分成高分遥感影像(包括各示范区高分遥感正射影像)整合改造技术流程、应用示范基础信息和成果信息(包括各示范系统生产的6级产品)整合改造技术流程和高分元数据整合技术流程。

(1)高分遥感影像整合改造技术流程。随着卫星遥感技术的不断进步和用户要求的不断提高,遥感影像的成图精度越来越高,与传统的数字化地图相比,高精度遥感影像图具有比例尺大、目标清晰易辨、解译相对容易等特性,其应用领域更为广阔,应用层面更为丰富,已渗透到城市建设和社会生活的各个层面。高精度遥感影像需要整合高分遥感卫星影像、无人机遥感影像、地面实测控制点等多源数据,结合应用技术工程中心提供的遥感数据处理算法和模型进行生产。由于遥感数据量较为庞大,在涉及网络传输的前提下,对其进行金字塔多级处理显得尤为重要。

(2)应用示范基础信息和成果信息整合改造技术流程。高分应用示范基础信息和成果信息整合改造技术流程主要包括现有示范成果信息加工整理、数据格式标准化改造、属性数据库标准化改造、质量检查与控制、元数据提取和整理、数据入库和数据库更新等。

(3)高分元数据整合技术流程。从元数据入手,需要分析各示范系统的数据产品以及特点,制定面向不同数据资源特点的元数据标准,建立支持多标准元数据的组织体系。元数据标准体系、元数据标准及元数据的关系如图6.17所示。

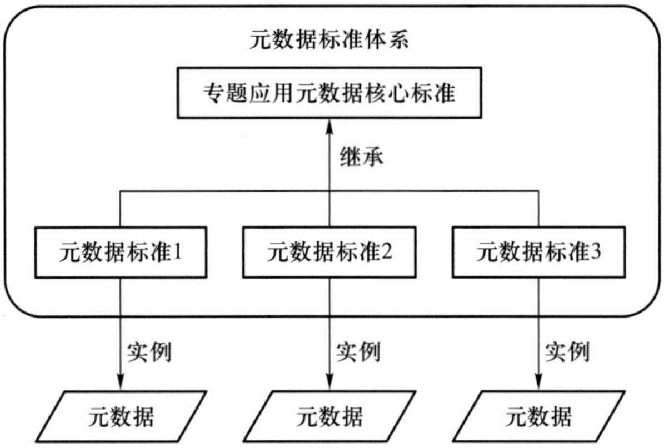

图6.17 元数据标准体系、元数据标准及元数据关系图

元数据标准体系是多个元数据标准的集合,可以首先定义一套基本的、通用的元数据标准,其他面向不同类别或专题数据资源的元数据标准可以通过继承元数据核心标准来支持对不同形式数据资源的描述,而元数据则是元数据标准的实例。技术上,元数据标准采用XML Schema表达,而元数据则采用XML描述。

共性技术研发与服务系统和行业部门制定并基于XML实现了元数据标准后,需要针对每个数据资源从原始数据中自动抽取或者人工录入元数据信息。人工逐条录入元数据的过程中会有一些元素项(如数据资源的版权信息、联系单位信息等)存在同样信息多次录入的情况,因此可以提供元数据模板的机制简化人工录入,即将重复的信息保存为元数据模板,录入每条数据时,先读取元数据模板,然后添加和更新与元数据模板中信息不同的部分。元数据信息最终通过网格环境中的网格服务统一汇交到共性技术研发与服务系统的元数据库中。

2)数据产品一体化集成管理与共享

高分辨率遥感数据产品库建设需要采用统一标准,整合高分辨率遥感数据资源和地理空间信息,实现跨部门、多源、多专业、多时相、多类型、海量异构地理空间信息数据的一体化组织和管理,形成逻辑严密、空间定位框架统一、地理空间信息分类编码体系统一、能有效支持应用示范系统和社会需求的规模化、标准化和可持续更新维护的基础性、战略性高分辨率遥感数据资源库。下面分别从集成共享模式和技术实现流程进行阐述。

(1)集成共享模式。各示范系统的遥感影像数据或其他地理信息专题应用产品可以通过"元数据-数据服务-数据实体"的有机关联,实现异构数据向共性技术研发与服务系统的集成,服务使用者可以直接调用聚合后的地理信息服务,也可以将本地地理信息专题数据文件叠加到遥感影像数据地图上进行业务分析,这样服务使用者不需要关心服务的来源,就可以在线进行地理信息应用分析,最大限度地减少各部门行业用户地理信息应用系统建设的重复投资。图 6.18 为集成共享模式示意图。

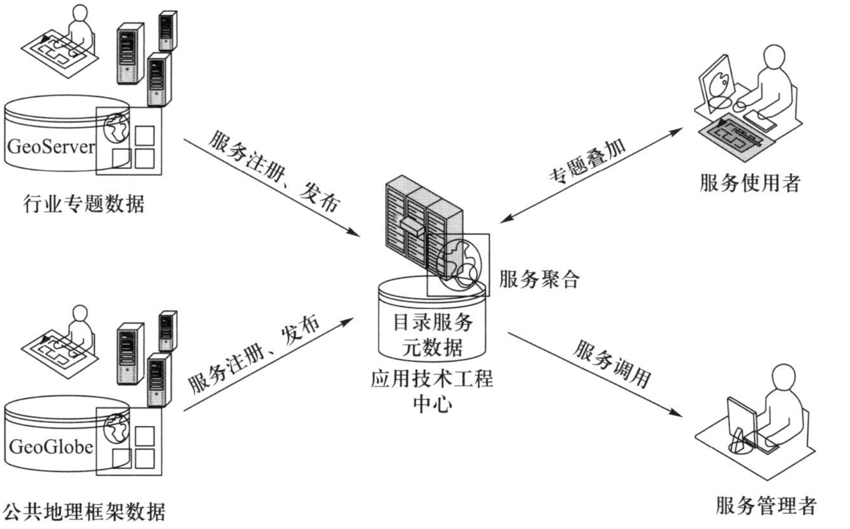

图 6.18　集成共享模式示意图

(2)技术实现流程。数据资源集成共享技术实现流程如图 6.19 所示。元数据只是提供了数据资源的标识信息、说明信息、联系信息等,真正的数据资源实体是通过数据服务的方式集成共享。首先,数据资源实体通过网格环境中的数据传输中间件,汇交到共性技

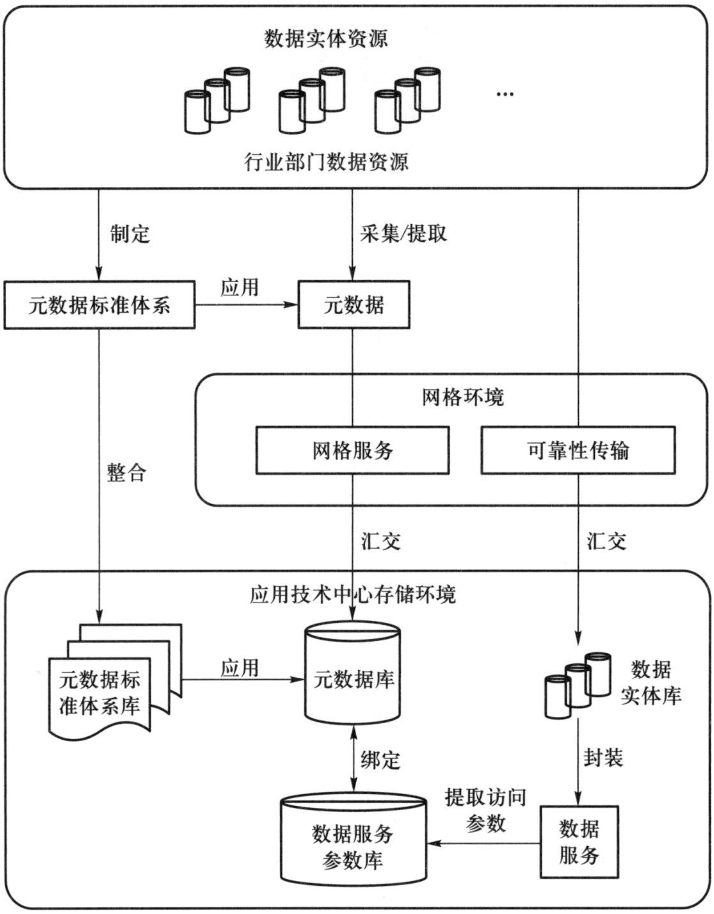

图 6.19　数据资源集成共享技术实现流程

术研发与服务系统的数据存储环境中,汇交后的数据资源可以封装为多种形式的数据服务。这里数据服务可以看作数据通过网络共享时的访问方式。对于遥感影像数据,一般以文件形式存在,可以封装为基于超文本传输协议(HTTP)的文件服务,或建立 FTP 服务器,封装为基于 FTP 协议的文件下载服务(即 FTP 服务)。对于结构化的属性数据,可以以文件服务的方式封装,也可以入库后以数据库服务的方式集成共享。同样,矢量类型的空间数据,可以以文件服务方式封装,也可以基于空间数据库封装,通过空间数据库引擎提供访问共享,还可以基于 OGC 的地图服务规范(如 WMS 服务、WFC 服务、WCS 服务)封装,以基于 Web 的地理信息服务的方式共享。

“元数据-数据服务-数据实体”三者的关系可用图 6.20 表示。访问封装后的数据服务,需要基于访问参数来实现。如数据库服务需要连接数据库的参数,地理信息服务需要地图服务器的地址等参数。访问数据服务的参数,统一录入数据服务参数库中,在资源共享平台中访问数据服务时调用。

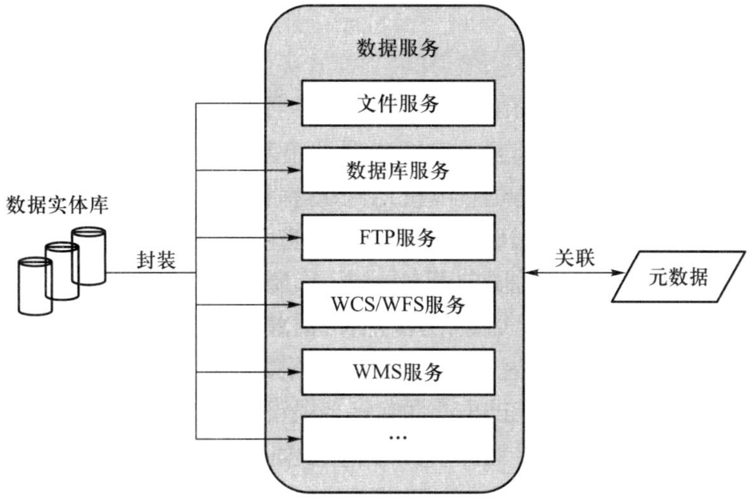

图 6.20　元数据-数据服务-数据实体关系图

各项服务内容在通过服务接口前，首先需要经过信息安全分析，根据不同的数据机密级别提供相应的服务形式。数据密级分为一般信息、内部信息和秘密信息。一般信息可以通过互联网提供服务，内部信息通过电子政务外网提供服务，秘密信息的实体数据提供离线服务，而元数据信息和目录信息通过电子政务外网提供服务，其中部分秘密信息则对实体数据和元数据提供离线服务，其目录信息通过电子政务外网提供服务。

6.2.3　应用示范系统技术框架

高分应用示范系统处于高分专项的应用端，需要从共性技术研发与服务系统获取共性技术及 3-5 级产品，并独自生产多种可业务化和市场化应用的专题应用产品。由于承接高分数据和高分技术，在基础的系统平台架构、系统方案设计、界面风格、系统开发思路等方面应把握规范性和统一性的原则，同时应考虑应用示范系统之间以及示范系统与其他外部系统的接口关系。高分应用示范系统总体组负责组织为各示范系统专题，研发基础的系统平台构建技术，并予以共享。

1）示范系统技术框架

高分各示范系统采用多层体系结构，由基础设备支撑层、数据库层、数据接口层、基础功能组件层、应用层（业务逻辑层）和用户层构成，如图 6.21 所示。

基础设备支撑层主要提供网络安全、软硬件设施保障等，数据库层在基础设备支撑层的基础上，实现基础信息数据的分布和异构存储，示范系统通过数据接口层，访问和调配基础信息数据，由基础功能组件层提供的功能接口对数据进行分析、计算等操作，应用层通过对细粒度的功能接口进行业务流程化，通过消息中间件完成任务消息响应，最终以浏

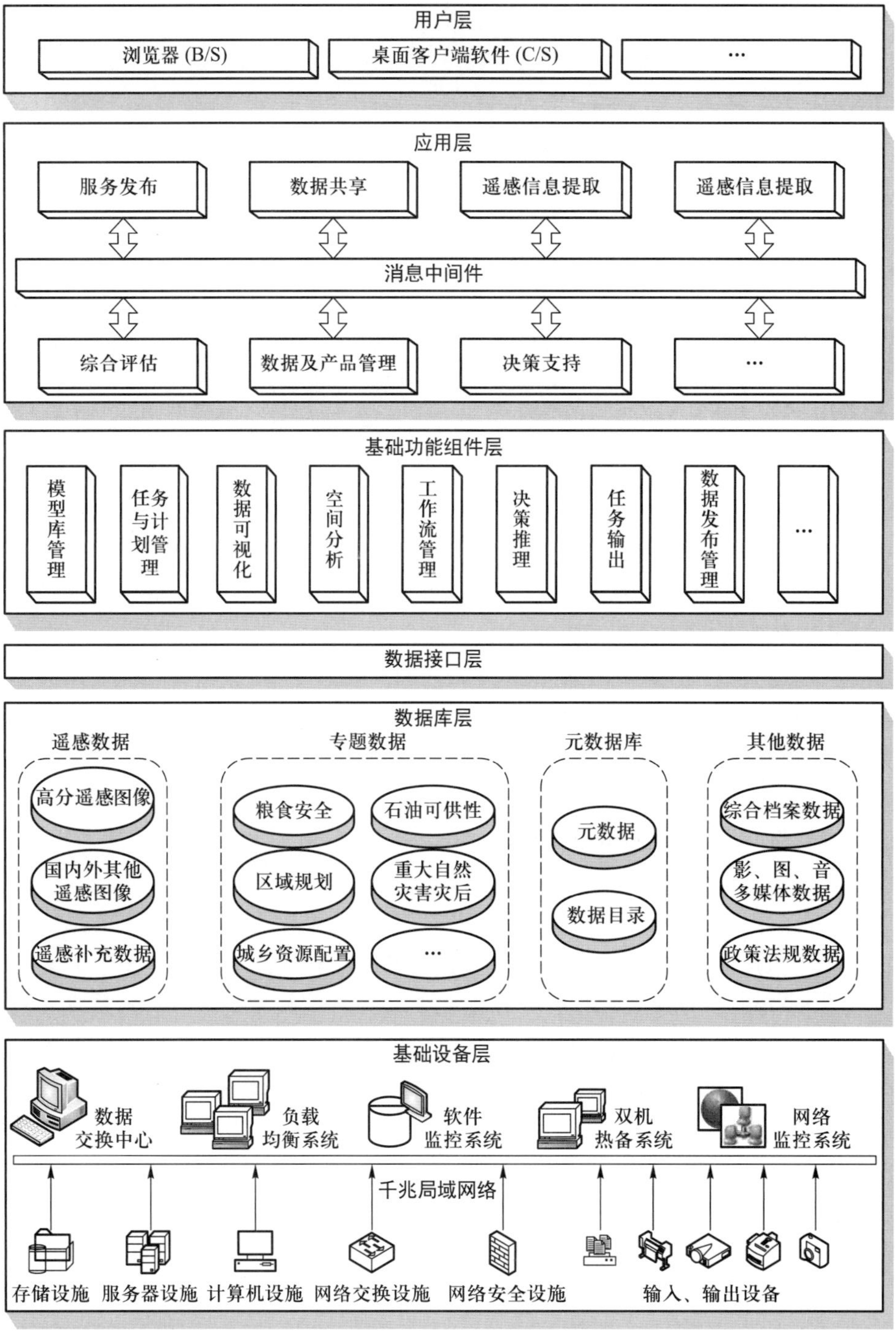

图6.21 示范系统框架设计

览器或桌面系统的方式向最终用户提供服务。其中,应用层和基础功能组件层是信息化建设的主体,数据层是信息化建设的核心,用户通过高分各示范系统的统一权限认证机制,根据不同的业务需求、特定的任务类型调用所需的系统资源,以充分整合各种工作流技术、高分遥感技术、数据库技术,真正实现规划信息化、网络化、智能化、自动化和图文一体化。

2)面向对象的数据建模

面向对象的数据模型是捕获在面向对象程序设计中所支持的对象语义的逻辑数据模型,它是持久的和共享的对象几何,具有模拟整个解决方案的能力。面向对象数据库管理系统是数据库管理中最新的方法,它们始于工程和设计领域的应用,适用于多媒体应用以及复杂的、很难在关系 DBMS 里模拟和处理的关系。面向对象数据模型的优点如下:

(1)适合处理各种各样的数据类型。与传统的数据库(如层次、网状或关系)不同,面向对象数据库适合存储不同类型的数据,如图片、声音、视频,包括文本和数字等。

(2)面向对象程序设计与数据库技术相结合。面向对象数据模型结合了面向对象程序设计与数据库技术,因而提供了一个集成应用开发系统。

(3)提高开发效率。面向对象数据模型提供强大的特性,如继承、多态和动态绑定,允许用户不用编写特定对象的代码就可以构成对象并提供解决方案。这些特性能有效地提高数据库应用程序开发人员的效率。

(4)改善数据访问。面向对象数据模型明确地表示联系,支持导航式和关联式两种方式的信息访问,它比基于关系的联系更能提高数据访问性能。

3)基于统一建模语言的系统设计

应用示范系统用户的需求主要集中在系统怎么建,系统怎么样,如何评测系统及产品的质量,系统的设计需要对从系统流程分析、系统需求、对象模型化定义到对象设计的整个标准化建模,系统的设计者可以根据自身需求便捷的定制应用示范系统。统一建模语言(unified modeling language,UML)是一套设计软件蓝图的标准建模语言,也是一种可视化的面向对象的模型分析语言。基于 UML 建模语言的系统设计,主要解决以下问题:

(1)用于描述驱动应用示范系统各部分的组合,形成用户按需定制的系统,用以解决系统构建的问题;

(2)用于描述高分数据处理流程,形成高分数据处理工作流,并能够根据用户的需求对流程中不同的环节进行调整,用以提供简单便捷的方式供用户利用系统进行数据处理;

(3)用于描述任务的执行过程,能够对任务执行进行记录,形成工作履历,并根据需要再现工作场景,用以根据用户的需求快速进行“场景再现”,通过多次的测试与对比分析形成关于系统和产品的评价能力。

第 7 章

共性技术研发与共享服务系统的工程设计

为了实现更快、更准确、多尺度、多系统的数据处理与服务,解决长期以来遥感数据独立处理、框架和元数据格式不统一、信息孤立和技术服务标准化差等问题,通过应用技术中心有效整合计算机软硬件、网络环境及运行条件等资源,建立异构系统服务接口标准,在实时通信网格平台的基础上,通过智能终端和用户系统建立链接,在用户现有系统的基础上实现对其数据资源、软件资源、平台环境资源、基础设施资源的标准化技术服务,从而构建互联互通的应用系统和通用、标准化、自联自通的应用示范系统网络。

随着对高分应用系统设计的深入,在最初的高分应用技术中心分系统概念基础上,提炼和形成了共性技术研发与服务系统,即应用技术中心分系统的工程系统,包括综合实验场和真实性检验站网、综合数据库与仿真平台、共性技术集成与测试平台、信息集成共享与服务平台 4 个站网平台基础条件,共同支撑共性关键技术的研发、评测、优化、汇集与共享服务。

7.1 综合实验场和真实性检验站网总体设计

7.1.1 定位作用和意义

遥感是有关“探测绘”的工具,对观测对象特性的准确描述是遥感应用前提条件。为了能对遥感数据处理算法和信息产品进行评价,试验场检验方法是最可靠的方法。通过建立实验验证条件,在算法研究阶段可以提供实验条件,在卫星在轨测试期间可以对卫星数据进行客观评价,在卫星运行服务期间可以通过提供实验数据优化算法模型,评价信息产品质量。

建立实验验证子系统,不仅为卫星自主研发体系提供标准数据保证,而且为应用研究与应用服务提供保障。

7.1.2 CVVAR 质量保证体系

遥感系统运行中的质量检验涵盖了遥感器、接收、处理、服务等多个环节的质量检验与控制,即 CVVAR 质量保证体系,包括遥感综合实验场、应用规范与标准检验、应用效能与指标评价等基础设施建设和总体论证任务,做到大规模、长期业务化应用,确保需求的满足。遥感综合实验场是开展质量保证体系工作的实体化基础设施和关键部分。

(1)遥感综合实验场。利用国家已建的各类辐射与几何定标场、行业监测站网,建立多个全国性真实性检验系统和区域性遥感应用综合实验场,包括遥感图像辐射与几何真实性检验系统、大气专题应用产品真实性检验系统、陆表专题应用产品真实性检验系统、内陆水专题应用产品真实性检验系统、海洋专题应用产品真实性检验系统、中国生态系统研究网络(CERN)遥感地面真实性检验站网、京津冀陆地遥感应用综合实验场、长三角城市群大气环境遥感应用实验场、黄淮海农业遥感应用实验场、环太湖水环境遥感应用实验场、渤海海洋遥感应用实验场、新疆生态环境遥感应用实验场。强化已有地学网络台站的遥感数据真值获取能力,形成地面实验与验证条件,保证高分遥感信息定量化水平和对传感器特性、产品质量的评价能力,满足各典型应用行业及其他应用技术支撑需求,为从遥感数据到信息的转化提供试验验证基础设施。

(2)应用规范与标准检验。根据高分辨率遥感应用规程、标准和规范,设计标准化信息产品体系框架,细化应用系统各分系统、子系统及业务化示范应用系统建设技术规程,制定遥感应用数据组织规则和信息共享机制,建立标准仿真测试和实测样本数据集,开发标准化产品生产线测试与流程监控软件系统,为应用系统建设提供标准规范应用与检验技术手段。

(3)应用效能与指标评价。根据高分专项各载荷技术指标,汇集应用系统共性信息产品和专业应用信息产品类型及精度指标集,构建产品指标体系,建立指标评价方法,评价指标应用效能,提供指标优化依据。

7.1.3 综合实验场的定义和总体设计

现阶段遥感定量应用最大的一个特点就是区域性算法精度大大地高于全国性/全球性算法。在一定区域内使用全国性/全球性算法及其相应产品将会产生较大误差。因此必须对全国性/全球性算法及产品在不同地区的精度进行检验与改进。此外,利用不同区域内的综合实验场可以开展区域性算法与产品研究工作,提高区域性应用的精度。

综合实验场相对面积开阔,代表了地方区域性气候和地物类型。实验场区内地物类型丰富,适于开展综合实验和航飞实验等,辐射面积大,可以包含不同尺度的多个样区,且样区的大小及地物类型可以根据需要进行改造与调整。在实验区内配以立体化的观测方式,可以开展多种具有该地区典型地物与大气特征的遥感产品定量化研究与检验,并能开展尺度效应、临边效应和混合像元等分析。对综合实验场进行适当的改造后,一般还具有定标产品的检验能力,包括辐射、几何定标产品。

综合实验场在进行建设时,需充分考虑到样区的空间尺度分布。从"点"的测量到跟高分卫星分辨率对应的"样区",再到包含多个多样化的"样区"的"核心实验区",再到覆盖不同产品类型的整个"实验区"。通过不同尺度的样本数据,有效地分析尺度效应、混合像元等,这些是真实性检验站不能完成的功能。

综合实验场主要目的是支持算法研发、改进和优化,并提供产品的质量检验,由于其辐射面积大,投入较高,因此不宜过多建设。在充分考虑国内外遥感产品反演的热点区域,发现现阶段遥感信息更多地用于经济较为发达、人口相对密集的区域,即关系到民生问题的区域,且在该些区域一般地表类型多样、环境情况较差、遥感反演产品质量较差,因此在进行总体规划时须充分考虑多个因素。具体的考虑原则如下:①兼顾经度,增加卫星过境时数据获取能力;②兼顾纬度,不同温带、气候、太阳辐射量、方位角等;③选择经济较为发达的区域。根据这些原则,且考虑到不宜过多建设,高分专项计划在京津冀、长三角、珠三角、东北三省、西北(新疆、甘肃)和西南(云南、贵州、四川)6个区域,依照"填平补齐"原则,进行改建和新建(图7.1)。

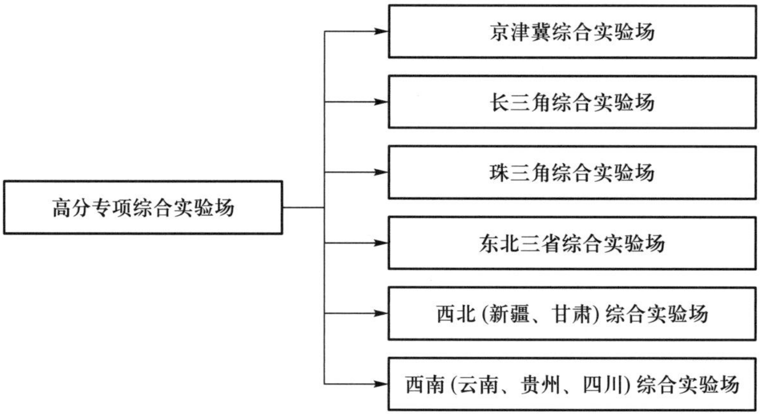

图7.1 综合实验场建设部署

7.1.4 真实性检验网的定义和总体设计

真实性检验网则是针对不同的产品,在全国不同区域建设一定数量的站点,以保证检验精度。针对同一个产品的所有站点就可以形成相应的单产品的真实性检验网。多个单产品真实性检验网组合在一起就形成综合性真实性检验网。例如,多个几何检校场组合在一起可以作为几何产品真实性检验网。单个站点的功能相对单一,主要针对少数几种产品开展检验数据的采集,面积与规模较小,所需投入也少,可以采用无人值守方式进行数据采集。

由于对地观测系统中的卫星主要是对地面的陆表、植被、大气、水体等进行观测,而地面的陆表、植被、大气、水体等往往具有较强的区域性,因此卫星遥感生产的反演产品也具有相当强的区域性。通常针对我国的卫星遥感产品反演算法有全国性与区域性两种类别,因此需要在不同的区域选择具有区域代表性的场站进行产品质量的检验。

在进行总体规划时须充分考虑多个因素。具体的考虑原则如下:①兼顾经度,增加卫星过境时数据获取能力;②兼顾纬度,不同温带、气候、太阳辐射量、方位角等;③考虑到地理分布,不同区划;④真实性检验网站点划分与分布。

考虑到产品类型的区域分布,真实性检验网的站点规划基于 1985 年中国科学院《中国自然地理总论》的中国 7 个自然地区划分方案,将站点均匀分布到不同区划中。

1）真实性检验站分级

由于真实性检验站主要是用于产品的真实性检验,因此要求数量较多,原则上针对一类产品不少于 10 个站。把产品分为六大类,如果每个站只形成一种产品检验能力,将大大地增加投入成本,从而减小真实性检验网的功能性。因此我们对真实性检验站进行了分级。

- 普通站:只具备单类产品的真实性检验数据观测能力。
- 综合站:具体 2-3 类产品的真实性检验数据观测能力。
- 重点站:具体 4 类及以上产品的真实性检验数据观测能力。

2）真实性检验网规模

考虑到尽量增加综合站和重点站,即尽量依托不同行业部门现有的单一功能站点进行改造、升级,使之具有多种参数采集能力的站点。

考虑到 7 个自然区划,真实性检验站网的一期建设初步计划在 7 个自然区划中各建设 3 个综合/重点站,此外在海洋选择 1 个综合/重点站点,在全国范围内建成含 20 余个综合/重点检验站的综合性真实性检验网。

现阶段,行业单位和院校也建设了较多的具有运行能力的面向单一领域的站点,即普通站,尤其是气溶胶观测站点。气溶胶观测参数是各类其他遥感信息产品反演的最重要参数,在我国现阶段也发展得较为成熟,各个站点基本能形成业务化运行。对于能够进行数据共享的行业单位或院校的普通站,也尽力纳入高分专项实验验证真实性检验网,因此将最终形成 20+综合/重点站、20+普通站的全国性真实性检验站网。

7.1.5 实验验证方法

高分应用示范系统涉及的信息产品种类多、要素广、时空尺度不一,根据空间分辨率、光谱分辨率、辐射分辨率、时间分辨率、几何精度、制图比例尺、辐射精度和参数反演精度等指标及评价体系,可以按需建立每颗卫星的技术系统、每级每类信息产品及其支撑与服务产品的验证方法。应用示范系统运行生成的产品按照行业、部门业务应用系统的功能可分为不同的类型,也包括了不同的业务产品。这些产品的真实性验证可通过直接验证、交叉验证和间接验证三种方法进行。

(1)直接验证。直接验证的流程如图7.2所示。利用尺度转换后所生成的与高分数据尺度相一致的地面测量数据,结合各种辅助数据(基础地理数据和测量数据),对高分卫星的遥感陆地、大气、海洋等产品,如地表辐射度、地表反射率、植被覆盖度、叶面积指数、土壤湿度、地表温度、气溶胶光学厚度、地表蒸散、旱灾(范围、程度)等进行直接验证和精度评估,将精度验证报告发送给业务综合管理子系统中的质量控制模块,以及数据与数据库管理子系统。

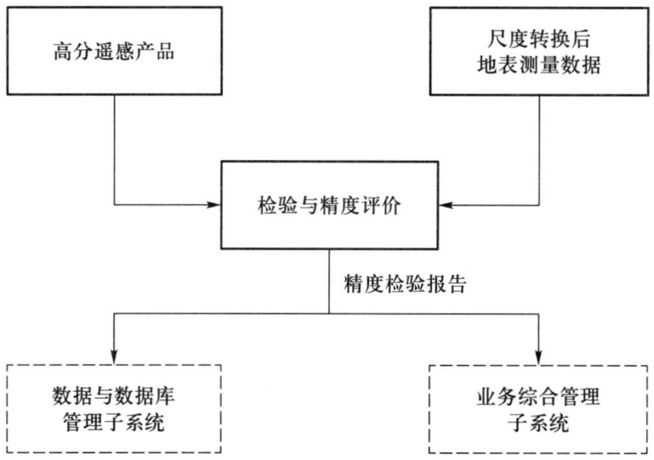

图7.2 直接验证方法流程图

(2)交叉验证。交叉验证的流程如图7.3所示。利用尺度转换后所生成的已知精度的卫星遥感产品,结合其他行业相关高分系统所提供的产品,对高分卫星遥感陆地、大气、海洋等产品,如地表辐射度、地表反射率、植被覆盖度、叶面积指数、土壤湿度、地表温度、气溶胶光学厚度、地表蒸散、雪灾(范围、等级)、旱灾(范围、程度)等,进行交叉验证和精度评估,将精度验证报告发送给业务综合管理子系统中的质量控制模块,以及数据与数据库管理子系统。

(3)间接验证。间接验证通过两种方法实现对遥感产品的验证。

- 方法一:对尺度转换后所生成的已知精度的时间序列遥感产品进行时空变化趋势分析,从中得到该遥感产品的时空变化规律,然后根据这些时空变化规律对待验证的高分卫星相同时段的遥感产品进行真实性验证和精度评估。
- 方法二:将待验证的高分卫星遥感陆地、大气等产品(地表辐射度、地表反射率、植被覆盖度、叶面积指数、土壤湿度、地表温度、气溶胶光学厚度、地表蒸散)等输入已被验证过的地表过程模型中,根据该过程模型输出结果的准确性,来间接验证遥感产品的真实性。最后将精度验证报告发送给业务综合管理子系统中的质量控制模块,以及数据与数据库管理子系统。

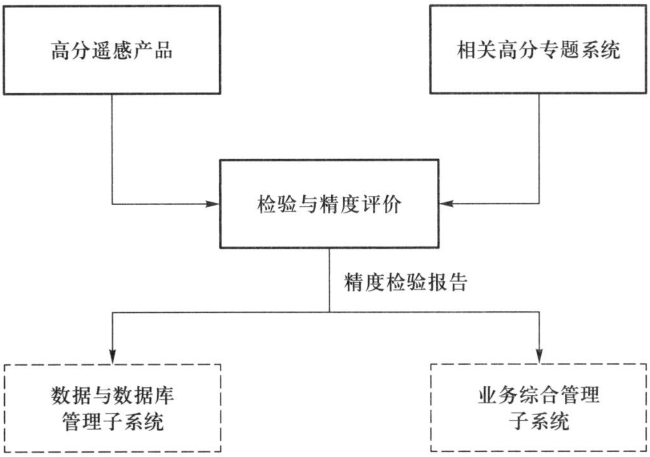

图 7.3　交叉验证方法流程图

7.2　综合数据库与仿真平台设计

综合数据库与仿真平台是基于已有知识的评价平台。一方面,数据库是对已有成果的汇集;另一方面,基于已有数据成果,通过仿真系统,对模型算法及产品状态进行分析评价、改进与优化。

7.2.1　定位作用和意义

1)遥感综合数据库

目前,各行业遥感数据分散孤立,缺乏共享机制,导致形成遥感数据信息“孤岛”,严重制约卫星遥感应用快速工程化、业务化和产业化的步伐。面对这种现状,结合高分专项发展需求,尽快实现全局高效的数据共享,须有效解决以下难题:

(1) 面向高分应用的数据库结构复杂,体现在数据来源比较广、类型比较多、获取手段比较丰富等。

(2) 面向高分应用的数据规模大,涵盖各类遥感相关数据,初步估算数据量达 PB 级。

(3) 面向高分应用的数据快速提取难,与数据库结构、数据规模、服务请求类型密切相关。

(4) 面向高分应用的数据整合难度大,涉及对 20 余个不同区域、不同行业部门数据的整合以及国外部分数据的整合等。

(5) 面向高分应用的数据管理工作多,数据类型多达几十种甚至上百种,数据量高达 PB 级,满足多元化、个性化的数据服务,其中数据管理工作量是非常巨大的,而且涉及的管理内容非常多,包含不同类型数据录入、数据检验、数据更新维护、数据备份和数据恢复等。

(6) 对存储、网络等硬件要求高,高分应用综合数据库系统存储数据量大、检索频繁、更新频率快、服务能力要求高,因此对存储、网络等硬件支撑设备要求高,体现在要求存储能力大、传输带宽高、响应能力快、系统功能配置完善,以保证系统长期稳定运行。需要整合现有数据资源,建立高分应用综合数据库系统,来促进我国高分数据和信息的共享,在分布式网络环境下为高分应用集成和共享服务提供支撑。

共性技术研发需要综合数据库系统提供研发过程中所需的共性辅助数据和基础模型算法。同时,共性技术成果、共性产品成果和实验验证数据成果等也需要综合数据库系统来提供一个存储、管理与交换共享的平台载体,为高分应用研发、高分应用示范以及高分应用系统建设提供支持。

2)仿真平台

受观测条件限制,不可能定量获得各种条件下的遥感数据,通过模拟仿真技术获取仿真图像能够较为真实地替代多种条件限制下的遥感图像,满足应用研究、应用评价和应用服务的迫切需求。采用光学遥感模拟系统的方法,模拟仿真地表、大气和传感器等影响获取的整个遥感物理过程,可以以较低的成本获得大量用户所需的图像,用于遥感机理研究。目前,光学遥感模拟系统在国内外越来越受到重视,主要原因是其成本低,而且能满足用户各种限制条件下所需,有效开展新型卫星论证,这是比实际获取图像最优越的一点,因而构建并开展光学遥感模拟系统研究用于高分专项应用的图像仿真和综合评价是亟需的。

通过实验室仿真和计算机仿真实现高分专项应用的图像仿真和综合评价,开展地面场景信息仿真、大气辐射传输仿真、遥感器成像仿真、卫星飞行仿真、遥感数据仿真、仿真能力评价等任务,全链路闭环地模拟高分卫星应用效能。仿真过程首先强调“真”,不是指可视化效果方面的无限逼近,而是指对于航天遥感系统遥感数据链相互作用关系的再现,是侧重于遥感成像物理、信号规律的仿真,而非瞬间静态现象的逼近。利用计算机图形图像学建模手段可以获取可视化效果逼真的地表场景,然而航天遥感成像过程还在尺度效应、时空采样方面具有特殊性。另外,从航天遥感仿真需求角度出发,用户更关注的是在满足一定成像“真实感”的前提下,对成像环节各要素作用机理、制约关系、变化特征的再现与参数敏感性分析。然后强调“像”,要求仿真输出结果在空间尺度、纹理细节、光谱特征等方面要与对应级别的实际遥感产品相似,或者说有遥感成像“真实感”。自然地表在时间、空间、电磁波等方面是连续的,遥感仿真过程一开始就不可避免地将连续的现象离散化,这一根本性的误差导致遥感仿真可以无限逼近却不能达到真实情况状态。设定仿真精度要求、构建评价方法、搭建计算环境是开展航天遥感应用仿真的前提。

7.2.2 遥感应用综合数据库系统设计

高分应用综合数据库系统建设内容主要包括高分应用综合数据库建库与高分应用综合数据库运行支撑软件建设两部分。

1) 高分应用综合数据库建库

高分应用综合数据库建库是通过充分利用国内相关科研机构和业务化应用部门长期积累的基础空间地理数据库、灾害/资源/环境/生态等专题数据库、历史遥感卫星资料、气象和地面监测站网数据，快速汇集应用技术中心分系统真实性检验系统和实验场采集的遥感和现场测量样本数据，集成共性信息产品、专业应用信息产品和增值服务信息产品研发所需的模型算法，建立高分应用系统不同类型、不同尺度、不同覆盖范围的8种专题数据库（图7.4），包括基础空间地理数据库、模型算法库、遥感应用特征库、实验验证库、数据产品库、信息产品库、信息服务数据库和运行管理数据库，并具有可扩展和平滑升级能力。

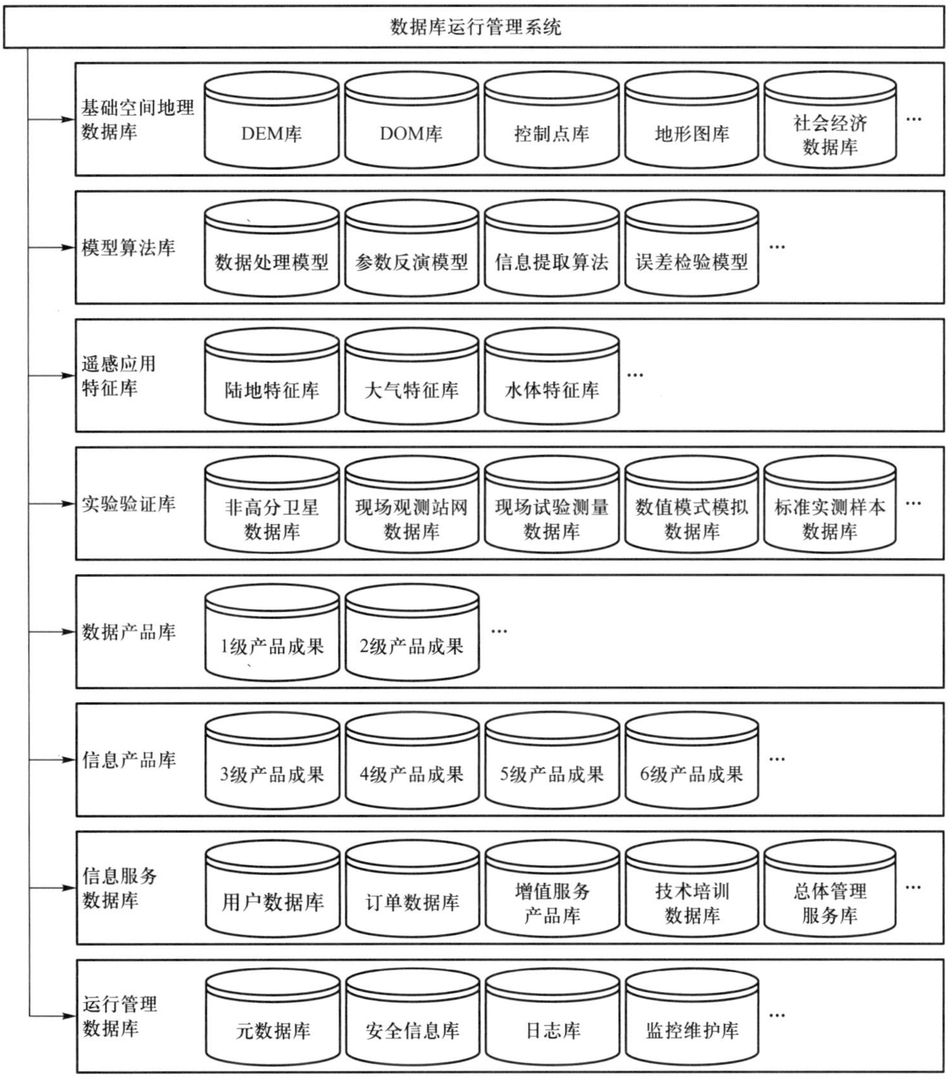

图7.4 高分应用综合数据库建库结构图

2)高分应用综合数据库运行支撑软件

高分应用综合数据库运行支撑软件建设由数据整编子系统、数据存储阵列管理子系统、产品服务阵列管理子系统、数据库综合管理子系统、分布式数据索引子系统和数据库安全控制子系统共6个子系统建设组成,如图7.5所示。数据存储阵列管理子系统以及产品服务阵列管理子系统作为系统的两个对外服务门面,分别提供数据库管理的数据及产品的服务;分布式数据库索引子系统作为自主研发的分布式索引数据库,为系统提供支持;数据库安全控制子系统则从存储、传输、访问以及高可用性等方面保证了系统的安全;数据整编子系统和数据库综合管理子系统可供内部人员对数据库进行管理、维护、分析以及数据入库等操作,贯穿整个综合数据库系统。

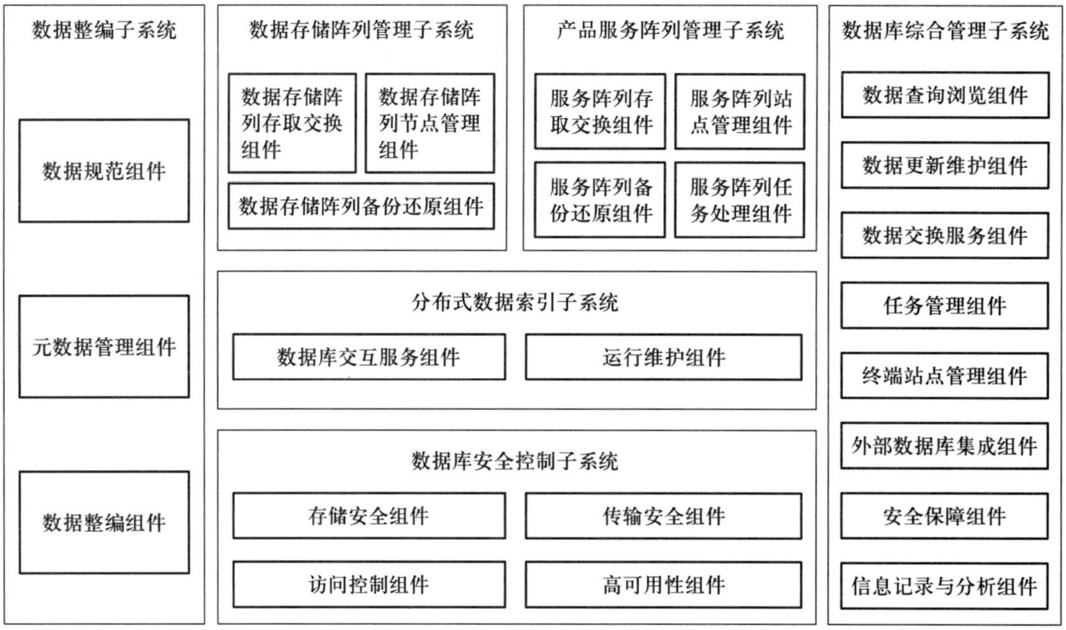

图7.5 高分应用综合数据库运行支撑软件架构图

高分应用综合数据库运行支撑软件的设计实现是一次创新软件的实现过程。为了兼顾技术创新与完成平台建设任务目标,高分应用综合数据库运行支撑软件开发了三个重要版本,历经了三次技术颠覆。从专项实施初期以Oracle等“关系型数据库”系型数据服务为主流的数据库系统建设技术,到以Hadoop等为代表的NoSQL+云计算+云存储的前沿平台技术,再到面向遥感应用自主研发的以GRID Cube数据结构为对象的定量化、标准化遥感数据库平台技术为边缘计算、空间大数据人工智能挖掘,以及弥漫式信息服务提供了技术框架支持。

7.2.3 遥感模拟实验室仿真平台设计

遥感模拟实验室仿真平台采用遥感成像物理仿真和敏感性分析研究手段，对遥感辐射传输模型和微波成像模型的各个环节开展可控的物理参量调节，实现“机理模型—物理模拟—成像验证”的全过程研发保障，与全数字模拟场具有功能互补与结果互验的作用，具备新型传感器成像物理模拟能力、特殊室外场景成像物理条件再现能力、模拟真实传感器对典型目标获取效果的分析评价能力。通过多模态等新型卫星载荷仿真、多星组网效能分析仿真，可改进遥感机理模型研究，指导新型遥感载荷专题信息提取，支撑拓展和量化遥感应用领域。

1）微波测量仿真分系统

微波测量仿真分系统服务于微波卫星应用，以精准快速地提升微波卫星行业应用能力及服务质量为目标，突破微波卫星行业应用中目标场景与电磁波交互作用机理认知等关键技术及瓶颈。基于现有制备、测量及仿真设备，通过性能提升、新增设备等手段，在目标微波特性测量基本能力建设和微波遥感典型目标场景仿真能力两方面进行平台搭建，形成对不同观测模式下由仿真目标场景的测量到微波卫星产品的全链路精准调校分析能力。

微波测量仿真分系统对自然场景及理论验证场景开展高精度场景制备及监测工作，配合高精度轨道及微波特性测量平台，提供星地同步等效观测模式下的典型地物目标场景的高精度、标准微波特性数据集；通过电磁仿真平台，可深入从微波卫星典型应用场景到微波卫星数据产品的全链路误差传递过程，并对目标场景与雷达电磁波的交互作用进行深度认知，这是微波卫星数据产品室内真实性检验，提高微波卫星数据产品定量化水平的核心环节。可控纯净的测量仿真环境是野外真实性检验站场不可替代的真实性检验手段，为提高卫星应用的广度、深度和定量化水平提供重要支撑。

微波测量仿真分系统建设共包括 3 个子系统：目标与场景制备子系统、微波特性测量子系统和仿真分析子系统（图 7.6），可针对多种典型地物目标（森林、农作物、草地、水体、土壤、动态水体、道路、人工目标等）和多个典型地物场景（几何校正、辐射校正、陆表、水体、植被等）进行制备和测量。

微波测量仿真分系统服务于微波卫星应用，以促进微波卫星应用能力为目标。可形成对微波遥感典型目标和场景在不同 SAR 卫星成像模式下的制备、测量及仿真，生成 1-3 级 SAR 产品仿真数据，在可控纯净实验室环境下可针对仿真目标场景的 3-5 级共性产品算法进行真实性检验与优化。

仿真分析子系统是服务于微波卫星产品应用的关键部分，围绕高分三号和后续的微波卫星产品应用开展仿真分析。对制备的场景开展电磁仿真模拟，并结合测量得到的场景微波特性进行分析，对卫星应用中使用的算法、模型在可控纯净实验室内仿真场景下进行精度评价，并提供微波卫星产品参数反演算法、产品生成算法从场景至产品全链路各环节的改进建

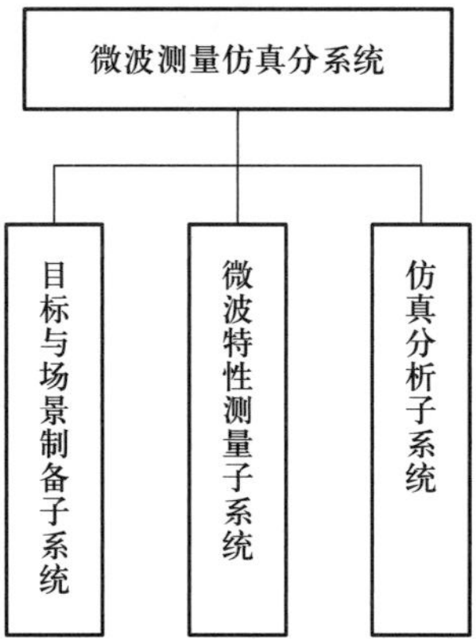

图7.6 微波测量仿真分系统组成图

议,对微波卫星数据产品质量进行真实性检验,同时还可以提出服务于具体行业应用的微波卫星的优选观测模式,以全方位提高微波卫星应用技术的精度及定量化水平。

2)光学遥感模拟分系统

实现光学遥感成像物理仿真实验,包括轨道、传感器、光源、大气、地表等环节的全链路光学遥感成像物理仿真。通过不同观测方式和成像特点,研究不同大气条件下不同地物的遥感成像规律。物理仿真设备可以在室内通过暗室,模拟太阳光源及其入射角,通过照射自然状态的地物或模拟目标,获得精确的目标光学散射和反射特性,也可以通过移动设备移到户外典型地物上空开展遥感探测,可具备条件控制、环境模拟、规律和模式试验等能力,能预测和探索新型载荷或根本不能进行直接研究的实物对象的性能等。

当前遥感应用的定量化水平仍然处于较低水平,主要原因在于遥感机理模型和相应参数的定量化描述精度不够。由于大气散射和地表反射等多种因素的影响,野外测量引入较大的误差和干扰,无法反映真实的遥感过程。光学遥感模拟分系统可以对遥感产品的品种、规格、质量、规模和时效性进行分析,为遥感机理模型构建提供有效支撑。主要拟开展卫星平台抖动对遥感成像像元点位置影响分析、辐射不均一性的遥感成像分析、大气成分定量反演关系分析和多星多角度覆盖分析等研究。

(1)卫星平台抖动对遥感成像像元点位置影响分析。该影响分析以“观测场景构建”独立环节作为仿真流程,通过不断地调整“卫星平台抖动”参数进行仿真,得到在不同“卫星平台抖动”参数下的光学遥感图像仿真几何场景信息(各像元四个角点坐标信息、观测角度信息),直观地展示出不同的“卫星平台抖动”参数对遥感器成像造成的几何裂缝、扭曲和像元错位程度等情况。

(2)辐射不均一性的遥感成像分析。分析具有辐射不均一性的地面场景,获取添加各类噪声的电子信号数据,并对条带噪声进行计算和统计。选取多幅含有辐射不均一水体背景的遥感图像作为输入执行此流程,对不同输入得到的不同条带噪声进行对比和分析,同时还对输入图像的辐射不均一性进行对比分析,抽取出影响和评价指标,从而得到辐射不均一性对条带噪声的影响分析。

(3)大气成分定量反演关系分析。通过不断地调整"大气水汽含量"参数进行仿真,得到在不同"大气气体、气溶胶"等参数下的光学遥感仿真图像,通过反演获得相应的大气参数,并利用分析图表的形式,直观地展示出不同参数对反演精度的影响。

(4)多星多角度覆盖分析。构建面向应用的多星多角度覆盖仿真分析任务流程,得到在不同分析参数下的分析区域覆盖情况和覆盖记录报表。在分析卫星和分析区域参数不变的情况下,可以通过单独设置分析时间参数完成卫星在该时间段内对分析区域的覆盖效能分析;在分析区域和分析时间参数不变的情况下,又可以通过选择不同的卫星进行计算,进而可以分析不同卫星组合下的覆盖时效性。

光学遥感模拟系统模拟天空和太阳的光源照明,以及不同参数对于遥感观测的影响,建立光学遥感成像物理仿真和敏感性分析研究手段,对遥感辐射传输模型的各个环节开展可控的物理参量调节,实现"机理模型—物理模拟—成像验证"的全过程研发保障,与全数字模拟场具有功能互补与结果互验的作用,具备新型传感器成像物理模拟能力、特殊室外场景成像物理条件再现能力、模拟真实传感器中对典型目标获取效果的分析评价能力,可用于改进遥感机理模型研究,支撑拓展和量化遥感应用领域。

光学遥感模拟分系统主要包括地物目标模拟、室内环境模拟、传感器观测模拟、三维控制场和光学模拟数据处理5个子系统(图7.7),以及相应的环境建设(包括综合观测平台、模拟传感器及运行轨道、太阳模拟光源、小型大气气溶胶与云雾等大气环境模拟实验舱、三维场景缩比模型等),形成具备立体探测时间、空间、辐射、光谱等多维特性模拟和综合试验能力的室内遥感模拟系统。

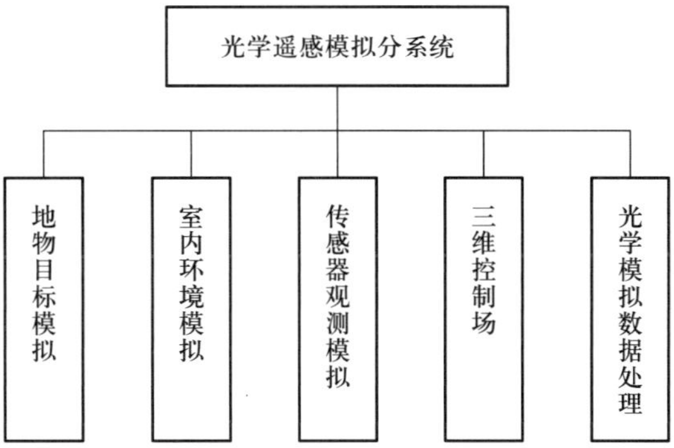

图7.7 光学遥感模拟分系统组成图

3)星地同步数据仿真软件系统

星地同步数据仿真软件系统主要根据高分卫星所搭载载荷的成像特征和指标参数,对影响遥感影像成像质量的各过程进行仿真模拟,定量分析这些过程和因素对成像质量的影响,为卫星及载荷研制部门提供指标参数优化依据;对遥感共性应用进行一致性分析,评价验证遥感器成像系统的几何与辐射成像质量,实现卫星数据质量、预期应用效果预估,为地面应用算法模型的预先研制提供仿真数据保障;同时对卫星进行“单星多用、多星联用”等业务应用能力与效能进行仿真推演与验证分析,提供卫星过境预报、数据有效覆盖分析的服务,为数据应用部门提供精准的目标区域覆盖分析以及为卫星真实性检验部门野外实验安排提供参考。

(1)试验仿真子系统。主要负责根据陆地观测光学、微波卫星平台特点以及搭载的全色、多光谱、红外、高光谱、微波等载荷指标参数,获得相关载荷的野外校飞试验数据,通过试验数据以及在轨卫星数据进行物理参数场模拟与数据同化,为多时相、多尺度卫星数据分析与比较提供支持。根据遥感数据成像质量综合分析和评价需要,对载荷校飞试验航空遥感数据进行几何校正、辐射校正、匀色镶嵌等数据处理,并对同步的大气观测、光谱测量等数据进行处理,形成航空校飞试验数据集。

(2)数据处理系统综合分析仿真子系统。主要针对高分卫星应用开展的数据处理共性技术研究体系进行分析仿真,对遥感数据处理环节中单要素进行仿真模拟,同时还对系统的处理流程进行分析,对系统的处理能力进行测评,依据专家意见,综合评价数据处理系统,为流程的优化、流程的重定义、资源的重分配等工作提供决策支持。实现数据处理共性技术集成、测试、优化更新与服务整套流程体系的管理与分析,建立一种规范的业务流程管理系统化方法,包括流程分析、流程定义与重定义、资源分配等。

(3)遥感成像质量影响因素分析及数据仿真子系统。主要针对高分卫星应用,分析光学成像系统中导致图像发生退化、质量下降的因素,根据探测器系统的物理特性、成像特性建立探测器的仿真响应成像模型,评价分析卫星及遥感器设计指标参数,为工业部门优化卫星及遥感器参数设计提供依据。同时,实现不同成像方式(推扫、摆扫、立体)、探测器结构(内方位)、调制传递函数以及大气辐射传输过程,噪声、压缩等因素对成像几何、辐射特性状态仿真;根据卫星设计参数,进行遥感图像仿真,并对卫星成像效能进行仿真评估;构建卫星及遥感器参数指标论证与卫星数据仿真工具平台,该平台具备不同时间分辨率、不同空间分辨率、不同波段设计的卫星数据仿真能力,为遥感应用过程分析仿真子系统提供仿真数据输入,为真实性检验提供有力的数据保障,弥补真实性检验过程中所用遥感数据的非多样性不足。

7.3 共性技术集成与测试平台设计

高分辨率共性信息产品研发系统包括了产品技术研发和共性技术集成与测试平台,前者按照共性关键技术任务通过指南公开发布,吸引尽量多的国内外科学家围绕高分卫星产品与处理技术开展工作;后者重点开展技术集成、封装和测试,系统打造共性技术运行与测试平台,支持对外包算法软件进行测试,对模块功能、性能进行测试。

7.3.1 定位作用和意义

共性技术集成与测试平台是共性关键技术研发成果的集成、测试、分析、评价、认证的集成工作平台，具备对重点示范区基础共性信息产品全流程处理技术成果的精度、功能、性能、业务化程度进行准确性、可靠性、稳定性、适用性、规模化等多种特性评价能力，以及对多常规产品、多定制产品和应急生产过程进行全模拟环境测试能力。

共性技术集成与测试平台子系统为不同层次用户提供技术支持和服务。集成指按照多种用户需求，形成共性技术文档、数据、功能模块、按照卫星集成的数据处理软件包和多星专业综合处理工具系统，是遥感数据处理领域集体的智慧，加快提高我国遥感卫星数据处理的整体水平。测试、分析、评价指按照一定的要求与判据，对所集成的共性技术文档、数据、功能模块、按照卫星集成的数据处理软件包、多星专业综合处理工具系统乃至整个系统进行系统性的测试、分析和评价，确保各种工具的有效性。

在高分"数据—信息—知识"转换链条中，共性关键技术是完成转换的主要手段，共性关键技术的研究需要有统一的应用平台作为载体，有统一的测试平台作为客观评价分析的工具，这样才能够确保技术成果的系统化、可持续性、一致性、可靠性、有效性和高复用度。同时，由于研制总要求共性关键技术将以指南形式发布，选择实力较强的单位进行攻关，会有不同团队加入高分专项的实施过程，因此需要统一的集成与测试平台对研发的成果进行客观的评价分析，以保证系统的一致性。高分专项用户类型多、情况多样，且技术水平不一，也需要提供统一的集成与测试平台支撑共性关键技术的服务。提高行业信息产品规模化生产的效能和精度，促进高分卫星、自主卫星和其他卫星的协同应用，推进高分数据顺利、高效进入行业应用主体业务，推动我国卫星数据产品生产标准化、规模化、产业化发展，因此建设高分应用共性技术集成与测试平台将为行业应用示范系统、行业遥感应用模型研发、专题应用产品生产提供技术支撑。建立规范化、工程化、工程化的卫星共性技术研发支撑体系，是集成各领域技术成果和优势资源，实现成果有效积淀和整合，尽快服务高分应用示范系统建设，最终实现长期稳定技术服务能力的需求。因此，需要建立高性能、规范化的共性技术集成与测试平台，针对高分卫星载荷特点的应用共性技术攻关的需求，结合在轨测试的高分数据，在统一的研发/运行环境下进行全流程的验证和评价。同时，高分应用及共性技术测试、分析、评价涉及多种流程、方法、结构下的自动化、规模化处理效率的评测。需要定量、客观地评价共性技术成果的成熟度、适用性和各种潜在特点。可以通过构建基本计算单元、处理系统模型和 Benchmark 分析模型，对被检测模块和软件的功能、性能指标、精度、适用性等重要参数进行测试、分析与评价。

7.3.2 平台内容与组成

共性技术集成与测试平台由共性技术工具集成模块、技术测试评价工具集成模块、产品加工质量控制模块、基于动态语言的技术工具集成模块、可视化流程建模模块、数据处理工具引擎、系统平台配置与监管模块等部分组成(图7.8)。

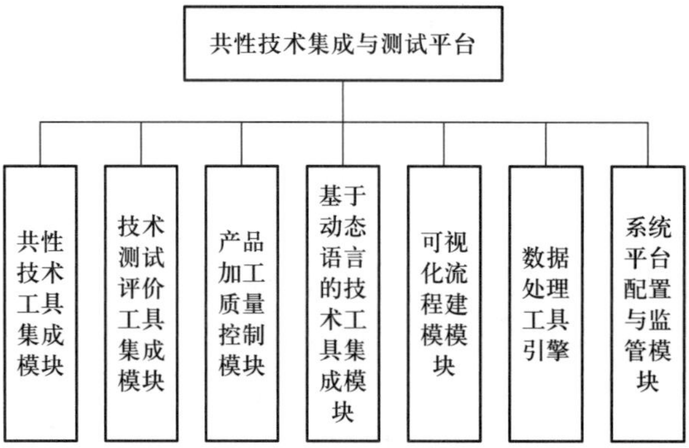

图7.8 共性技术集成与测试平台内容与组成

1)共性技术工具集成模块

共性技术工具集是针对高分载荷特点的数据处理工具包软件。共性技术工具集成模块主要负责平台中一系列平台共性引擎套件的管理,提供对各类共性技术工具的添加、查询、更新等工作,为平台开发、应用和推广提供基础逻辑和服务支撑。

2)技术测试评价工具集成模块

技术测试评价工具集成模块负责根据用户的评价请求类别和对应的请求服务形态,将输入数据封装成标准的多形态评价服务集成接口文件,并传递给对应的测评程序,驱动对应的程序对用户请求进行相应产品的分析、度量、测试与评估,同时采集评价结果信息,提供对应产品的相关样本数据查询等功能。

3)产品加工质量控制模块

产品加工质量控制模块主要是对阶段性的成果进行测试和验证,为质量保证提供参考依据。主要针对监督项目的实施结果,将项目的结果与事先制定的质量标准进行比较,找出其存在的差距并分析形成这一差距的原因。例如,对于空间数据质量,一方面,从理论上研究空间数据误差的来源、性质和类型以及度量指标和表达式;另一方面,从实际上寻找控制或削弱误差的数据处理技术。

4)基于动态语言的技术工具集成模块

基于动态语言的技术工具集成模块作为高分集成测试平台子系统的一个重要组成部分,主要负责对该子系统中的主要逻辑功能进行相应的脚本实现。例如,可以通过编写相应的脚本代码,来实现子系统中空间信息管理或工具测试评价等。从软件功能实现的角度讲,提供类语言(脚本)控制功能既可以作为应用程序中一个相对独立的模块,又与应用程序中其他功能模块密不可分。一方面,应用程序的功能需求可以不依赖于脚本控制模块,利用其他功能模块即可实现。另一方面,脚本控制模块欲实现对应用程序的实际控制,须利用其他功能模块方可实现。

5)可视化流程建模模块

可视化流程建模模块主要从应用流程可视化建模的目的出发,提出一套面向用户的业务流程建模语言及其可视化的建模工具,根据领域的任务特点,将具体的业务功能包装成能力,并根据能力所提供的服务,将具有相同服务属性的能力抽象成一类服务,按照一定的流程逻辑把这些服务组合起来,从而构成相对复杂的组合服务。从而实现了任务的定制与流程的复用,提供了个性化服务且使业务人员能从直观的角度对整个业务流程的执行有一个合理的设计。

6)数据处理工具引擎

数据处理工具引擎是主要用于时空数据的高效处理、组织和管理。通过各种时空数据处理工具,实现时空数据采集、处理、更新的完整流程。数据处理工具主要包括数据抽取、数据转换、数据装载和数据压缩等。

7)系统平台配置与监管模块

系统平台配置与监管模块负责统一管理集成测试中所有服务器的信息,提供对共性技术集成测试中各测试服务器的运行参数进行配置、查看、修改、更新以及状态跟踪。

7.4 信息集成共享与服务平台设计

最大范围的知识传播和算法模型的最广泛评价是获得高质量、高可靠信息产品的有效手段。建设集成共享与服务平台,针对共性技术研发与服务需求,集成基础共性关键技术、综合数据库、实验验证系统的成果,开展共性技术研发成果、协同实验验证和基础实验数据的服务,对实现遥感信息资源深层次共享以及遥感信息集成与整合具有重要意义。通过服务平台,一方面追求数据、技术共享的最大化,另一方面也是用户体验中心及用户评价中心,获得最广泛的认同。

7.4.1 定位作用和意义

在高分应用系统共性技术研发、应用过程中,必定产生海量规模的数据资源、算法资源、计算资源、模型资源和硬件资源等,需要制定统一的共性技术汇交成果、集成标准和共享机制等。同时,由于各行业应用水平的差异,对技术算法、技术软件、地面实测数据、共性信息产品乃至一体化处理系统有不同层次的需求,如何为用户及时提供所需的算法、软件、数据、产品及系统服务,需要建立高分信息产品集成共享和服务全局的高效共享机制,实现高分多级信息产品、行业成果等高分各类成果的发布,为用户提供高分信息产品的可视化查询检索、便捷订购、高速下载服务,提供多源数据共享和高分专项模型共享服务等,确保为用户提供有效的服务。

信息集成共享与服务平台是高分应用技术成果集成的平台和信息共享的枢纽,是对外提供多用户服务的一站式服务门户。为大众用户、行业和区域示范用户、专家用户以及市场用户等提供产品、模型、算法、数据和工具等资源集中输入与分发输出,是高分应用系统总体对高分应用技术中心进行有效管控的渠道,能够为行业区域示范用户提供资源和信息的全方位服务。

信息集成共享与服务平台对高分应用资源、设备、信息产品等的管理提出了更高要求,需要对系统进行高效管理,包括资源调度管理、系统用户管理、系统安全性和稳定性管理等。通过建立协同产品技术测试、综合数据库和实验验证系统等工作模式、方法、机制等,协同应用技术中心、各行业部门之间远程、本地云端各类资源,为多层次用户提供高分数据、算法、软硬件等资源调度能力,高分模型可视化耦合、协同验证能力,智能云端协同驱动能力等。因此,高分应用共性技术共享服务是信息集成共享与服务平台的重要功能。

信息集成共享与服务平台采用分布式网络架构,由一个应用技术中心加多个行业/区域业务节点组成"1+N"结构,方便地进行系统交互与复用。面向分布式环境下的多类型用户,构建以共性技术集成与测试平台、综合数据库系统和实验验证系统为支撑的,以多模式智能终端技术为手段,完成网络环境下分布式高分数据资源、高分信息资源、模型算法资源、在线服务等多类资源的共享发布,并利用二维/三维可视化技术进行数据展示。

7.4.2 平台内容与组成

信息集成共享与服务平台由高分技术共享基础信息平台、信息网络化应用集成系统、分布式计算与网络化服务运行平台、互联网信息产品测试系统和高分应用综合管控平台5个部分构成,依托应用技术中心信息集成共享网络硬件环境,在综合数据库支撑下,为高分应用系统技术、数据、信息、应用、基于互联网的大样本系统测试提供运行环境。同时,作为交互平台,为遥感产品、工具软件提供最广泛的综合评价。

(1)高分技术共享基础信息平台。负责提供共性信息与技术产品共享服务,由基础地理数据、3-5级产品发布、行业集中式成果发布、模型共享4个子系统组成。提供3-5级产品数据检索、3-5级产品数据下载以及3-5级产品数据展示,行业集中式成果检索、行业集中式成果下载以及行业集中式成果展示、模型发布等功能。

(2)信息网络化应用集成系统。负责自主产权的遥感、空间信息软件系统等成果的网络化集成与在线应用支持服务,由集成校验、成果集成和模型/工具集成3个子系统组成。

(3)互联网信息产品测试系统。负责为网络集成的共性技术与信息成果提供在线测试评价服务，由信息产品质量检验、信息产品质量用户评价、工具软件功能测试、工具软件性能测试、工具软件安全检测、工具软件兼容性检测、工具软件用户评价等子系统组成。

（4）分布式计算与网络化服务运行平台。集成高分应用技术中心及地方区域中心的分布式高性能计算资源、存储资源和网络资源，通过对各种资源的协同调度和虚拟化处理为用户提供在线基础设施服务。分布式计算与网络化服务运行平台包括计算能力协同、数据库协同、实验验证协同、安全管理协同和应急协同 5 个子系统。

（5）高分应用综合管控平台。主要是对服务的过程进行管理和控制，包括运行任务管控、运行状态管控、用户管控、安全管控、统计管控、运行模式管控和订单生产管控 7 个子系统。

第 8 章

应用系统的组织管理和工程体系建设

高分应用系统的工程目标是完成遥感应用系统的建设与运行，形成高分应用基础设施。无论是其论证设计、研发建设，还是示范和评价，均是通过系统工程方式开展的。从建设规模、涉及部门、参加团队、时间周期等方面衡量，高分应用系统的建设和运行是遥感应用领域的一次由多行业/区域参与的大型工程探索，有效地组织管理与相互协调是开展应用系统建设与示范评价的关键。高分应用系统建设的协作复杂性和社会化服务要求，也使得系统工程的实施从普通建设运行层面有所突破，从组织架构搭建开始，形成相应规章制度，发展到一定程度就会体现出文化特征，形成高分发展模式。

8.1 应用系统工程管理与任务分解

8.1.1 管理模型

1）创新与风险动态均衡的科研工程项目管理方法

科研工程项目的创新与风险动态均衡的科研工程项目管理方法（顾行发等，2018）是一种有效的创新管理技术。创新是人的智慧在科学技术能力体系支撑下发挥作用的实践过程，这个过程在现代社会大多以项目方式表现出来。对大型科研性研究项目是否满意，往往不仅在于可预期成果的按计划完成，而且很大程度上体现在一些关键问题的解决及创新突破上，产生某种“惊喜”。完成任务是项目实施的根本要求，这就要降低项目开展的不确定性，使风险可控。创新从某个角度是增加不确定性和风险的，平衡创新与风险，把风险限制在一定范围，尽最大可能开展创新是科研工程需要做的工作。

科研工程项目是采用系统工程方法对这种性质的研究开展的一种有序的、体系性的组织管理系统。在高分应用系统建设中采用科研工程项目管理方法，使卫星应用系统工程与卫星、地面系统等其他工程性系统很好地衔接,同时也对地面应用、制造与服务系统的技术发展与方法改进有很好的支撑保障作用。

2)技术质量管理

(1)技术状态与GPP管理。确定各项技术的ATRL,按照科研、工程等多种方式设置一个或同时几个任务开展实施。在实施过程中,按照GPP不断提升ATRL。

(2)全过程检测管理。应用系统项目的产出成果,需要由具备资质的国家级第三方检测机构进行检测,包括软件测试和软件安全测评,检测费用包含在项目预算中。检测报告覆盖项目任务合同书中的所有技术考核指标,检测结果作为项目验收的重要依据。

(3)文件化管理。参照ISO9000簇标准对质量保证模式的思想建立相应的文件化质量保证体系。在实施前,针对项目进行精心的策划和周密的计划安排,强调预防为主,即强调所有的活动都是针对减少和消除不合格,尤其是预防不合格的思想,质量管理的重点从管理报告的输出结果转为过程因素的规范化管理,做到防患于未然。强调满足用户的要求,尤其在项目设计和实施过程中充分考虑用户的应用需求,同时项目质量管理强调质量与效益的统一。

(4)验收管理。各承研单位承担项目中的课题任务建设完成后,根据合同中确定的各项指标,提交验收申请报告。验收申请报告内容包括项目研制工作总结报告,项目决算报告,样品(件)合格证明文件,软件测试报告,软件安全测评报告,相关图纸、试验件、软件、试验数据和分析报告以及验收必须提供的其他材料。

3)风险管理

强调风险管理,通过周详的项目计划来定义符合工作范围说明书的各项任务,使得项目的交付成果得以明确,并及早发现项目的不确定因素。针对每一个潜在问题,将进一步进行定性和定量分析以确定其对项目进度、成本和质量的影响,而所有这些分析为项目的战略、规划提供了技术依据。据此修订相应项目计划或直接启动项目变更处理,保证项目的总体健康发展,从而保证项目质量。

在项目实施过程中需要对潜在风险开展缓释活动的初步计划,并在课题研究的各个阶段持续跟踪风险并制定相应的缓释措施。整个风险管理流程包括风险计划、风险识别、风险分析、风险规避和风险汇报(跟踪)等工作内容和步骤。

8.1.2 任务分解

1)系统性设计

为保障应用系统建设目标的实现,按照目标体系,系统建设实施分层管理,逐个项目落实总承方、总研方、参建方,保证成果有效集成和供给应用。成果责任部门为工程总承方,相关各职能部门为行业示范、区域示范、应急示范项目总承方,高分应用技术中心作为应用系统总体和共性技术研发与服务系统总承方,保证高分应用系统形成整体技术支撑和运行服务能力(图8.1)。

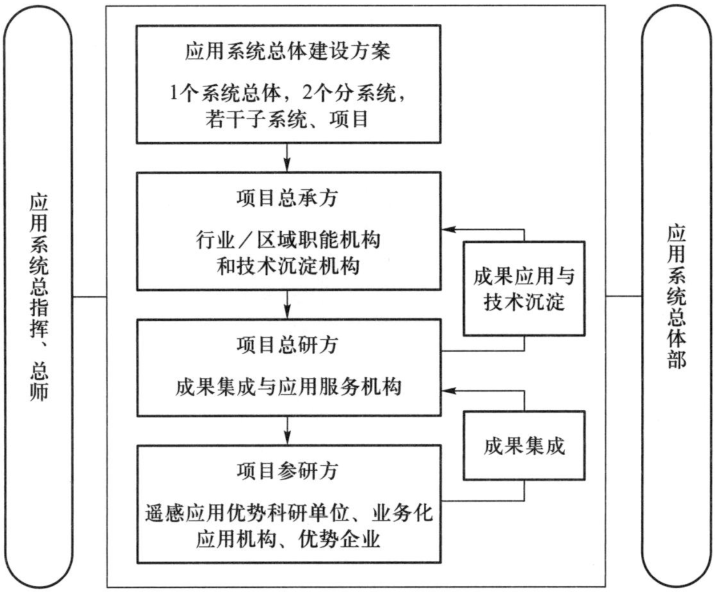

图8.1 项目分层管理图

项目总研方为各行业/区域职能机构所属的技术研发与沉淀机构开展工程建设、成果集成与应用服务。项目参研方由相关领域优势科研单位、高校、企业、机构承担。在遴选参研方中采用了多种方式,如通过形成指南采用招标方式择优、联合申请、排他性选择等。

2)服务质量的设计

质量是在进行某种程度考察时检测出来的。在高分应用研究中采用GPP模型,对其中的核心关键技术通过招标方式吸引我国科学家集体攻关,搭建自主研发体系。同时,通过应用基础设施建设加以保障,分节点、分时段进行检测与评价,不断迭代、优化研发过程。

3)服务创新与风险控制的设计

(1)冗余设计。高分应用系统研发过程正是社会信息化发展突飞猛进的过程,如何适应这种变化,填平补齐原有不足,跟踪国外先进技术发展,适应社会信息需求新变化就需要对新技术与方法采取开放设计方式,在若干方向同时设立多个具有不同新技术组合的项目,同步开展研究。

(2)自主软硬件应用。针对核心关键的技术工具,在充分利用国内外、开源等资源的同时,并行地进行自主研发。

8.2 应用系统组织管理机制

8.2.1 组织管理

高分专项民用应用系统实行总师、总指挥“两总”负责制，设立技术委员会和顾问委员会对建设方案进行审议，并提供咨询意见。应用系统总师设立办公室，即高分应用总体部依托在高分应用技术中心，负责开展技术的系统工程建设与运行，开展应用系统总体技术设计、技术评价与技术控制等工作。

应用技术中心分系统负责共性关键技术研发成果集成运行，其各项任务通过招标和内部评审确定任务承担单位，成果向应用技术中心集成。应用示范分系统各项任务在各主管部门组织下，由优势机构承担和业务化运行。产业化项目通过政府扶持引导，优势企业提供的建设方案评审确定承担单位，并根据产业规模和技术成熟度支持建立产业化基地。

8.2.2 机制建设

(1)产学研用联合机制。联合国内遥感应用产学研优势单位，共同承担建设任务，通过项目建立长效合作机制和可持续发展目标。

(2)遥感卫星应用技术成果供给机制。应用系统进行任务分解和落实承担单位时，明确项目总研方、参研方和成果集成与终端用户，保障成果沉淀与效能发挥。

(3)开放性机制。充分利用应用技术中心信息集成共享与服务网络化平台，对高分应用系统的数据、模型、应用成果实行内部开放性共享和对外信息服务；共享应用技术中心大楼及其相关公共支撑设备，通过开放协同的工作机制，保证项目在高起点上稳步有序开展。

(4)人力队伍稳定机制。集聚技术支撑队伍，承担高分应用系统建设项目的各部委科研机构构建高分应用人才梯队；各行业示范系统在已建业务化运行单位布设，保障人员投入时间。各区域示范项目需要培训和新增技术骨干，各产业化推进项目企业需通过产学研联合机制和技术培训提高遥感应用信息产品规模化加工、软件开发和信息服务能力。

(5)现有资源的综合利用。充分利用各承建、参建单位已有的监测站网、数据库、模型算法、软件工具和计算机网络资源，根据建设任务需要进行运行环境的增扩容和数据库扩展，增购专业设备，保障高分建设任务的专业性需求。

(6)知识产权管理机制。在高分专项政策法规指导下，建立有利于遥感应用技术推广的知识产权管理机制，设立成果评估小组，促进技术要素交易，提高技术专利的产生和利用率。

8.3 应用系统组织管理结构

8.3.1 组织管理结构

高分专项民用应用系统在高分专项管理办公室下设立应用系统总指挥和总师统一领导。通过应用系统总体部进行顶层设计、任务协调、发展规划和成果管理,通过高分行业/区域应用部下属任务承担机构完成行业和区域示范项目,通过高分应用技术中心完成实验场与数据库、共性信息产品研发、信息集成共享与服务项目。通过高分应用企业联盟下属产业化基地和优势企业完成国际合作与产业化促进示范项目。组织机构如图8.2所示。

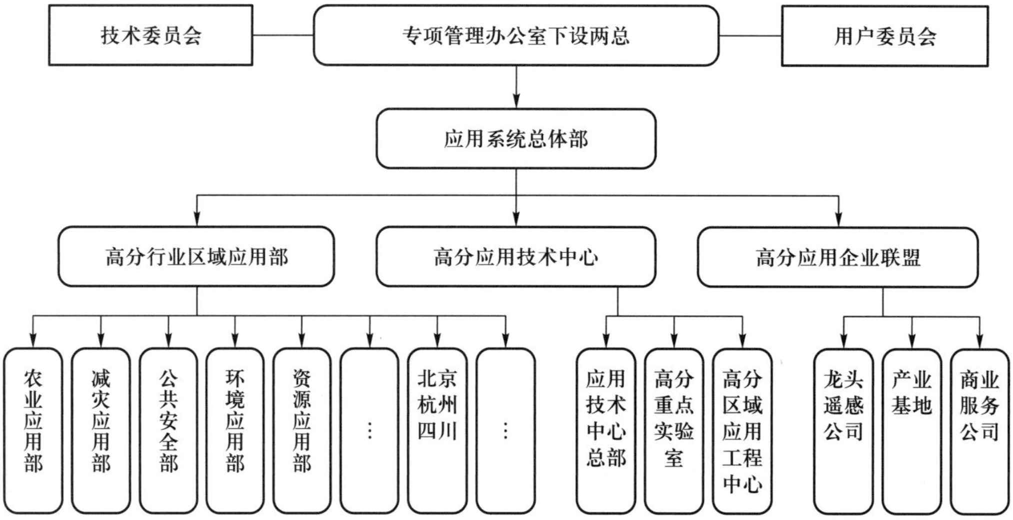

图8.2 民用应用系统组织机构图

(1)高分应用技术中心。由总体设计部门、系统运行部、研究开发部和验证测试部组成,承担应用系统总体设计、基础设施管理、信息集成共享运行服务、研究成果集成与技术转让、信息产品质量验证与标准化测试等任务,保证应用系统资产和技术沉淀,边建设边发挥高分应用系统效能。

部委、行业下属优势科研机构作为高分应用中心分系统项目建设任务承担主体,以技术支撑项目为单元,设立高分应用实验室,发展支持区域示范应用的高分应用技术中心,作为应用技术中心的外延部分共同形成高分应用技术支撑体系。高分应用总体部设在应用技术中心。

(2)高分行业区域应用部。依托行业和区域主管部门,成立各行业/区域高分应用项目办公室,各项目办公室负责人组成高分应用系统协调组,负责行业/区域、应急示范项目的组织实施。各任务承担单位挂牌设立以示范应用项目为单元的部门,如高分农业应用部、高分环境应用部、高分北京应用部,形成高分行业区域应用示范业务体系。

(3)高分应用企业联盟。依托各行业/区域优势企业,建立高分应用产业化基地,通过龙头遥感公司带动相关企业集聚。成立高分应用企业家协会,在国家主导下进行产业发展规划,促进产业资源互动,实现产业经济发展目标,形成高分应用产业体系。

8.3.2 技术管理体系

高分应用系统的总师和副总师,全面负责高分应用系统技术工作。技术管理结构参见图8.3。依托应用中心常务部门形成应用系统总师办,为应用系统总师提供总体设计、应用分析、技术论证、项目检查和国际合作等业务支撑,实现对高分应用系统的工程化管理。

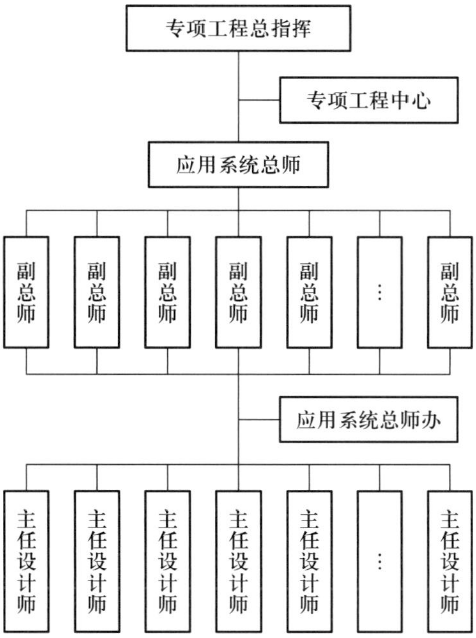

图8.3 应用系统技术管理结构图

设立应用系统副总师若干,负责技术研发与支撑系统建设工作,协助应用系统总师负责高分应用系统的论证、设计、试验、生产和应用等工作。负责行业/区域和产业应用示范工作的副总师由各行业/区域应用示范系统的技术负责人担任,协助应用系统总师开展行业/区域、产业化等示范的技术协调与统筹工作。

高分应用系统的项目组织管理由专项工程中心负责,建立包括行业(区域)应用示范中心、产业联盟、共性技术研发与服务系统等部门的建设实施体系。

8.4 高分应用技术中心分系统的工程组织建设

8.4.1 总体定位与主要职责

按照“创新科技、引领发展、共性信息、服务应用”的建设原则组建技术中心，组织制定基础共性关键技术研发与标准、集成共性技术成果，建立共性技术研发与服务系统，构建技术支持与服务保障体系，开展应用效果评价，为各用户和产业化推广提供技术指导与服务。

其中，高分应用系统总体负责高分应用系统顶层设计、项目组织协调和成果管理，确保应用系统与高分专项其他系统有机衔接，保障应用系统建设目标的实现(图8.4)。

图8.4 高分应用技术中心的定位与任务目标

(1)承担高分应用系统规划论证和总体方案设计组织工作，以及高分专项数据应用技术、产品、评价等标准和规范编制组织工作。

(2)组织开展应用共性关键技术及通用产品技术研发工作，编制共性关键技术指南，为用户部门提供技术服务。

(3)承担高分专项应用技术成果集成与服务系统研制和运行保障工作。

(4)为专项中心开展高分应用系统建设和运行管理等提供技术支撑。

(5)承担高分应用系统总设计师办公室职能。

8.4.2 组织架构

按照建设和运行服务要求，在技术中心统一管理下，各组成部门依据功能和业务性质，按照组织运行、工程建设和技术研发的任务特点，划分为应用系统总体部、应用技术工程系统体系、应用技术研发体系三大体系（图 8.5）。

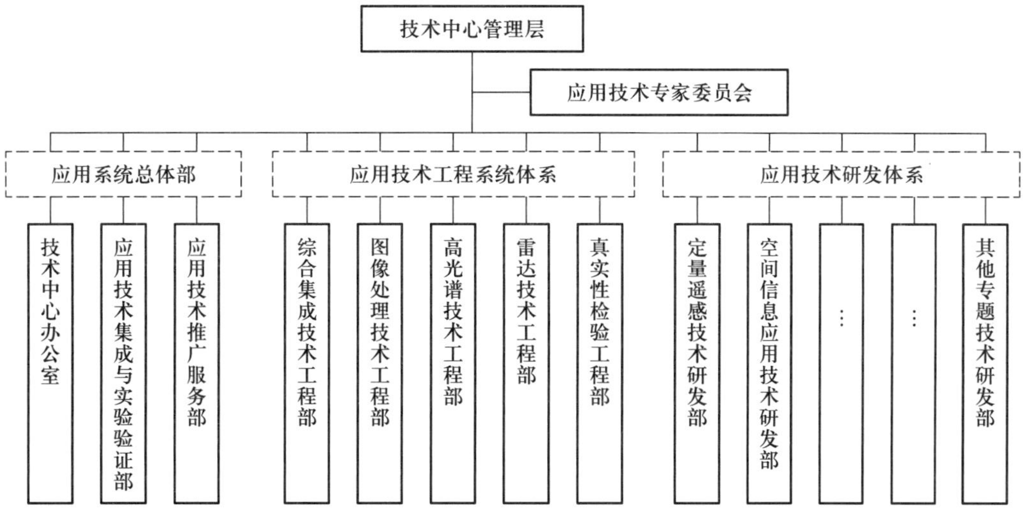

图 8.5　技术中心组成架构图

应用系统总体部按照对技术中心组织管理、协调任务、交流服务和推广应用的任务要求，分别设立技术中心办公室、应用技术集成与实验验证部和应用技术推广服务部，形成专职、稳定的支撑服务能力，实现应用系统总体部功能，与其他技术职能部门紧密配合完成技术中心各项任务工作，形成“小核心、大网络”的共性技术研发与运行服务体系。

应用技术工程系统体系按照技术中心技术集成、系统建设、技术支撑等任务要求，建立综合集成技术工程部、图像处理技术工程部、高光谱技术工程部、雷达技术工程部和真实性检验工程部，形成针对载荷特点和应用需求的工程化产品，是承担技术成果集成、产品研发和检验任务的主体。

应用技术研发体系按照技术中心的创新科技、引领发展等技术任务要求，集成各领域技术研发优势单位，建立开放式技术研发体系，重点进行技术创新工作，初步设立定量遥感技术研发部、空间信息应用技术研发部以及其他专题技术研发部等。通过挂牌方式，技术中心给予资源、数据和设备等方面的机制保障，支持参与高分专项任务申请和实施，并进行定期检查与考核评价。

研发体系依托重点实验室、遥感应用技术中心、行业应用中心、区域应用中心的专业技术部和相关优势技术研究单位等部门，具有领域多样化、任务交叉化、管理网络化等开放性特点，通过申请和评定机制，积极吸纳优势技术单位参与建设，将应用专家聚集到高分卫星应用研究中，形成广泛、稳定、可持续的研发团队体系。

8.4.3 主要作用

1）推进共性关键技术成果产出

建立规范化、工程化的共性技术集成与共享服务系统，是集成各领域技术成果和优势资源，实现共性技术成果有效积淀和整合，最终满足长期稳定技术服务能力的需求。

按照应用系统研制总要求的任务划分，将通过公开发布指南等形式，组织共性关键技术的研发，各类技术将形成相应算法、软件、报告等成果。因此，需要建立高性能、规范化的共性技术集成与测试平台，针对高分卫星载荷特点的应用共性技术攻关的需求，结合在轨测试的高分数据，在统一的研发/运行环境下进行全流程的验证和评价。同时，高分应用及共性技术测试、分析、评价涉及多种流程、方法、结构下的自动化和规模化处理效率的评测，需要定量、客观地评价共性技术成果的成熟度、适用性和各种潜在特点，促进技术研发单位的升级、优化，分批提供成熟成果服务高分应用示范系统建设。

2）促进我国自主遥感应用能力提升

围绕高分自主信息源的有效应用，构建国际一流的国家级共性技术系统，是形成自主空间信息服务基础设施不可或缺的关键环节。通过自主研发体系的建设，从科技人员、设施条件等多个方面提供条件，攻克高分“数据—信息—知识”转换中共性关键技术，及时、有效地将科研成果共享到各领域应用，有效优化结构，降低重复，突出重点，确保高分应用系统的先进性与实用性。

3）服务多领域、多用户应用示范

行业与区域高分应用示范系统建设是高分应用系统中的重要组成部分，应用示范系统建设和运行对共性技术集成与共享服务系统的需求包括提供基础数据（库）、工具、软件等技术支撑，真实性检验数据和实验数据，多元化成果共享服务（含产品定制服务）等。

目前，我国各行业与区域遥感应用发展时间各不相同，技术积累与技术水平也有很大差异。总体上，可将行业遥感应用分为成熟型、成长型、起步型。处于不同发展阶段的行业遥感应用针对共性技术部分的需求也有各自特点。应用系统涉及多个部门的示范项目，涉及一系列共性关键技术，有必要集中开展共性关键技术攻关，为各用户提供共性技术研发服务，同时提供共性技术算法模型的测试、分析、检验、评价、验证服务以及综合数据库、软件模型技术服务、仿真验证服务、真实性检验服务等。例如环境保护、新疆等应用示范在建设方案中明确提出，需要集成共性技术系统产品技术模块、高性能数据处理技术以及特征数据库、几何控制点库、光谱库等数据库资源。

4）保障高分专项工程建设和效能发挥

成为发挥高分载荷技术特色，解决数据到信息转换链条关键环节的必备基础。高分专项工程建设中规划了覆盖全色、多光谱、高光谱、红外、微波等全部谱段的成像能力，同时不同载荷又具有宽覆盖、全极化、偏振、高时间谱等创新型技术特点，载荷种类繁多，在有效拓展应用的同时，对用户应用技术的探索提出了较高要求，将直接影响专项工程效能的有效发挥。在实现“数据—信息—知识”转换的过程中，需要有效解决产品工艺和质量问题，建立验证体系和保障设施，共性技术精度等质量控制问题；有效解决数据存储与组织管理问题，跨行业、跨区域、非标准化、多源异构数据共享与交换；解决共享服务问题，为行业信息服务、技术服务、高分数据综合应用等提供应用服务的平台基础。

5）支撑业务应用和技术服务模式创新

作为重大专项科研工程的有机组成部分，技术中心系统将成为形成围绕自主信息源实验验证、集成共享、应用服务与规模性应用的新格局的基础，通过建设共性技术集成与共享服务系统，可有效解决产品测试问题、质量控制、海量数据的高效存储、检索和访问、建立综合数据库系统、高分自主信息源的实验验证、集成共享、应用服务等紧迫问题，可促进各行业与区域的规模化应用，支撑应用示范系统建设与应用示范开展，创新应用服务模式，有助于高分应用系统的系统化、工程化建设。

8.5 应用示范分系统的工程组织建设

应用示范分系统的建设和运行主要依托行业部门和地方优势单位开展，借鉴示范服务的思路，结合应用技术中心工程体系的支撑和保障，形成具有可移植性和推广性的系列成果。

各行业应用示范系统由主管部门负责协调，确定下属遥感应用部分承担应用示范系统的设计、实施、建设和运行等工作，建设国家高分行业应用示范中心。

依托优势地方部门，优选有实力和资质的企事业单位，开展高分区域应用示范与推广，建立区域应用示范中心。

建立产业联盟，优选优势企业与公司，创新普适性与个性化相结合的应用服务模式，面向不同层次用户提供一体化的产业链服务，促进产业集群发展，推动产业链快速形成。

第9章

高分应用综合评价与效能效益分析

高分应用系统评价可以从价值的角度分析需求转变为要求后对要求的响应程度及对需求的满足程度、效能分析、最终产生效益分析三个方面进行考虑(顾行发等,2018)。通过对要求设定及需求满足度、任务完成的“多快好省”程度与效能分析两个方面对高分系统进行综合评价。同时“把一切送到理性的法庭进行考察”“实践是检验真理的唯一标准”“实事求是”等判据是对高分应用效益评价的直接表达。高分专项作为一个跨度超过十年的持续性工程,包括了大量的人的设想、论证、设计和建设,以及通过运行并形成的效益。这期间社会的快速发展使得项目所处环境发生了巨大变化,大量新情况、新要求不断出现,这对研制总要求和效能,特别是对现实需求的满足情况以及效益的认识提出了新的要求。

9.1 高分应用研制总要求设定与需求满足度分析方法

航天遥感系统作为一种人类认识世界、理解世界的技术工具,具有反映人的需求与关注对象特性的“二象性”特征(顾行发等,2016)。因此高分应用系统的需求是一个主客观综合、定性与定量交融的复杂命题,与人的想法、社会条件、技术水平等均有密切关系。在本书中,重点依托高分应用系统的工程设计,从高分卫星服务应用的角度,基于一定 ATRL 条件,从技术与体系能力角度对高分应用系统需求响应进行分析。

9.1.1 需求分析与研制总要求设定

1)需求分析与研制要求的再认识

需求是人在解决问题或达到目标时所需的条件或权能,既是一种需要,也是一种价值,更要被利益相关方所接受。可以认为,需求是将人的想法和需要按照一定的环境与条件约束以"镜像"的方式"转换"为对过程的要求,并往往以人造事物的形式体现出来。需求分析途径是发现并定义要解决的问题,通过研究问题、分析资源投入及下决策决心,确定解决问题的要求,从而使各利益相关方形成共识,并以人造事物(如产品)的形式固定并通过可共享方式展现出来。

高分应用系统需求分析的产出是对系统过程和最终产品的研制总要求。研制总要求是建立在应用需求分析基础上,挖掘用户内在目标与环境条件关系,与利益相关方形成一定程度的共识,在权威机构或人员担保下形成的一种总体性、全过程性的约束性条件,即将应用需求转化为具有价值的产品要求、产品实现与发挥作用的功能、性能指标要求等。这种要求是以应用及应用的发展为总牵引,从信息、数据、软件、硬件等有关 IDSH 技术问题出发,按照某种模型化范式,将有关观测对象特征、卫星遥感器、传输、处理结构、标准产品集等作为要素,综合设计构建空间系统、地面数据与信息服务系统、支撑软环境及应用服务模型,形成需求与要求间较明确的因果关系,并确保一定程度上这种关系的定量化与可计算性。当需求转变为要求后,有关高分应用系统建设与运行的主框架就基本确定了。

2)需求转化与研制要求设定中的不确定性

可以看出,需求强调的是系统是什么样的,得到的是一系列要求,而非系统的设计、构造和实现。需求给出的是做什么而不是怎么做,不企图定义任何的解决方案,它关注的是目的及为达到目的需要的所有功能,这是人、人造事物、自然界综合的人的应用活动达成的平衡,是人的需求与人的活动的连接和转化桥梁。

(1)需求具有时空条件性。需求具有时效性,随着时间、地点和环境发生变化,需求分析是有关一定时空条件下的需求的分析。需求汇总是基于已经掌握的知识与技术工具,将用户需求转化为需求模型的输入条件,通过对模型及任务输入进行分析,捕获和修订用户关于体系、系统能力等的需求等,即将由用户出发的抽象概括的需求,转化为从信息、数据、软件、硬件等有关 IDSH 技术问题出发的具体精准的要求。通过将应用需求转化为量化的产品需求和处理需求,确定所需载荷的发展指标,完成空间数据接收、处理、应用等相关技术研发,论证航天遥感应对此需求采取的措施,最终满足建设、运行服务等多层次应用需求,是一种有效的方法手段(顾行发等,2008)。

(2)需求具有不确定性中的倾向性与选择性。高分应用系统是一个复杂的巨系统,其需求分析是多方面的,在从需求的转化到要求的设定的过程中存在需求认识与理解,包括从多角度多方面获取系统相关知识,建模过程包括系统概念化和模型程序化。在此过程中,不同环节的不确定性会以复杂的形式积累,导致即便是相同的确定的需求最终转化的要求设定也难以确定。在系统概念化中,科学描述客观实体具有局限性,无论是以定性的还是定量的方式描述的客观实体均与客观实体本身存在一定的差别,这种差别表明了科学对于客观实体的描述存在固有的不确定性(柏延臣和王劲峰,2003)。虽然这种不确定性会随着人的认知的积累而不断变小,但是在需求模型化中是必然存在的,形成一种"病态方程",存在多种可能性。这就必然需要先验知识与信息综合与融合,从而带来某种约束,具有一定的倾向性。

(3)需求包括对未来情况的一定预见性。观测对象、新型遥感器以及应用环境等在不断发生变化,应用技术的提升要充分考虑性能、费用、进度和风险等因素,使应用技术以最具有效益的方法安全实现为目标。一个经济有效的和安全的系统必须在效能和费用之间取得特定的平衡。当消耗的资源相同时,系统必须能够获得最大的效能;同样,当获得的效能相同时,系统必须消耗最少的资源。这是一个弱约束条件,因为通常有许多设计符合该条件。设计权衡研究是新型遥感器应用技术论证中的重要部分,往往试图在不同费用和效能组合的设计中寻找更好的设计。当设计方案权衡研究中需要在效能和费用之间权衡,或权衡相同费用下的效能优化时,做出在某些情况下,在固定预算和固定风险范围内寻找可能的最大效能较为合适,而在其他情况下,寻求给定效能和风险下可能的最低费用更适合。对于这些情况,问题是如何指定效能水平或如何确定费用水平。

实践中,这些指标可以根据性能和费用要求来确定。这样问题就适当地转换为略微放松效能要求能否使得系统费用显著减少,或增加少许资源能否使得系统效能显著提高。显然,价值工程的运用同样会带来要求设定的不确定性。

高分应用需求是根据工程任务,结合国内外遥感应用发展现状及趋势,从国家、地方、行业部门、大众等多个层面,以及遥感应用对数据需求、技术需求、系统需求、服务需求等角度进行综合分析确定的以研制总要求方式明确的一定时空间条件下的应用需求(顾行发等,2008)。当按照研制总要求研发并运行应用系统后,通过评价,系统是否符合研制总要求,研制总要求是否反映了需求分析,特别是在系统论证与运行存在或长或短时间差的情况下,当以实际结果来评价时,情况将变得更为复杂。

9.1.2 研制总要求的流程化分析方法

为保证在论证设计阶段,研制总要求有最大可能性及最优性实现人的愿望,符合需求分析,运用多种方法,构建具有多次迭代性和过程性的研制总要求过程,即模型化总要求流程,是十分有效的研究方式。

1)基于闭环结构的研制总要求论证方法

需求提出与研制总要求是对高分数据信息需求与需求确认的两个随时间变化过程的综合统一,定性与定量相结合,在有新的输入情况下不断提高、改进,形成一个类似“计划—执行—检查—处理”(plan-do-check-action,PDCA)的需求分析迭代、并行与演进过程。其中,“plan”和“do”指需求的定义与汇总,即需求的提出;“check”和“action”指需求的检验、偏差纠正与最终结果检查,开展下一轮提升。相比较,需求提出更关注应用的符合性与应用的合理性,而要求更关注权威的认可性,通过一定程度的共识形成,构建量化指标集,用于指导系统设计与制造工作的开展,并作为标准与评价依据。

研制总要求包括应用需求综合分析和阶段性价值最优化与确定两个部分的9个步骤,有效将应用需求、技术、价值与效益等有序地综合起来,支持总要求的提出与优化设计。图9.1为高分应用系统研制总要求论证方法与流程。

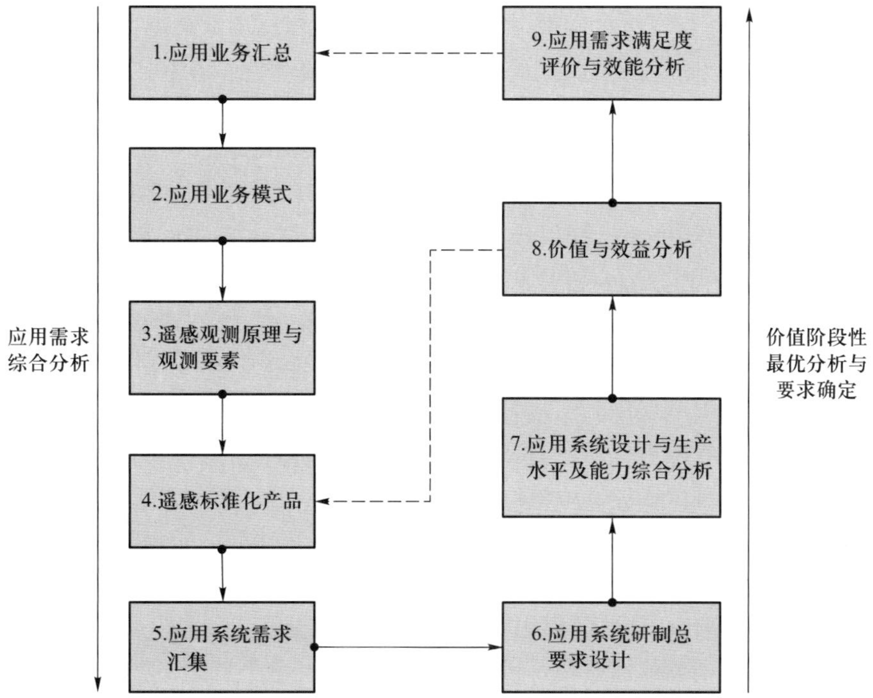

图 9.1 高分应用系统研制总要求论证方法与流程

(1)应用业务汇总。按照高分系统的使命任务,将各领域的遥感应用业务进行汇总,形成综合应用输入及应用市场。通过多轮迭代,形成符合高分应用系统的应用场景,一方面支持总要求的产出,另一方面支持对总要求的分析与评价。

(2)应用业务模式。主要指应用设定与模式分析,按照高分应用系统的应用场景设定,按照已有及可预测的应用形态,形成基于产品的应用分析。

(3)遥感观测原理与观测要素。主要包括观测原理与要素化,有效联系应用任务与特定载荷的处理技术,形成符合 UPM 的产品集。

(4)遥感标准化产品。主要指产品指标标准化,按照技术标准形成标准化的产品集,形成能对整个遥感过程进行描述的 SDIKWa 链,以支持对技术的分析。

(5)应用系统需求汇集。主要指产品需求与技术指标汇总,对产品集合所对应的应用系统信息、数据及软硬件进行迭代分析。

(6)应用系统研制总要求设计。按照对遥感数据信息产品的需求及软硬件技术需求内容,形成对系统各组成部分的研制要求。通过多轮迭代,在充分考虑“4 流”的合理性下,最终形成具有权威性的研制总要求。

(7)应用系统设计与生产水平及能力综合分析。主要指依照研制总要求的应用系统技术评价,按照研制总要求对应用系统的技术体系进行风险与适用性评价,同时结合新技术发展进行合理预测,形成一定范围内的优化。

（8）价值与效益分析。指应用系统的效益评价。

（9）应用需求满足度评价与效能分析。指应用系统对应用业务的满足度分析及在此基础上的效能分析。

2）层次分析法

研制总要求是人在一定认知情况下，根据愿望进行的选择性判断，是主观与客观的综合，最终需要经过实践的检验。在研制总要求设计阶段，系统尚未开展建设，广泛听取意见，形成一种“大数据”形式的分析就显得尤为重要。在需求转化为要求过程中，不仅需要模型化技术与仿真技术支持，同时也需要对更广泛信息进行融合的技术。

层次分析法是美国运筹学家萨蒂（T. L. Saaty）于20世纪70年代初提出的一种层次权重决策分析方法（徐建华，2014）。这种方法的特点是在对复杂的决策问题的本质、影响因素及其内在关系等进行深入分析的基础上，利用较少的定量信息使决策的思维过程数学化，从而为多目标、多准则或无结构特性的复杂决策问题提供简便的决策方法。该方法将定量分析与定性分析结合起来，用决策者的经验判断各衡量目标能否实现的标准之间的相对重要程度，并合理地给出每个决策方案的每个标准的权数，利用权数求出各方案的优劣次序，比较有效地应用于那些难以用定量方法解决的课题。

层次分析法根据问题的性质和要达到的总目标，将问题分解为不同的组成因素，并按照因素间的相互关联影响以及隶属关系将因素按不同层次聚集组合，形成一个多层次的分析结构模型，从而最终使问题归结为最低层（供决策的方案、措施等）相对于最高层（总目标）的相对重要权值的确定或相对优劣次序的排定。

运用层次分析法构造系统模型时，大体可以分为以下4个步骤：①建立层次结构模型；②构造判断（成对比较）矩阵；③层次单排序及其一致性检验；④层次总排序及其一致性检验。

以高分卫星基于其高分遥感信息产品及各行业需求，分析高分信息产品自身特点及各行业部门对遥感信息产品的要求，评价不同专题应用产品对于国土、农业、林业、应急救灾等领域的满足程度，采用层次分析法分析评价高分卫星对于不同行业的应用能力高低，为进一步决策提供信息支持（图9.2）。

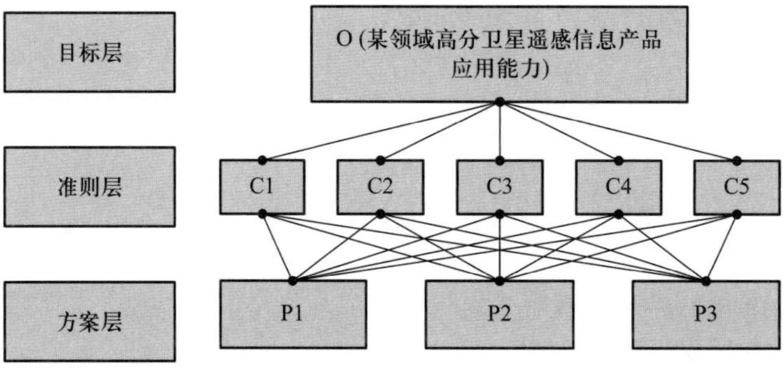

图9.2 层次分析法流程示意图

图中O为国土、环保、应急、减灾、地震等领域中某领域遥感专题应用产品应用能力，C1、C2、C3……为各高分遥感3-5级信息产品，P1、P2、P3……为高分卫星

在此定义目标层为国土、农业、林业等主要社会应用领域，准则层为高分遥感信息产品，方案层为高分卫星。主要步骤为：①针对高分卫星的遥感信息产品，明确定义其相关技术指标；②根据不同信息产品在不同领域重要性不同，通过两两相互比较，构造判断矩阵；③根据产品特性及行业需求，对高分遥感信息产品在不同领域的满足程度进行打分；④根据得到的重要性矩阵及满足程度打分，得到高分卫星在不同领域的应用能力高低排序。

高分遥感产品围绕遥感信息、技术、物质、价值"4 流"可分为数据信息产品、技术工具产品和遥感服务产品。其中，数据信息产品包括从原始谱像数据到定量化参数提取信息，从单要素到复合产品，从共性产品到专题应用产品；技术工具产品包括数据处理软件产品、硬件产品和网络共享服务产品，同时也包括基础空间地理数据产品、模型算法库数据产品、遥感应用特征库数据产品和试验验证库数据产品等知识级产品；遥感服务产品指以遥感数据产品为核心的增值服务过程所涉及的各类服务，如售前售后、金融、培训、教育服务等。遥感数据工程从需求出发，按照 IDSH 方式，通过"分析—综合—设计—试验—验证—评价"的反复迭代过程，开发出一个满足使用要求、整体性能优化的软硬件一体化系统。

9.1.3 基于研制总要求的高分卫星要求响应与需求满足度评价

要求响应是基于所构建的应用系统建设与运行的评价指标集，对按照研制总要求进行建设与运行的结果形成的判断，是一种基于指标的后验过程。需求满足度是指在应用系统运行阶段，主要以定量加定性方式，针对实际效果，进行多次分析、评价的实验过程。开展需求满足度评价的依据是研制总要求和实际应用中的效果。

1）按照研制总要求的要求响应度①评价

高分应用系统研制总要求文件是系统工程中所有环节建设都需要的重要依据文件，是卫星研制需求和应用需求的综合体现，虽然受限制于文件的编制周期和篇幅，一般提出的都是系统总体性指标、关键指标和简明扼要的要求，不会进行事无巨细的罗列，但是在建设中可以通过增加各系统/分系统/子系统乃至单独软硬件产品的需求文档作为附件，成为建设运行中依据的顶层材料。

在高分应用系统建设和运行中，有一系列研制总要求文件对应用系统的建设提出了定性和定量的要求，以及一系列的产品、技术和系统指标，包括专项建设总体方案、高分卫星的卫星研制总要求、应用系统研制总要求、各卫星在轨测试和联调联试方案等先后编制并经审议发布的工程文件等，都是应用系统建设中的需求分析和满足度评价②依据。

同时，针对不同层次的研制总要求文件，也需要进行有重点和有条件的针对性分析和应用。例如，虽然高分专项工程各个卫星设计目标不尽相同，但是为了充分利用卫星所提供的

① 要求响应度是指对于服务用户所提的要求，进行总体满足程度的评价。

② 满足度评价是指应用系统建设和运行过程中，对实际应用中的效果所带来的满意程度进行评价。

数据,最终生产的产品会有很多交叉,也正是因为设计目标不同,不同卫星相同产品的满足度是不同的,在具体领域的应用中就要根据不同项目的侧重点选择具体卫星的具体产品以达到最高的效益。又如,可以采用综合分析方法——层次分析法,对高分应用系统进行定性和定量相结合、系统化、层次化的综合评价。按照对研制总要求和具体用户需求材料的满足程度进行分析,构造产品重要性判断矩阵,并进一步得出高分卫星的综合应用能力评价。

2)需求满足度分析模型

从满足服务用户需求、提升认可度、最终达到用户满意的角度,航天遥感信息这种人造事物的属性特征可以分为三个层次:一是体现人的认知、满足人们需求的功能性和性能性指标,表现为品种与规格;二是能达到这种人造事物标称的程度,表现为质量的好坏;三是具体应用这种所需人造事物的提供能力,表现为量与时效性(顾行发等,2018)。

通过对航天遥感信息属性分析可知,有效分析航天遥感信息对客观实体描述的不确定性与可信性,评价航天遥感信息服务应用的能力及人对这种工具手段的认可程度是从主客观把握航天遥感信息状态的两个重要方面。一方面的终极方向是“真实”,另一方面的终极方向是“人的满意”。按照信息特性构建的满意度模型结构如图 9.3 所示。

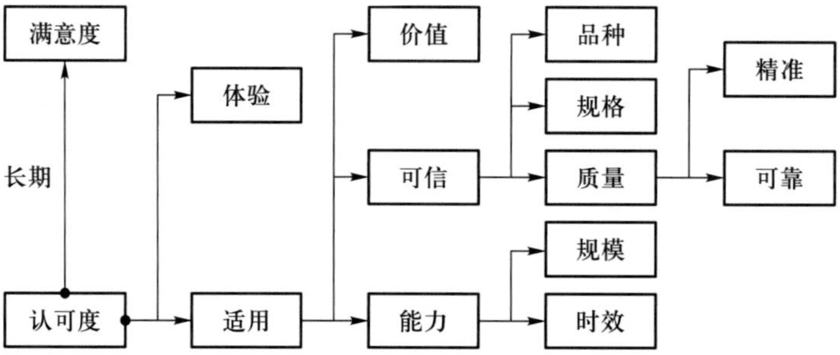

图 9.3　航天遥感信息的满意度模型

3)按照市场情况的满足度评价

高分应用系统的多种产出中有一个是自主品牌工具。其中,面向高分应用需求的、以数据处理类为主的软件工具是核心关键,特别是在现代信息化社会情况下,软件工具包括环节与要素级处理、系统性处理等,国外软件包括地理空间数据抽象图书馆(Geospatial Data Abstraction Library,GDAL)投影转换、分层数据文件(Hierarchical Data File,HDF)格式转换、RT3、6S 大气辐射传输、数学计算模块软件等。系统性处理软件国外产品品牌占领了市场,主要有像素工厂、MODTRAN、6S、ERDAS、PCI、ENVI/IDL、eCognition、Google Earth、ERMapper 等。

通过有效利用高分卫星的特点,国内提出遥感应用系统建设解决方案具有技术优势。在研制总要求中提出了:①采用面向弱耦合化的插件式系统构建技术,实现工具、系统的灵活配置、动态扩展、便捷升级，避免了重复建设，有利于合作的深入开展和有序进行。②图像处理工具系统包括预处理系统、数据库系统、城市环境监测系统、作物长势监测系统、大气环境监测系统、同化工具、分类工具等。③充分利用互联网技术及社会信息化发展的计算机技术。

提高针对过程卫星数据处理软件/系统的市场占有率，为降低遥感应用门槛、推动遥感应用推广、满足用户需求、提供灵活优化、有生命力的持续发展打下基础。

9.2 高分卫星应用效能分析与评价方法

通过对高分应用系统研制总要求的响应情况可以评价对所设定的需求的满足程度，以及一定的“多快好省”的投入/产出程度。但卫星的效能更多地是在卫星应用全过程中综合体现出来的，与研发阶段的设定存在巨大的时间差以及或大或小的环境条件变化。在卫星服务周期不同阶段开展应用效能分析与最终综合评价对于卫星应用的整体认识十分重要(顾行发等，2018)。

9.2.1 高分应用系统效能综合分析与评价

效能与制造商的判断、高效、创新、研发制造能力密切相关，与最终的实际效果息息相关，是“多快好省”价值工程、“正确的方式做正确的事”程度的指标。高分应用效能提升有赖于整个工程系统与系统工程构建。

1)高分应用系统效能评估意义

效能综合评价是基于价值工程的对过程与效果的综合分析，它不仅是一种提高工程和产品价值的技术方法，而且是一项指导决策。有效管理的科学方法，体现了现代经营的思想。价值工程中产品成本是指产品寿命周期的总成本。产品寿命周期从产品的研制开始算起，包括产品的生产、销售、使用等环节直至报废的整个时期。在这个时期发生的所有费用与成本，就是价值工程的产品成本。寿命周期费用等于生产成本与使用成本之和，与一般意义上的成本相比，价值工程的成本最大的区别在于将消费者或用户的使用成本也算在内。这使得企业在考虑产品成本时，不仅要考虑降低设计与制造成本，还要考虑降低使用成本，从而使消费者或用户既买得合算，又用得合算。

随着高分遥感和商业活动的逐渐融合、高分遥感产业化的迅速推进，把握高分遥感的经济效益具有重大的现实价值和指导意义，具体来说，主要体现在以下几个方面:

(1)为高分遥感经济效益的评价提供货币化的定量分析方法和手段。这是当前经济科学的前沿领域和热点问题，对于相关的决策具有重要的理论意义和现实意义。

(2)对于财政支出而言，对卫星高分遥感的投资必须是在科学地进行成本效益分析的基础上进行的。通过对高分应用经济效益的货币化评价，使得在同一尺度下比较高分遥感的成本和其总效益的价值成为可能，从而对高分遥感的发展规划和相关的决策制定提供重要支持,提高决策的科学化水平(Stamatis, 1996)。

(3)为高分遥感产品的推广和应用指明方向。高分应用的效益评价将基于大量的应用情况调查和对潜在应用领域及效益的估计,通过经济效益评价可以发现我国高分遥感的潜在应用领域和应用的薄弱环节,为高分遥感的应用推广指明方向,进而促进我国高分遥感经济效益的提高。

(4)促进我国高分应用的市场化和产业化进程。高分遥感的长期持续发展依赖于对市场的开拓和对社会投资的利用,对于高分遥感进行经济效益评价有利于发现制约我国卫星产业效益产生的因素,通过解决这些问题,促进高分应用的产业化进程,同时提高其国际竞争力。

2)综合效能评估系统

高分应用系统主要包括应用效能评估模型库、综合效能分析与评价软件等,其涉及的要素主要包括评估对象、评估规范、评估团体、评估指标、指标权重、评估模型和评估软件等,分为前期准备工作、评价工作和后续工作三大部分。前期准备工作需要收集国际先进的效能评估模型、方法和高分系统的基础数据,评价工作阶段的主要研究重点放在评估模型和方法库建设和完善上,需要科研人员的理论创新(李帅和任迪,2018)。后续工作的结果分析同样需要收集用户的接受度和反馈情况,分析结果是否符合用户的具体需求、是否具有实用价值等。其总体方案框架如图 9. 4 所示。

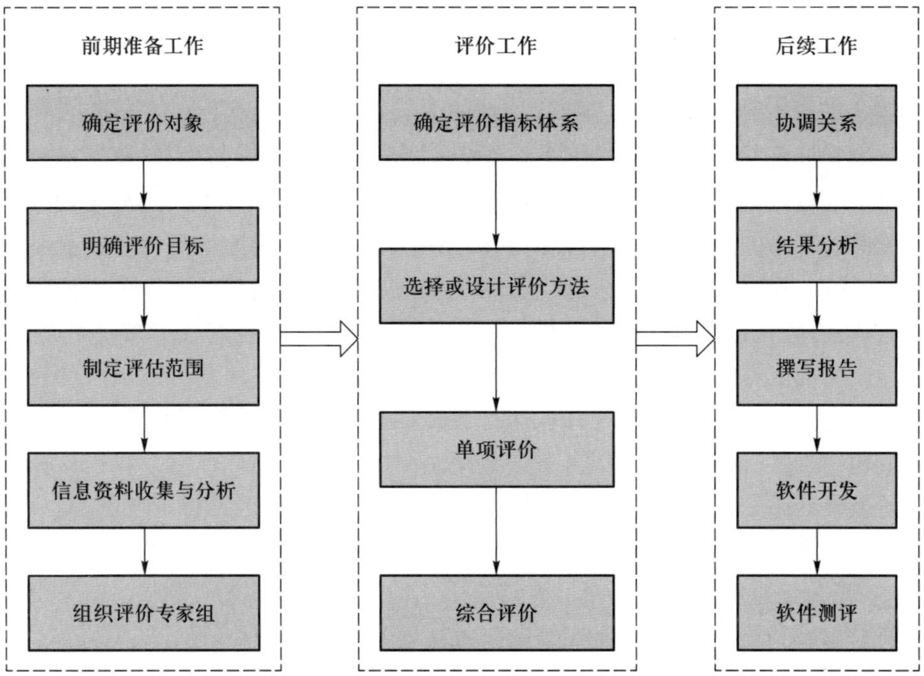

图 9. 4 高分应用系统综合效能评估系统的总体方案框架

3)研究方法和技术途径

(1)评估信息的获取。要客观、公正、科学地评估高分应用系统的综合效能,则评估信息的采集至关重要。因此,探讨评估信息的采集方法和策略,对完成评估活动具有重要的指导意义。①评估信息获取的方式。评估信息是指用于评估活动中各种信息的总称。科技项目评估信息一般包括自然科学信息、社会科学信息、管理科学信息、经济科学信息以及由上述几个方面加工而成的综合信息。开展综合效能评估可参考科技项目评估,必须采取科学的信息采集方法。常用的收集整理数据的方法有以下几种类型:抽样调查法、访谈法、观察法、文献法、问卷调查法、试验法等。综合考虑各种方法的优缺点,针对高分辨率遥感综合效能评估采用抽样调查、访谈、文献、问卷调查等多种方法的综合来进行信息搜集。②评估信息获取的途径。对于具体的科技项目评估来说,由于评估所需要的数据量不同、评价方法选择上的差异以及对数据的可获得性、评价结果的科学性要求不同,数据信息采集方法的选择也有很大的区别,并会直接影响评估结果的质量和可信度,因此必须根据具体的评价要求进行数据信息的采集。常用的数据信息获取途径和方法有以下几种类型:逻辑关系法、分类采集法、追踪法、咨询法、对比法。基于以上五种方法的特点,在综合效能评估的信息采集过程中,采取以分类采集法为主,追踪法和咨询法为辅。③评估信息获取的一般策略。要获得评估的全面、可靠的信息,除了掌握科学的信息采集方法外,还必须掌握评估信息采集的策略或技巧。在科技项目评估的实践中要充分利用自评调查表的作用;合理分工,明确责任;实地考察,只有这样,才能为公正的科技评估提供具有说服力的依据。

(2)效能评估方法。针对综合效能评估系统,采用综合评价方法进行评估。基本思想是根据综合评价的目标,对客观事物的影响因素进行分解,以构造不同层次的统计指标体系,然后对这些指标进行指标赋值并确定其权重系数,最后采用综合评价模型进行综合,得到综合评价值,以此进行排序和评价。①指标体系的确立。针对高分应用系统综合效能评估系统,指标体系的确立应遵循系统性、简明性、客观性、时效性和可测性原则,采用定量指标与定性指标结合、绝对量指标与相对量指标结合,同时指标的选择要保持同趋势化,指标设置要有重点、有层次性,注意解决指标体系的有效性与简洁性之间、指标的系统性与可获得性之间、指标的精确性与可信度之间的矛盾。②指标权重的确定。应用优序图法、逐步调整法确定指标的权重,或者应用"老手"打分和层次分析法相结合的方法,这种综合方法是目前较为科学和可靠的加权方法。③指标的筛选与简化。指标的筛选与简化需要遵循准确性、敏感性、特异性、易获得性 4 个原则。常用指标选择方法有依靠专家的"系统分析法",依靠查阅文献资料的文献资料分析优选法、变异系数法、相关系数法,以及对指标进行筛选和归类的多元回归、主成分分析、因子分析、聚类分析、判别分析和岭回归分析等。④指标体系有效性分析。指标体系的有效性通常由结构有序度——负熵等指标来分析。指标的完备性和互斥性(不相关性)是理论上建立指标的准则,与实践结合,指标的建立应能反映评价对象的总体价值,且是最简的有效指标子集。⑤综合评价模型。综合评价模型包括加法评价模型、连积评价模型、加权评价模型等方法。在综合效能评估中采用加权评价模型。

4) 可行性分析与风险控制

基于高分应用系统的综合效能评估系统是基于评估信息而建立的,而评估信息的可获取性及有效性具有一定的不确定性。同时,这些信息可能本身带有一定的保密性质,一旦泄露会导致风险。基于这些信息的评估建立在指标体系及权重确定上,指标体系的建立是否具有代表性及权重确定是否具有科学性有待进一步验证;基于这些指标和权重的相关模型是否对现实具有较好的映射作用也有待进一步验证,这些都是综合效能评估系统的潜在风险,会影响到该评估系统最终的有效性及可接受性。建立有效的评估信息获取机制,对指标体系的负熵建立相关指标来评估其代表性及有效性,以对指标体系进行控制。另外,综合效能评估系统的风险还来自实用程度和用户的接受程度,或者说建成后是否能投入市场运营。为减少风险,在理论研究的同时,还适当配合市场调查和专家访谈,根据现实情况和试运行反馈结果对平台等进行修改和调试,实现可真正适应市场和用户需求的实用化的评估体系。

5) 考核方式及考核指标

(1) 考核方式:定期进度成果汇报,考察实物建设水平,采用第三方测试,项目后期也可考察建成系统的运行情况和用户接受程度评价。

(2) 考核指标:①综合效能评估系统制定的评估规范应符合国家科技评估中心主持编写的《科技评估规范》;②综合效能评估模型所选评估指标及权重得到80%经济、数学、遥感等相关领域专家认可;③综合效能评估模型与实际有80%拟合度;④80%用户对综合效能评估结果认可;⑤评估软件开发遵守《计算机软件开发规范》(GB8556—1988)的要求。

9.2.2 高分卫星应用ATRL评价指标体系

卫星载荷、遥感产品综合评价的相关评价指标体系及评分表按照产品及产品的5个属性展开。

1) 新型遥感器评价指标体系及评分表

表9.1和表9.2分别针对原始图像与0-2级数据产品部分指标与权重进行了评价模型设计。

表9.1 卫星载荷后评价指标体系

一级指标	二级指标	指标内涵
载荷质量	图像质量	图像清晰度、空间分辨率、纹理清晰程度等指标
	辐射质量	图像的相对辐射定标和绝对辐射定标精度
	几何质量	图像几何定位精度、几何畸变等

续表

一级指标	二级指标	指标内涵
数据产品质量	0 级数据质量评价	卫星下传的原始数据是否满足设计要求
	1 级数据质量评价	经过相对辐射校正后的产品是否满足设计要求
	2 级数据质量评价	经过相对辐射校正和系统几何校正的产品能否满足要求
数据处理和分发	0 级产品生产时间	生产一幅 0 级数据需要的时间
	1 级产品生产时间	生产一幅 1 级数据需要的时间
	2 级产品生产时间	生产一幅 2 级数据需要的时间
	2 级产品分发时间	对外发布一幅 2 级数据需要的时间
	0-2 级数据存储容量	数据容量

表 9.2　载荷指标后评价各指标权重因子示例

一级指标	权重因子	二级指标	权重因子
载荷质量	40%	图像质量	10%
		辐射质量	15%
		几何质量	15%
数据产品质量	40%	0 级数据质量评价	10%
		1 级数据质量评价	15%
		2 级数据质量评价	15%
数据处理和分发	20%	0 级数据处理速度	4%
		1 级数据处理速度	4%
		2 级数据处理速度	4%
		2 级数据分发速度	4%
		0-2 级数据存储容量	4%

2）遥感共性产品后评价指标体系及评分表

表 9.3 和表 9.4 分别针对 3-5 级遥感信息产品部分指标与权重进行了评价模型设计。

表 9.3　遥感目标特性反演产品后评价指标体系

一级指标	二级指标	指标内涵
数据产品质量	3 级数据质量评价	3 级数据能否满足应用需求
	4 级数据质量评价	4 级数据能否满足应用需求
	5 级数据质量评价	5 级数据能否满足应用需求

续表

一级指标	二级指标	指标内涵
数据处理和分发	3 级数据处理速度	生产一幅 3 级数据需要的时间
	4 级数据处理速度	生产一幅 4 级数据需要的时间
	5 级数据处理速度	生产一幅 5 级数据需要的时间
	3 级数据分发速度	发布一幅 3 级数据需要的时间
	4 级数据分发速度	发布一幅 4 级数据需要的时间
	5 级数据分发速度	发布一幅 5 级数据需要的时间

表 9.4　遥感目标特性反演产品后评价各指标权重因子

一级指标	权重因子	二级指标	权重因子
数据产品质量	60%	3 级数据质量评价	15%
		4 级数据质量评价	15%
		5 级数据质量评价	15%
数据处理和分发	40%	3 级数据处理速度	5%
		4 级数据处理速度	5%
		5 级数据处理速度	5%
		3 级数据分发速度	5%
		4 级数据分发速度	5%
		5 级数据分发速度	5%
		3-6 级数据存储容量	10%

3）遥感专题应用产品及行业应用后评价①指标体系及评分表

表 9.5 和表 9.6 分别针对专题信息部分产品指标与权重进行了评价模型设计。

表 9.5　行业应用后评价指标体系

一级指标	权重因子	二级指标
区域和行业应用	行业应用数据量	各行业卫星数据使用数据量
	行业应用国产比例	国产卫星在行业应用中所占比例

① 应用后评价是指应用部门和用户完成应用过程后，从应用过程和效果对业务中涉及的数据、产品、技术和服务进行评价分析。

续表

一级指标	权重因子	二级指标
区域和行业应用	区域应用数据量	区域卫星数据使用数据量
	区域应用国产比例	国产卫星在行业应用中所占比例
后续服务	完善度评价	技术手册完善度
	更新度评价	技术手册更新情况
	沟通能力	沟通速度和技巧
	专业性	服务人员对专业知识的掌握程度
	服务态度	服务态度满意度
	服务速度	对专业问题的响应时间

表 9.6 行业应用后评价各指标权重因子

一级指标	权重因子	二级指标	权重因子
区域和行业应用	60%	行业应用数据量	15%
		行业应用国产比例	15%
		区域应用数据量	15%
		区域应用国产比例	15%
后续服务	40%	完善度评价	5%
		更新度评价	5%
		沟通能力	10%
		专业性	10%
		服务态度	5%
		服务速度	5%

以上给出了不同阶段各指标的权重。需要指出的是,本权重分配比例仅给出一个示例,不同的用户类型、应用目的、卫星类型、评价对象等的差异,相应的权重比例也有所变化。其中,载荷质量、数据产品质量属于质量要素类指标,反映了提供产品的质量和精度。数据处理与分发和区域与行业应用属于技术处理要素类指标,反映了对数据处理和应用的效率和能力大小。后续服务属于服务要素类指标,反映了遥感服务提供方的服务能力。

卫星评价可分为三个阶段,即在轨测试阶段、正常运行阶段和超期服役阶段。在不同阶段各评价指标的权重因子也不相同。同时,作为一种具有全球范围观测的新型技术,应用服务也包括国际合作和应用推广等,如表 9.7 所示。

表9.7 应用服务指标分解

应用服务	主用户	业务运行 试验开发 典型成果
	其他行业	主流服务 试验项目 典型成果
	区域	综合服务 试验评价 典型成果
	全球化	服务类型 典型成果
	科学	主流学术问题 新探索 典型成果
国际合作交流	数据合作	分发 交换 接收
	产品合作	分发 交换
	学术交流	国际学术会议 国际合作项目
	国际组织合作	引领 参与 交流
应用推广	推广计划	国内 国际
	技术培训	国内 国际
	商业化	数据 产品 服务 软件
	宣传	新闻 科普 展览 社团组织

9.2.3 高分卫星应用后评价及方法

卫星应用后评价是在卫星失效后开展的综合评价，通过对卫星进行全寿命阶段的完整过程实践的考察，以获取最终对卫星具有一定共识的整体满意度结论。评价是按照遥感器的技术实验、应用首台套、业务应用的任务要求，从设想与设计、制造与服务、能力体系与价值实现等的综合分析。

1）作用与意义

开展卫星应用后评价，可以继续发挥卫星数据在各行业各地区的应用潜力，进一步提升遥感卫星的经济价值和社会效益。通过对卫星载荷、科学研究和行业应用角度的综合评价，为国家战略决策和宏观管理制度提供参考。可明确当前卫星遥感产品中存在的问题，总结研究过程中的各类经验教训，通过遥感产品质量和服务质量的改造和关键点控制，提升客户满意程度，促进遥感技术的发展，为后续卫星计划的制定和执行提供技术积累。

2）卫星应用后评价研究内容

（1）任务与要求的实现情况。构建基于 ATRL 的综合评价，回答当前的卫星是否满足最初的设想和设计要求，其卫星载荷的成熟度如何，从综合分析角度给出是否完成技术实验任务、能否由首台套的科研星转为业务星、能否保持业务星持续发展的判断。

遥感信息产品质量及生产技术可信性：能否实现高精度定量化反演是产品质量的保障，其卫星数据质量是否达到国际先进水平，能否实现遥感定量化产品的高精度稳定性反演，同时依赖生产技术的可信性，两者共同体现遥感信息产品的可信性。

（2）过程分析与效能评价。效能是从能力、效率、质量方面对系统满足预期任务要求的程度的度量。具体到工程系统，效能是指工程系统交付后，能够有效实现任务目标的能力（栾恩杰，2010）。可以理解效能是一种对“多快好省”的追求，即在一定的产出下追求最优化过程来减少投入，或在一定的投入下通过优化创新得到尽量多的产出。效能是人造事物在能力、效率、质量、效益方面使用价值的体现，反映了人的行为目的（需求）和手段（过程）方面的正确性与效果方面的有利性。

- 信息服务能力与适用性。遥感信息产品可信，才能进一步支持各行业的应用，通过在各行业区域的深入应用来检测能否满足行业应用对遥感信息提取和监测的要求，通过应用效果反映信息产品的服务能力及其适用情况。
- 卫星数据应用价值与人的认可程度。分析卫星数据和产品的效能与效益具有多大的社会价值和经济价值、能否替代国外同类卫星产品、是否具备向境外服务的能力等。
- 卫星观测体系配套性及可持续发展性。体系配套的不断成熟完善，可以推进卫星向进一步成熟度的转化，经过长期可持续的发展，将认可度提升至用户满意。卫星应用基础设施条件传输速度、软硬件条件等能否满足各行业和地区业务的需求。

- 业务与产业环境条件。并行于技术结构体系与服务体系的构建,业务工作环境及所承担的单位、企业情况是影响评价结果的关键因素(郝海和踪家峰,2007)。

3)卫星应用后评价方法

卫星应用后评价更多关注实证结果,技术体系、技术实践承载者、技术价值实现是其核心内容,通过技术成熟度(TRL)代表技术程度与能力,通过市场成熟度(MML)代表体系需求,结合对于卫星发射前关注因素分析,形成基于 TRL、企业成熟度(EML)和 MML 的卫星后评价指标体系,包括了 5 个一级指标和 16 个二级指标(表 9.8)。

表 9.8 卫星后评价指标体系

评价依据	一级指标	二级指标	三级指标
技术成熟度	数据信息产品	产品质量	原始影像数据质量
			0-2 级数据产品质量
			3-5 级信息产品质量
			6 级专题应用产品质量
		产品种类	产品多样性
		产品规格	标准化
		产品时效性	产品提供时间、处理周期
		产品规模	产品提供数量、数据存量
	地面应用系统生产能力	生产、服务技术	软硬件能力(含网络推广能力)
			软硬件生产能力
企业成熟度	售前中后服务	服务流程	服务流程规范性
		沟通渠道	沟通渠道多样性
			沟通渠道有效性
		获取方式	服务方式多样性
			服务方式快捷性
		时效性	服务时间满足性
			服务时间一致性
		保密性	保密制度规范性
		用户支持	线上线下支持
			产品和技术咨询
	企业竞争力	持续性	愿景、理念、文化、品牌
		效能	战略、管理、信息化、组织结构
			成本(全寿命全环节成本)
			费效比(价格利润率)

续表

评价依据	一级指标	二级指标	三级指标
市场成熟度	应用服务持续性	市场环境	软环境条件
			门槛与替代性
			协同性与需求供给关系
		市场效益	社会效益
			经济效益
			环境效益

在卫星的使用过程中,针对用户体验性的内容评价需要采用定性与定量相结合的方式开展。

(1)评价指标获取方法。要客观、公正、科学地评估遥感应用系统的综合效能,评价指标的采集筛选至关重要。因此,探讨评价指标筛选方法和策略,对完成应用评价具有重要的指导意义。在开展卫星应用综合效能评估中,可采取的科学方法要用到综合评价和预测分析法,综合考虑各方法优缺点,针对高分辨率遥感综合效能评估采用抽样调查、访谈、文献、问卷调查等多种方法的综合来进行评价指标优选搜集。

(2)评价指标采集途径。对于具体的应用评价来说,由于评估所需要的数据量不同、评价方法选择上存在差异以及对数据的可获得性、评价结果的科学性要求不同,数据信息采集方法的选择也有很大的区别,会直接影响评估结果的质量和可信度,因此必须根据具体的评价要求进行数据信息的采集(朱一凡,2013)。在综合效能评估的信息采集过程中,可采取逻辑分析法和预测分析法来获取卫星应用过程评价信息,具体包括类比法、分类采集法、追踪法和咨询法。此外,要获得评估的全面、可靠的信息,除了掌握科学方法外,还必须掌握一些评估信息采集的策略或技巧。在评估的实践中要充分利用自评调查表的作用,合理分工,明确责任,实地考察,只有这样,才能为评估提供具有说服力的依据。

(3)综合评价方法。卫星应用状态评价主要有雷达图评价、评分表评价、置信度评价和不确定度评价 4 种工具,本质上都属于综合评价方法。

- 雷达图:又称为戴布拉图、蜘蛛网图,可实现卫星应用状态的综合评价。通过比较卫星的载荷质量、数据质量、共性产品质量、行业应用产品质量和应用系统质量,使用者能一目了然地了解卫星的整体运行情况和应用效果。雷达图可用于分析某一个卫星的应用水平和质量。
- 评分表评价:是一种定性描述定量化的评价方法。根据评价对象的具体要求选定若干个评价指标,再根据评价指标制定评价标准和权重因子,并根据各评价因子的重要程度确定每个评价因子的满分,然后利用评价依据或聘请若干代表性专家,给出各指标的评分值,最后对各指标的评分值求和,作为最终的总体评价分数。
- 置信度评价:利用独立手段的方式,通过对相关产品的检验和评价,分析其产品的可信度,以确保产品的质量。

- 不确定度评价:不确定度的含义是指由于测量误差的存在,对被测量值的不能肯定的程度。它是衡量测量结果质量的指标。不确定度越小,所述结果与被测量的真值愈接近,质量越高,水平越高,其使用价值越高。在进行遥感产品反演时,必须给出相应的不确定度评价,一方面便于使用它的人评定其可靠性,另一方面也增强了测量结果之间的可比性。

9.3 高分应用效益理解与分析

9.3.1 高分应用效益理解

1)效益概念

效益可以理解为利益相关方获得的好处。从本质看,效益是通过商品和劳动的对外交换所取得的社会劳动节约,即以尽量少的劳动耗费取得尽量多的被市场认可的经营成果,是衡量一切经济活动的最终的综合指标。

卫星应用市场效益是指在市场规则下,参与到市场中的利益相关企业与部门在一定的劳动付出与资源消耗后生产出有价值产品而获得的好处和利益。

航天技术使人的活动范围扩大,从地面扩展到太空,可以说从根本上改变了人们的思维方式、生产方式和生活方式(李一军等,2009)。就高分专项的这一航天活动来说,不仅关系到其他众多相关学科的发展,还带动了其他产业的发展,极大地促进了我国科技进步,带来巨大的科技效益、经济效益与社会效益。

高分应用产业是基于高分基础设施开展的高分应用技术、遥感信息产品、遥感信息技术产品服务或提供遥感信息技术产品服务的所有产业部门(包括公司、企业、事业单位、个人的集合体),是国民经济信息产业的重要组成部分,是技术、产品、服务应用产业化的结果,属于高新技术产业的范畴。高分应用产业对我国卫星遥感产业有重要的支撑作用,高分应用产业跨越式的增长,可以有力促进我国卫星遥感产业的快速健康发展。

2)效益内容

高分应用效益一方面是产品实用价值的生产,它是社会物质生产的一部分,受到社会生产发展规律的制约,其效益要从整个社会需求来衡量和评价;另一方面,高分产品受到商品经济规律的支配,追求最佳的经济效益。总的来说,高分应用的效益指产业效益,包括科技效益、经济效益与社会效益。

作为国家科技重大专项,高分专项通过建设与运行,实现了关键技术突破,构建出较完整的技术链、信息链、价值链与物质能量链,形成了较系统完善的基础设施、以自主卫星为龙头的研发体系、大规模的应用示范与推广体系,服务多个行业与区域,对社会经济产生了有益促进。

根据高分系统应用的范围,可将其效益分为科技效益、经济效益、社会效益,综合效益是这几方面的总称,其基本关系如图 9.5 所示。

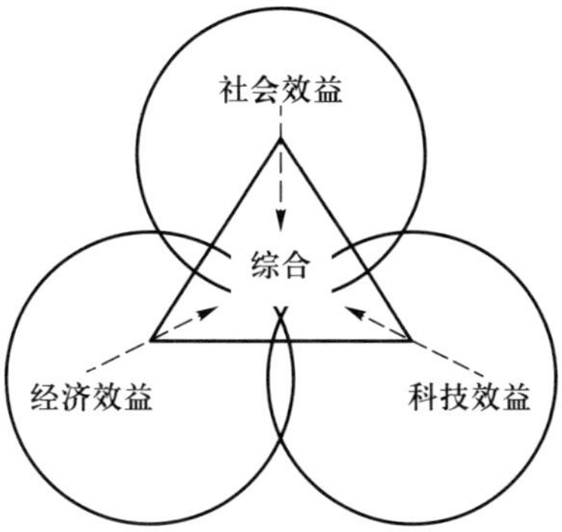

图 9.5 高分系统应用服务效益之间的关系

9.3.2 高分应用科技效益

1)促进我国航天、平流层、航空和地面科学技术不同程度的发展及对相关技术的带动

系统总体技术、卫星、平流层和航空平台技术、有效载荷技术、地面应用技术、运行管理与维护技术和安全防护技术等关键技术的有效发展,能够直接促进我国航天、平流层、航空和地面自身技术的进步;有效提高我国卫星、航空器及有效载荷的设计、试验验证、制造与地面支持系统的发展水平;提升我国数据传输、处理、校对和综合运行管理技术水平;提升天地一体化综合的遥感数据处理水平,并带动国家农业、减灾、国土资源、环境、海洋、大气与气象等国民经济建设各领域的遥感应用科学发展。

系统涉及的平台技术、有效载荷技术、信息处理技术等需要机械、电子、材料、能源、通信、信息等产业的发展和支持。通过需求牵引和技术推动,对上述行业形成强烈的有效的激励和带动作用。

2)促进我国科学界对地球系统规律的深入认识,指导科学利用和保护自然资源

随着人类对地球表面认识的逐步深入,需要对地球表面连续分布的状态因子进行更详细、具体、更精确的刻画,需要对全球水循环、全球碳循环、全球大气、海岸带及珊瑚礁的持续观测;分析和预测制约全球气候变化的物理气候系统六大圈层(大气圈、水圈、生物圈、土壤圈、岩石圈、人造事物圈)的气象要素和参数、地表和海表的地球物理参数和生物地球化学参数,提供地球系统科学、全球变化研究和可持续发展研究所需要的大气、海洋、生物和地表的要素和参数。高分辨率对地观测系统较以往的观测手段能够更好地实现对这些参数的长时间观测，这将有利于促进我国科学界对地球系统规律的深入认识，指导我们更科学地利用和保护地球。

3）推动我国环境科学的发展，促进人、自然和社会的协调发展

通过高分辨率对地观测系统天基系统，可源源不断、快速地获取地球表面随时间变化的几何和物理信息，了解地球上的各种现象及其变化，从而指导人们合理地利用和开发资源，有效地保护和改善环境，积极地防治和抵御各种自然灾害，不断改善人类生存和生活的环境质量。能够了解与评估人类活动与地球系统的相互作用和相互影响，促进人、自然和社会的协调发展。

4）提供高质量的对地观测信息，带动相关空间信息科学的发展

完善了观测体系，形成了基础设施，将基于高分卫星的应用业务化开展起来，与其他各类型信息按照需要融合起来。同时，促进新的数字应用的发展。数字地球是继“信息高速公路”和“知识经济”之后又一新的国际发展动向。国家高分辨率对地观测系统的建设，起到技术引领和技术先导的作用，能够为实现数字地球提供强有力的科学和技术的支撑，带动相关空间信息科学的发展。

9.3.3 高分应用经济效益

1）灾害以及环境监测所产生的间接经济效益

我国是世界上自然灾害最多、损失最严重的国家之一。自 20 世纪 90 年代以来，因灾害造成的年均经济损失超过 1000 亿元，2001—2005 年的 5 年间，自然灾害造成的直接经济损失达 9000 多亿元（游志斌，2007）。到目前为止，我国由于缺乏有效、全天候、全天时的卫星对地环境观测系统，无法对环境与灾害进行全天候、全天时的观测，还不能及时、准确地对国家大气环境污染、水域流域污染、生态环境破坏、生物多样性状况、重大环境事故、全球环境变化和重大自然灾害进行监测、评估和预报，从而很难全面了解环境与灾害事故的发生和发展，进而影响了环境与灾害的预报、对策和评估。

高分系统建成以后，将极大改善对环境与灾害进行全天候、全天时的观测能力，并做出准确、及时的预报，从而避免或减轻灾害所造成的损失。

2）商业遥感产业的效益

商业遥感产业已成为卫星应用新的经济增长点之一，目前，全球卫星图像销售额已达 2 亿多美元，并以 20%的年增长速度发展，而与之相关的大遥感产业的收入接近 50 亿美元，预计未来 5 年会增长到 150 亿美元。

我国每年花在购买国外卫星图像上的经费已达到亿元以上，但仍远不能满足需求。随着我国高分系统的建设，将逐步提高和建立我国自主遥感信息源，从而逐渐减少并最终断绝对国外卫星图像的依赖，这不仅可以节省大量的经费，也能够极大地促进我国对世界其他空间设施欠发达国家的卫星对地观测数据出口，从而开辟出一条新的出口创汇渠道和新的国际化产业，同时还能改善国家形象，提高我国在国际空间合作的地位。

3）高分辨率对地观测数据的效益

高分辨率对地观测数据具有很强的市场价值，是空间信息市场的主体。随着遥感产业不断发展，法国的SPOT、美国的IKONOS和QuickBird等卫星都是按照市场运作，并创造了显著经济价值。由于市场对高分辨率对地观测数据的持续需求，将产生巨大经济效益。

9.3.4 高分应用社会效益

随着经济全球化和当代高新科技的发展，面对空间技术、信息技术水平的快速提高及其应用领域的不断扩大，应用系统的建立可以切实改变目前我国在全球性信息获取和利用等方面存在的局限性，全天时、全天候的高分遥感数据广泛应用于农业、防灾减灾、国土资源、环境、海洋、大气、气象监测与预报等各国民经济建设领域，产生巨大的社会效益。同时，通过研发、建设与运行阶段的技术持续积累，吸引大量资源的介入，产生广泛的影响。

9.3.5 高分应用综合效益分析

对应用系统的过程最优化评价，主要通过效能、效益、费效比三个方面进行分析。应用需求响应是对业务应用、技术探索以及商业发展等多方面需求的满足程度。从技术与体系能力角度对应用需求响应进行分析是衡量设计优劣的重要指标。通过对各行业/区域和产业应用部门及用户的需求汇集，开展标准化分析和整理，形成明确的高分应用需求条目。其中，针对不同的高分卫星和载荷，将分别进行分析考虑，有利于工程系统的实施。

效能是衡量工作成果的尺度。在高分应用系统设计和实施中，效能是在达到同等需求响应或者指标要求下，衡量整体方案成果水平，反映了高分应用系统设计的正确性及其实现的程度。与之相近的是效率，系统的效率是单位时间内完成的成果和工作量，代表做事方式的正确性。而效能则是做正确的事情，更加重视资源的最佳利用，从成果产出方面进行度量和评价。

效益包括项目本身得到的直接效益和由项目引起的间接效益，这里可以分为科技效益、经济效益和社会效益三大方面。科技效益是指通过工程实施实现的关键技术突破、成果转化和自主创新能力提升的效益，重要反映指标是技术、产品和软硬件的自主化率，作为重大科技工程，高分应用系统的科技创新是重要考核指标；经济效益是高分应用系统中数据、信息、技术、服务等产品对业务应用产生的经济价值，是可以通过资源节约和产出提升直接反映其效果的；社会效益指最大限度地利用有限的资源满足人们日益增长的物质文化需求，在高分应用系统的建设实施中更多体现在专项对国家战略层面的支撑、政府服务行为以及公益性质的成果，如支撑生态环境改善的业务、提升减灾防灾的效率、优化社会治理手段等方面。

费效比指投入费用和产出效能的比值,或者投入产出比,可以用来衡量卫星应用技术和领域应用的效果,是很直观的一个指标。通常将投资的费用与系统的效能之比称为费效比。费效比是效益理论的核心概念,高分应用系统研制和示范服务虽然具有综合性、多重性和难以量化的特点,但也可以从多种角度进行量化对比。

综上分析,在应用效能综合评价中,选择需求响应、效能、费效比、科技效益、经济效益、社会效益6个指标进行雷达图综合评价。每个指标按照0~100分进行标准量化(图9.6)。

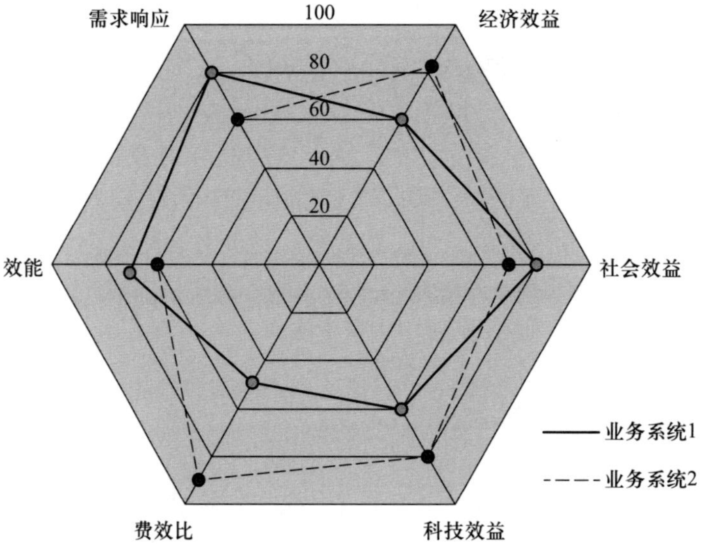

图9.6 应用效能综合分析评价模型

以模拟示例进行分析,其中业务系统1的需求响应较高,社会效益较好,但是技术创新较低,影响经济效益获取,也导致了费效比较低。相对地,业务系统2的重点是技术突破和实际效益,在需求响应方面有所舍弃,导致效能和社会效益不如业务系统1的设计,但是费效比明显提高。综合评价的时候可以从两个系统设计的6要素覆盖面积进行对比,从不同要素组合反映的特点进行评价分析,可以对应用效能综合评价给出较好的决策支持。

9.4 高分应用产业市场与发展

9.4.1 高分应用产业

产业作为一种多个利益体集合所需要的黏结剂以产业链方式表现出来。产业链是各个产业部门之间基于一定的技术经济关联,并依据特定的逻辑关系和时空布局关系客观形成的链网式关联关系形态,包含价值链、企业链、供需链和空间链四个维度的粘连。这四个维度在一定社会条件下,以某种形式均衡协调地相互对接起需求、技术、物质、能量与信息,这是产业链内模式,作为一种客观规律,它像一个生态系统,通过一只利益的“无形之手”调控着产业链的形成,表现出竞争与合作、垄断与创新等多种关系特征。

产业在三大实践活动里均可产生,但主要存在于支持人进行自身可持续发展为主要目的的实践中。通过实践可以发现其在一定时间阶段和空间范围中有更加精细的结构表现,形态上如规模性、专业性、社会功能性等,特征上如连续性、成长性、竞争性、突变性、风险性等。产业的这些状态与变化可以通过这些特性的指标化来评价。

高分应用产业是基于高分基础设施开展的高分应用技术、遥感信息产品、遥感信息技术产品服务或提供遥感信息技术产品服务的所有产业部门(包括公司、企业、事业单位、个人的集合体),是国民经济信息产业的重要组成部分。也就是说高分应用产业是在高分基础设施支撑下,高分遥感信息技术、标准信息和专题应用产品、信息服务应用产业化的结果,属于高新技术产业的范畴。

高分应用产业的技术支撑是高分遥感信息技术,包括共性关键技术和专题应用技术。高分应用产业化是指围绕高分数据,把高分遥感信息应用技术转化为生产、经营业的市场化过程,这个转化过程必然伴随着高新技术成果商业化、高分遥感信息应用产品(含运行、服务)形成相当的市场规模和相适应的产业结构变化,最终形成为社会创造出巨大科技效益、经济效益和社会效益的高分应用产业(范士明,2006)。

由图 9.7 可知,在整个高分产业链中,前端有高分卫星制造业、高分卫星发射服务业、高分地面设备制造业,而高分应用产业是高分产业链的后端,与广大应用行业和用户连接最紧密,是卫星应用效益集中体现的环节,是产业化的主体。高分应用产业主要可分为 4 个部分:高分标准信息产品生产产业、高分应用数据处理软件开发与研制产业、高分行业应用产业和高分信息增值与运营服务产业。

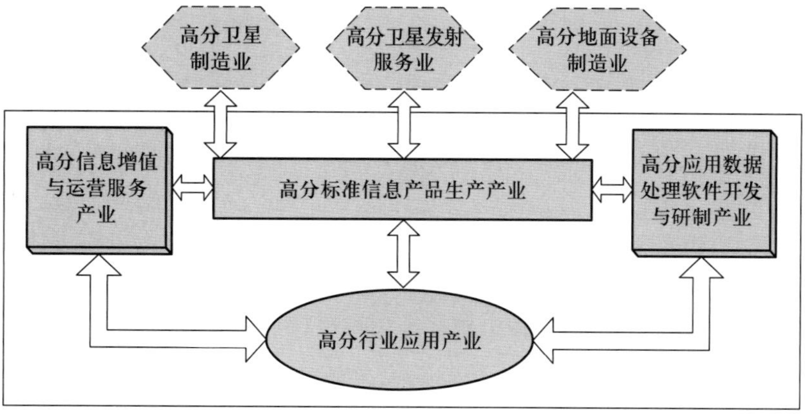

图 9.7 高分应用产业组成

1）高分标准信息产品生产产业

主要由获取高分遥感卫星信息的数据接收站、承担标准产品生产任务的数据处理中心、承担共性信息产品生产任务的应用技术中心和承担专题信息产品生产任务的行业与区域示范中心等组成，是连接高分遥感空间段和地面段，并向应用段延伸的桥梁和纽带，起到承上启下、贯穿全局的重要作用。

高分标准信息产品生产产业的效益取决于应用行业和其他区域应用领域用户对高分遥感数据的需求量，及行业区域业务化发展的程度。不同行业区域用户高分遥感信息化水平不同，有些行业需要对应需求的专题信息产品支持，有些行业在共性信息产品基础上根据自身需求开展专题信息产品生产活动，还有些行业区域业务发展较成熟的行业，可以由原始数据通过系列化合成处理，生产成规范化的行业应用级产品，完成知识专题信息提取。高分标准信息产品生产产业完成从信息处理到产生知识和决策的全过程，可以服务于农、林、水、土等行业区域业务，也可以对国家应急事件做出快速反应。

高分标准信息产品生产产业依托试验场站网等基础设施，基于共性技术平台、数据库与仿真平台、集成共享与分发服务平台等技术成果，根据应用需求，生产加工各种高分遥感产品，形成具有高分标准信息产品的大规模流水线的生产能力，为高分信息应用服务与产业化、高分遥感信息教育与培训推广平台、各行业区域高分应用系统提供数据支持，在整个高分对地观测系统中占据重要的位置。

2）高分应用数据处理软件开发与研制产业

指高分数据应用过程中各类软件设备的开发与研制，主要包括：①高分信息共性处理软件、高分信息专用处理软件、共性技术测试平台及管理和维护等方面的软件。②综合数据库系统：用来整合、存储和管理高分数据及其相关信息产品。③集成共享与分发服务系统：可以对高分信息产品进行可视化快速查询与检索，并能通过互联网、无线网络和存储介质进行有效传输。

3）高分行业应用产业

高分信息产品行业应用作为产业链的后端，对于高分遥感信息产品的规模化生产和行业应用起着举足轻重的作用，是应用效益的集中体现。高分遥感技术发展的归宿是转化为可以用于为生产服务的软硬件产品。这些产品必须与行业中的传统方法和产品有机结合，形成计划周密、发展有序的规模化产业，使高分遥感信息产品成为该行业不可缺少的常规运营资源，并在行业生产过程中增加使用价值，创造出巨大的社会财富。高分卫星遥感产品的应用行业是遥感产业的主力军。

4）高分信息增值与运营服务产业

网络技术、移动通信技术和定位技术与遥感地理信息技术相结合，将进一步推动我国高分应用产业的规模化发展。随着高分对地观测系统用户水平的提高和应用的深入，将带动企业构建面向企业与公众服务的商业化服务,参与国外同类企业的竞争,同时对专业化服务的要求也将越来越高,从而带动一批信息产品的提供商,形成高分对地观测信息产品的专业服务企业。

高分遥感信息应用集成化平台产品生产,是针对最广大用户群体的基本需求,生产适销对路的终端产品,以最轻便的形式、最小的体积、最低的功耗和最高的性价比,实现高分遥感信息传递、处理、知识提取及地理信息综合应用和多种功能集成化的产品。这些产品的使用对象是小型团体、组织和个人,作为高水平工作及高水准生活信息支持的必需品或重要辅助工具,通过市场开发,有比较大的批量需求,能够形成最具规模化的高分遥感信息应用产业。

高分遥感产业发展趋势必将由简单的数据加工增值服务转变为向用户提供专业的高分遥感信息运营服务。这种高分信息产品将以周期性的运营方式向公众提供服务。

由图 9.8 可以看出,高分数据是实现高分应用产业化所必需的原材料,因此其处于整个高分应用产业链的最前端。国家通过专门的数据分发机构,将高分遥感数据分发给有科研需求的科研机构和有应用需求的企业、事业单位。在此环节中,科研机构负责学术目的遥感技术研究并形成科技成果,企业、事业单位则主要从事高分遥感数据标准产品的深加工,并负责将科技机构形成的高科技成果实现成果转化,以促进高分应用产业化。对高分遥感数据进行精深加工,需要企业、事业单位调查不同用户的需求,从而有目的地生产出不同等级数据产品、信息产品、专题应用产品和软件系统等,一方面可以向政府部门进行分发销售,满足政府部门行业应用,另一方面可利用获取的增值信息为公众提供有保障的日常运营服务,如位置服务、粮食估产和灾害评估等。

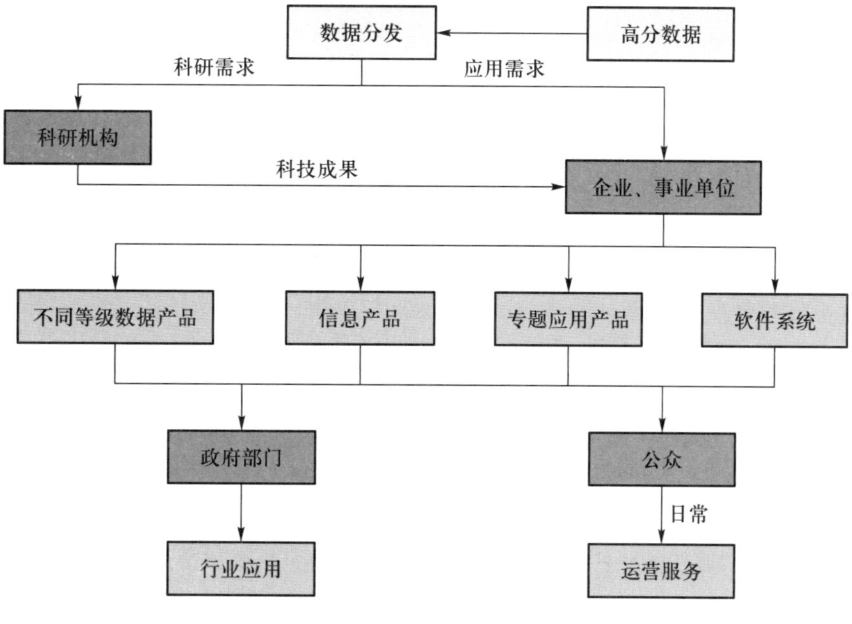

图 9.8 高分应用产业服务发展

9.4.2 高分应用对我国卫星遥感产业的支撑作用分析

我国卫星遥感产业经过多年的蓬勃发展,取得了显著成效。目前,已经从主要为政府服务开始转向为公众服务,由简单数据分发与加工向行业应用和日常运营服务方式转化,遥感应用开始深入民心。但在我国卫星遥感产业发展过程中,仍存在着许多制约因素,国家高分专项乃至高分应用产业的发展,一定程度上缓解了我国卫星遥感产业发展中的不足,高分应用将对我国卫星遥感产业发展起到重要的推动和支撑作用。

1)卫星遥感数据方面

很长一段时间内我国国产高分辨率遥感数据严重缺乏,国内用户的旺盛需求只能转向购买高价的国外高分辨率遥感数据,导致国内高分辨率卫星遥感数据市场由国外产品"唱主角"的现象,严重制约了我国卫星遥感在国内的应用和服务。高分应用产业的发展,极大地促进了国内高分数据的流通和应用,随着高分卫星陆续成功发射,更多更高空间分辨率、时间分辨率、光谱分辨率,涵盖多光谱、微波、高光谱等类型的数据为更加简单、快速、及时、准确地获取遥感信息提供了可能。此外,高分数据通过与其他国内外已有卫星数据的联合应用,可以进一步提高技术研发精度,拓展应用领域,开发出更多更好的可以产业化推广的技术软件,为我国卫星遥感产业的发展提供了重要的数据和技术支撑。

2)卫星遥感数据分发方面

由于国内各个政府部门拥有独立的卫星遥感系统(如气象卫星、海洋卫星、资源卫星、环境卫星,北京一号、吉林一号、珞珈一号等),因此各个部门只负责该系统的遥感数据的接收与分发,导致有些遥感数据的开放程度低、市场化水平低,难以最大限度地发挥我国卫星遥感产业市场的巨大潜力。高分应用产业的发展,将通过明确数据分发与共享机制,如果能够借机组建产业管理协调部门对国产高分辨率遥感产业化扶持政策和相关高分辨率遥感信息数据标准等问题进行有效的监管,将为推动我国卫星遥感产业的开放共享提供契机。

3)自主软硬件研发方面

我国卫星遥感产业长期停留在代理国外数据、开展遥感数据粗加工等方面,主营业务较单一、自主创新能力低、缺乏增值产品,高分共性技术的研发、测试、数据库与仿真平台、集成共享服务平台等的研发,为遥感增值服务和应用铸造了坚实的技术堡垒,为自主知识产权的专业遥感软硬件的开发奠定了基础。

4)科技成果转化方面

我国卫星遥感产业长期来对科技成果的产业化转化应用动力不足,国内的科研机构主要侧重科学研究,对具有产业化应用前景的科研成果推广不足,造成资源的严重浪费。

通过高分应用产业，进一步加大与行业部门、地方政府、企业的商业化合作，打通产学研商一体化合作渠道，为我国卫星遥感产业的业务拓展提供渠道模式模板。

5）推广应用服务方面

我国卫星遥感产业主要向用户提供不同等级遥感数据产品和软件产品，主要满足相关政府部门的行业应用。通过高分应用产业的推广，将应用服务对象从政府为主向广大公众用户扩展，将简单的数据加工转变为向用户提供专业的遥感应用服务，然后再以行业应用为突破口，向广大公众提供信息产品，能够周期性地以运营方式向公众提供服务，如灾害的监测、预警、评估信息，粮食估产信息，溢油监测信息，地面沉降信息等，通过开展各类技术和应用培训，让遥感应用深入民众，易于应用，提高我国卫星遥感产业为民众提供服务的能力。

总体来看，高分专项极大地丰富并提高了遥感卫星数据的种类与质量，与其他已有卫星协同应用范围极其广泛，政府管理的方方面面如农业、林业、水利、国土、城市规划、环境监测和评价、灾害监测和评估、国家政务、地矿、气象、海洋、测绘、交通、卫生、统计等行业区域均开展了丰富的高分应用，并且高分应用也有广泛的大众民用市场（强雁和伍青，2007）。正如欧空局的地面系统市场部经理所言“大部分用户需要的是信息产品，而不是遥感数据”，欧空局的地面系统根据各层次用户对数据的需求，提供的遥感加工产品有11个系列之多，2003年的服务额高达1亿美元以上，来自市场的项目经费约占地面系统营业额的70%，在盘活自身资源的同时，有效带动了遥感技术的应用和相关产业的发展（曾澜，2003）。因此，高分应用产业的发展，是整个高分产业中至关重要的发力点，丰富卫星遥感产业的服务内容，推动我国卫星遥感产业服务模式由比较粗放的数据加工向提供周期性、专题性的信息产品和服务方面转变。

产业服务模式的转变，对高分应用产业，乃至我国卫星遥感产业具有革命性的意义。高分应用产业服务不再是简单的数据采集加工或软件开发项目，而是周期性、专题性以运营的方式向用户提供服务，这种服务方式可以更加流程化、集约化、信息与服务高度标准化，全面实现订单式生产。以移动通信为例，有手机制造商，有基站建设和设备提供商，有通信软件开发商，但运营商都是中国移动，其盈利最多，模式是提供有保障的服务，因此我国卫星遥感产业发展的高级阶段也将是向运营服务的方向发展。实际上，遥感服务在一些行业已经呈现出苗头，如原中国科学院遥感与数字地球研究所每年进行周期性的遥感粮食估产，这一成果需要进行数据加工，需要软件技术，但产品却不是遥感数据和软件，而是周期性的报告服务，这一报告除了可以为国家粮食管理服务外，还能引起各类粮食期货机构和大型粮食基金的兴趣，这样就可以长期盈利。这就是一个典型的遥感由数据加工或软件项目向精准服务的转变，国外在这方面的例子则更多，如常年周期性对地表沉降进行遥感监测服务、海洋溢油遥感监测服务等。

我国卫星遥感产业走向服务的前提是基础设施的保障、数据的保障、技术模型方法的保障、软硬件服务平台的保障等。高分专项的建成，使这些保障问题得到极大的改善，高分应用产业的蓬勃发展，为国家政府、企事业单位和大众提供各式各样的遥感服务，为我国卫星遥感产业真正实现产业化提供支撑。

9.4.3 高分应用产业发展方向分析

在市场经济的大背景下，实用化—商业化—产业化是产业化的必由之路。没有实用化，就谈不上商业化，没有商业化就形成不了产业，没有产业化的推动，任何一项高新技术包括卫星遥感技术就不可能持续发展下去。所谓商业化就是要将高分应用技术作为商品在市场经济大环境下进行竞争，形成高分应用技术的规范化、规模化市场。促进高分应用技术商业化就要转变观念，树立竞争意识，进行技术创新，基于新一代高水平的遥感卫星，开发提供高质量、具优势的产品。同时，采用成熟技术，盘活存量技术和产品等办法降低生产成本，扩大市场需求，提供不同档次级别的图像产品和增值产品，加强与行业区域应用的合作，培养个体用户，大力发展个人应用服务，推动建设集成化、智能化、大众化的“数字地球”应用新模式。改变传统服务方式，实行商业运作，加强遥感数据提供商与信息增值供应与服务商之间的合作，培育产业化公司和基地，逐步增大纯商业化系统的比例。采取符合市场经济规律的正确方针和有力措施，进行综合经营，实现薄利多销。同时，加强国际合作，开拓国外市场，提高国际影响力。

我国高分卫星应用市场与产业化发展已经处于历史拐点，在高分专项以及后续对地观测领域重大专项计划的推动下，高分应用产业将向着标准化、规范化、流程化、集约化、专业化、智能化、国际化方向发展，具体包括以下几个方面：

(1)高分应用涉及政府部门、企业、事业单位和用户等诸多方面，培育形成全国统一的对地观测数据应用市场，形成对地观测数据应用规模化和产业链所需的政策和法律环境，推动高分应用标准化，建立应用产业监理/监督机制，营造适应高分应用产业化发展的市场环境。

(2)突破技术瓶颈，全面实现空间信息产业化，孕育产生一系列新兴产业。大力发展基于自主卫星的空间信息企业，形成规模化、有较强市场竞争力的高分应用公司群，通过市场融资发展的数据获取系统将占有较大比例，形成良性自主循环，开发通用型和面向应用目标的高分自主软硬件系统，以空间信息处理、加工和增值服务为主体的空间信息服务业加速形成和发展，空间信息应用成为带动经济社会发展的高技术支柱产业及传统产业改造的动力。高分信息产品的加工将流程化、集约化、信息与服务高度标准化，全面实现订单式生产。

(3)推广行业应用，注重开发区域与大众用户市场，注重成果转化，形成地方特色遥感技术产业基地。大力推广拓展行业应用领域，合理引导新需求，同时引入社会多方面资源共同促进遥感技术应用。目前，以遥感应用协会为代表的遥感应用机构已遍布全国，通过技术转化、地方融资等方式，实现卫星遥感应用产业、地方经济和金融业优势互补，共同发展。

(4)推动建设集成化和智能化“数字地球”应用新模式。网络、空间技术与传统地学技术的全面融合，在区域发展中的应用不断深化，空间信息系统应用由地理数据查询为主转向多源动态空间信息的网络集成应用和互操作发展,资源共享,区域整合,基于区域多源信息空间集成+网络化传输+智能化分析+可视化表达(虚拟现实)的应用新模式快速形成。

(5)自主卫星的地面系统建设跃上新台阶,形成行业间充分共享。建成各种不同类型卫星的地面系统,实现数据获取实时化、数据处理自动化、数据服务社会化和大众化,并在行业间实现各自数据库等的充分共享,形成行业间的部门联动机制。

(6)通过行业/区域、大众空间信息应用发展带动产业发展,促进规模化、商业化服务能力的增强和企业群的形成,构建空间信息产业链。同时加强国际合作,开拓我国自主对地观测数据的国际市场,带动相关软硬件产品的出口,设立面向全球范围的、具有国际影响力的大型空间对地观测国际合作计划,开展全球环境监测,进而扩大国际影响,提高自主卫星的国际市场份额,将成为必然的趋势。

通过高分专项实施,建立国家级高分遥感技术与信息应用体系,通过天空地一体化信息资源和相关软硬件技术的综合集成,联合产业化部门,形成具有规模化的、持续的、面向应用的各级信息产品的生产、加工和服务能力,为应用和示范网络的各级用户提供标准、规范、专业的高分辨率遥感信息产品,满足全球应用、社会发展、经济建设和紧急情况下各领域各方面对高分辨率遥感数据的需求。

同时,以高分遥感信息处理加工产业为起点,进一步围绕全社会对高分辨率遥感数据的需求,建立高分遥感信息产业化基地,发展一体化的大型遥感信息加工、开发和服务产业,培育龙头企业,构建产业联盟,整合并形成有特色的高分遥感信息应用产业链,推动我国高分遥感信息产业跨越式的增长,促进我国卫星遥感产业的快速健康发展。

参 考 文 献

巴雷特 EC. 1981. 丁一汇等译 . 卫星气候学 . 北京:中国人民解放军总参谋部气象研究所 .

柏延臣, 王劲峰 . 2003. 遥感信息的不确定性研究——分类与尺度效应模型 . 北京: 地质出版社 .

陈述彭 . 1990 年第一版 . 遥感大辞典 . 北京:科学出版社 .

陈述彭 . 1992. 地学的探索 . 北京:科学出版社 .

陈述彭, 赵英时 . 1990. 遥感地学分析 . 北京:测绘出版社 .

陈述彭, 周上益 . 1986. 腾冲航空遥感试验回顾 . 遥感信息,2:13-14.

陈渭民 . 2005. 卫星气象学 . 北京:气象出版社 .

范士明 . 2006. 卫星遥感产业化途径探讨 . 中国航天,2:14-20.

付铮 . 2007. 第三次民用航天工作会暨全国空间应用推广交流会召开 . 卫星与网络,11:28-31.

高峰,冯筠,侯春梅,陈春 . 2006. 世界主要国家对地观测技术发展策略 . 遥感技术与应用,21(6):565-576.

顾行发,余涛等 . 2018. 面向应用的航天遥感科学论证理论、方法与技术 . 北京:科学出版社 .

顾行发,余涛,高军,田国良,王春梅,郑逢杰,李娟,董文,米晓飞,胡新礼,谢勇,孟庆岩,刘其悦,杨健,卫征,张周威,方莉,林英豪,高海亮,赵利民,郑利娟,刘苗,李玲玲,孙源,程洋,张雅洲,黄祥志,臧文乾,徐辉,吴俣,柳鹏,刘东晖,邓安健 . 2016. 面向应用的航天遥感科学论证研究 . 遥感学报, 20(05):807-826.

顾行发,余涛,孟庆岩,卫征,李小英,杜永明 . 2008. 中国民用航天遥感应用需求变化及时效性分析 . 卫星与网络,4: 58-60.

顾行发,余涛,田国良,周上益,魏成阶,李娟,余琦,刘东晖,卫征,孟庆岩,徐辉,郭红,周翔,王春梅,臧文乾,黄祥志,高海亮,郑逢杰,刘苗,王栋,赵亚萌,魏香琴,孙源,李斌,廖戬,任芯雨 . 2016. 40 年的跨越——中国航天遥感蓬勃发展中的“三大战役”. 遥感学报,20(05):781-793.

郝海,踪家峰 . 2007. 系统分析与评价方法 . 北京:经济科学出版社 .

李辉 . 2012. 美国民用综合性对地观测系统研究 . 中国航天, 4:26-32.

李帅,任迪 . 2018. 遥感卫星系统体系仿真与效能评估技术发展研究 . 中国自动化学会系统仿真专业委员会、中国系统仿真学会仿真技术应用专业委员会 . 第 19 届中国系统仿真技术及其应用学术年会论文集 .

李树楷.1991.遥感图像对地定位研究. 北京:测绘出版社.

李小文，王锦地.1995.植被光学遥感模型和植被结构参数化.北京:科学出版社.

李一军,闫相斌,芦鹏宇 . 2009. 航天产业效益评价理论与方法 . 哈尔滨：哈尔滨工程大学出版社 .

刘闯,葛成辉 . 2000. 美国对地观测系统(EOS)中分辨率成像光谱仪(MODIS)遥感数据的特点与应用 . 遥感信息,3：45-48.

刘荣高,刘洋,刘纪远 . 2009. MODIS 科学数据处理研究进展 . 自然科学进展,19(2):141-147

刘玉光 . 2009. 卫星海洋学 . 北京:高等教育出版社 .

栾恩杰 . 2010. 航天系统工程运行 . 北京:中国宇航出版社 .

吕达人,王普才,邱金恒,陶诗言 . 2003. 大气遥感与卫星气象学研究的进展与回顾 . 大气科学,7(4)：552-566.

强雁，伍青 . 2007. 基于产业经济理论的航天民用产业转型研究(上). 中国航天，5：10-13.

魏益鲁 . 2002. 遥感地理学。青岛:青岛出版社 .

吴培中 . 2000. 美国地球观测数据和信息系统的宏观结构 . 国际太空,8：23-29.

徐建华 . 2014. 计量地理学(第二版). 北京:高等教育出版社 .

许妍娅,雒应,沈照庆 . 2014. 测量学(第四版). 北京:人民交通出版社 .

阎守邕 . 2003. 国家空间信息基础设施建设的理论与方法 . 北京:海洋出版社 .

阎守邕,刘亚岚,余涛,余琦,闫磊 . 2013. 现代遥感科学技术体系及其理论方法 . 北京:电子工业出版社 .

杨帆 . 2018. 欧盟加强地球观测能力建设 . 空间科学学报,1:5.

游志斌 . 2007. 浅析“战略规划型”救灾体系的构建 . 中国人民公安大学学报(社会科学版),1:95-102.

岳桢干 . 2015. 欧洲 Sentinel_2A 卫星即将大显身手——“哥白尼”对地观测计划简介(上).红外,36(8)：34-48.

曾澜 . 2003. 欧洲卫星遥感基础设施发展现状及对我们的启示 . 国土资源信息化,5:42-45.

詹森 . 2011. 陈晓玲,黄珏,李建,刘唯哲译 . 环境遥感——地球资源视角(原著第二版). 北京:科学出版社 .

赵英时等 . 2003. 遥感应用分析原理与方法 . 北京:科学出版社 .

中国科技部国家遥感中心“龙计划”项目办公室 . 2014.“龙计划”来龙去脉——我国遥感科技领域的最大国际合作项目 . 国际太空,10:14-21.

朱一凡 . 2013. NASA 系统工程手册 . 北京:电子工业出版社 .

《中国科学院遥感应用研究所所志》编辑委员会 . 2019. 中国科学院遥感应用研究所所志 . 北京:科学出版社 .

Davis A M. 1993. *Software Requirement: Objects, Functions, and States*. Englewood Cliffs, NJ: PTR Preentice Hall.

Donaldson D,Storeygard A. 2016. The view from above:Applications of satellite data in economics. *The Journal of Economic Perspectives*,30(4):171-198.

Pinkovskiy M Sala-I-Martin X. 2016. Light, Camera... Income! llluminating the National Accounts—Household Surveys Debate. *Quarterly Journal of Economics*, 131(2):579-631.

Seeber G. 1998. 赖锡安译 . 卫星大地测量学 . 北京:地震出版社 .

Stamatis D H. 1996. *Failure Mode and Effect Analysis: FMEA from Theory to Execution*. Milwaukee: Asq Press.

索　引

Z

反盗版举报电话　（010）58581999　58582371　58582488

反盗版举报传真　（010）82086060

反盗版举报邮箱　dd@hep.com.cn

通信地址　北京市西城区德外大街 4 号

　　　　　高等教育出版社法律事务与版权管理部

邮政编码　100120